동북아 사유와 건축이론

글 임기택

PART II 불교철학과 연계된 건축담론

불교건축의 역사적 변화과정

불교 공(空)사상과 무자성(無自性)의 건축개념

마음의 세계의 구성과 불립문자와 개념의 건축적용

연기사상과 해체주의 개념의 연계부분

불교사상과 노장사상의 연계점

2

두 번째 주제

/

동북아 불교철학과 마음의 공간 구축론

주요철학자 소개

부처(싯다르타, 석가釋迦, BC 563? ~ BC 483?)

불교를 창시한 인도의 성자(聖者). 성은 고타마(Gautama) 이름은 싯다르타(Siddhārtha). 북부 인도에 있었던 한 나라의 왕자였으나, 세속적인 권력을 거부하고 출가하여, 이것과는 차원이 다른 종교, 사상 영역에서 불교를 창시하여 인류사에 커다란 영향을 주었다. 인간의 근본적인 고통의 본질을 깨닫고 해탈을 강조하여, 사성제(四聖諦:苦 · 集 · 滅 · 道)의 4가지 진리, 즉 현상계의 괴로움과 그 원인 및 열반과 그에 이르는 길)과 그 수행 방법인 팔정도(八正道)로 요약되는 사상을 펼쳤다. 무아(無我)를 깨달은 수행상태에서 생로병사와 각종 인연으로부터 발생하는 연기(緣起)의 고통을 끊는 해탈(解脫)의 경지를 추구했다. 불교에서는 해탈(참 자유)한 마음의 진리를 바탕으로 하여 열반(涅槃:nirvā_참 평화)의 경지를 추구해야 함을 대중에게 전파했다. 불교는 인도에서 창시되고 이후 동방으로 전파되어 동북아의 유교, 도교 등과 경쟁, 융합되며 하나의 사상인 성리학으로 통합되었다. 이후 종교로서의 지위뿐만 아니라, 동북아 세계관과 철학에 지대한 영향을 끼치게 되는데, 그러한 세련된 인식론을 형성하는데 토대를 만든 인물로, 그의 사상은 인간 본성에 대한 깊은 인식론적 성찰을 보여주고 있다. 마음의 치유와 진여(眞如)를 찾고자 하는 방식은 동북아 건축의 자연관과 사상적 특성에 많은 영향을 끼쳤다.

나가르주나(용수龍樹, 150?~250?)

남인도 바라문 계급 출신의 승려. 중관 불교의 창시자. 젊은 시절 각지를 돌아다니며 다양한 경험을 했고 비상한 암기력과 다방면의 재능, 예언 및 사도(은신술 방중술 등)에도 능통하게 되었다. 결국, 욕망이 고통의 근원임을 깨달아 출가했다. 이후 히말라야에서 고승과의 가르침으로부터 깨달음을 얻었다. 인도 각지에서 사상적, 논리적 논파(論破)를 통해 복종시키는 것으로 유명해졌다. 초기 부파불교(소승불교)에서 대승불교 사상으로 발전하면서 나가르주나의 중관불교와 바수반두의 유식불교가 주류를 이루었다. 그 중 중관 사상은 공(空)을 중심으로 하며, 연기(緣起)는 무자성이며 그것이 결국 공이라는 사상을 전파했다. 오늘날 유명한 반야심경의 색즉시공 공즉시색(色卽是空 空卽是色)의 공(空) 개념이 중관불교의 핵심적인 사상이다. 주저 『중론(中論)』이 유명하며 공사상과 함께 논리성을 중심으로 하는 서양사상의 영향이 들어가 있는 인식론의 특성이 드러난다. 논리를 중심으로 하는 세련된 인식론의 공사상을 설립하고 전파시키는데 매우 중요한 역할을 했다. 건축에서는 프로그램의 성립과 흩어짐, Void 및 Space의 양면적 특성과 회색공간, 장소적 특성에 관련된 내용들과 연계된다.

바수반두(세친世親, 320?~400?)

유식학(唯識學)을 계승하여 이를 완성시킨 인도의 승려. 대승불교의 핵심적인 인물로, 주류를 이루며 대승경전의 개척자로 불린다. 마음의 분석을 통해 집착과 번뇌를 끊고 열반으로 이르는 길을 제시하는 '마음의 치료학' 혹은 '치료 심리학의 대가' 라고 평가되기도 한다. 번뇌와 고통을 유발시키는 제 8식인 아뢰야식의 개념(오늘날의 무의식)을 중심으로 하여 번뇌를 벗어나는 방법과 해탈의 길을 제시했다. 중국에 전파된 대승불교는 주로 나가르주나(용수)의 중관불교와 바수반두(세친)의 유식 불교인데 중관 불교는 수나라 시기에 천태종으로, 바수반두의 유식불교는 당나라 시기에 화엄불교로 화려하게 꽃을 피웠다. 화엄종과 함께 동북아 사상에 있어서 가장 큰 영향력을 끼쳤으며 이후 화엄종의 교리를 기반으로 하여 중국 토착의 선불교의 형성에 있어서도 사상적 기반을 세웠다. 마음의 번뇌를 극복하고 해탈하기 위한 인식론은 건축 공간의 지각의 인식과 마음속의 종합 및 무의식의 발현과 치료라는 측면에서 연계된다. 동북아로 전파된 불교는 대승불교와 화엄종이 주류를 이루며 직관적인 마음의 치유를 중심으로 하는 유식 불교의 영향이 강하게 지속, 발전되었다. 마음의 수양을 중심으로 하는 동북아 건축문화와 논리성을 보이면서 동시에 그것을 벗어나는 건축적 구성과 마음의 축을 중심으로 하는 체험적 공간론과 연계된다.

혜능(慧能, 638~713)

중국 선종(禪宗)의 제6조로서, 육조대사(六祖大師)라고도 불린다. 신수(神秀)와 더불어 홍인 문하의 2대 선사로 남종선(南宗禪)의 시조가 되었다. 그의 설법을 제자들이 기록한 육조단경(六祖壇經)은 불립문자(不立文字)를 중시하는 선불교 특유의 이심전심(以心傳心)의 교육 방식에 대한 이해를 더하게 한다. '금강경(金剛經)' 독송을 듣고 홀로 깨달음을 얻어 제5조인 홍인(弘忍)을 찾아가 가르침을 받고 홍인(弘忍)으로부터 의법(衣法)을 받았다. 신수는 측천무후 및 중종(中宗)의 부름을 받아 국사(國師)로서 역할을 했으며 왕실과 귀족을 중심으로 포교했다. 오늘날 선불교의 특성을 이해하는데 있어서 신수와 혜능의 일화는 직관적인 선불교의 깨달음에 대한 상징적인 사건으로 유명하다. 신수(神秀)와의 선불교의 사상적 대립과 대결 이후 경쟁을 거쳐 승리하며 남종선을 개창했고 선불교의 정통이 되었다. 그는 화엄사상(華嚴思想)의 영향을 받아 돈오보다는 점오(漸悟)를 중시했다. 흔히 남돈북점(南頓北漸)이라고 말하는데, 남종에는 돈오를 북종에서는 점오를 중시하기 때문이다. 불립문자의 특성은 건축에 있어서 건축어휘와 프로그램의 언어적 조합특성을 초월하는 건축적 가능성을 사유하는데 연계되는 중요한 인물이다.

임제(臨濟, 미상~867?)

중국 당대의 선승(禪僧). 임제종(臨濟宗)의 개조(開祖). 시호 혜조(慧照). 임제종은 중국 선종 오가(五家)의 하나로 종풍으로 독특한 선종의 교육방식을 창시했다. 엄격한 교육 중 '할(喝)' 은 깨달음을 위한 선승의 벼락과 같은 고함소리의 선문답 대화로, 이 할의 과정에서 돈오가 자연스럽게 이루어질 수 있도록 하는 독특한 방법론이며 인도 불교와는 전혀 다른 특징이 되고 있다. 제자 혜연(慧然)이 엮은 『임제록(臨濟錄)』을 전하고 있는데 불립문자의 본질을 전하기 위해 문자를 사용하는 모순적인 측면이 있다.

원효(元曉, 617~686년)

이론적으로 해박하게 깨우치고도 중생들 속으로 직접 들어가 함께 성불하고자 하는 이타행(利他行)을 몸소 실천한 인물로서 이론과 실제, 대중들과 호흡하며 사회를 변화시키고자 하는 실천 정신이 하나가 된 드문 경지의 인물이다. 뛰어난 학문적 경지를 이루었으며, 대승기신론을 주석한 대승기신론소를 저술했으며 중관불교(공사상)와 유식론(마음중시: 아라야식8식)의 종합하는 일심(一心)사상을 통해 화쟁(和爭)시키고자 하는 이론을 펼쳤다. 동아시아 불교 이해에 있어서 결정적인 역할을 하며 중국 법장(法藏)과 징관(澄觀) 등에도 큰 영향을 끼쳤고 해동보살(海東菩薩), 해동종주(海東宗主)라는 명칭으로 불릴 정도였다. '화쟁(和諍)'과 '일심(一心)'으로 요약되는 그의 사상은 종파들 사이에 각각 대립하는 부분이 있지만, 마음의 근원으로 돌아가 높은 차원에서 통합하려는 의지를 보인다. 두 차례에 걸쳐 당나라에 유학길에 오른 도중 유명한 동굴속 해골물 사건으로 '진리는 밖에서가 아니라 자기 자신에게서 찾아야 한다'라고 깨닫고 회심하여 돌아왔다. 함께 갔던 의상은 당나라에 유학을 하고 귀국하여 원효와는 다른 길을 걷게 되었다. 요석공주(瑤石公主)와의 사이에서 설총(薛聰)을 낳은 이후, 스스로 파계하고 서민과 함께 하며 불교의 대중화에 노력했다. 만년에 고선사에서 강학과 저술 활동을 하다가 70세의 나이에 입적하여 분황사에 안치되었다. 화쟁사상(和爭思想)은 동북아 불교의 핵심을 정리한 것으로, 이후 이질적인 것들이 공존하며 통합을 중시하는 한국 사상계의 경향에 지속적으로 영향을 끼쳤다. 건축에 있어서 그가 논한 사상의 개념들은 한국의 통합적 문화 특성과 건축공간의 회색 공간, 통합적 공간, 조화의 측면과 연계하여 생각할 수 있다.

의천(義天, 1055~1101)

고려 문종의 넷째 아들로, 11세에 출가하여 경・율・논 삼장(三藏)은 물론, 유교경전과 각종 서적 및 제자백가의 사상을 두루 습득했다. 송나라로 유학을 간 후 주요 불교계 인사들과 교류하고, 교종을 중심으로 하여 선(禪)과 교(敎)의 화합을 도모하기 위해 천태종을 개창하여 교선(敎禪)일치를 추구했다. 교종의 입장에서 천태를 중심으로 선종을 포용함으로써, 신라의 원효대사(元曉大師) 이후 원융회통(圓融會通)의 사상 통합의 전통을 실현하고자 했다. 의천은 한국불교에 있어서 지속적으로 나타나는 교종과 선종의 합치를 통해 원융, 무애의 사상을 실천하고자 했으며 수나라 시기에 발전한 천태종의 실천적 방식을 도입하여 한국적 방식으로 발전시켰다는데 그 의의가 있다.

지눌(知訥濟, 1158~1210)

불교의 개혁을 추진했던 고려의 승려. 청량사(淸涼寺)에서 『육조단경(六祖壇經)』을 열람하다가 깨달음을 얻어 혜능(慧能)의 가르침을 받들며 스승으로 삼았다. 돈오점수(頓悟漸修)와 정혜쌍수(定慧雙修)를 주장하며 선교일치(禪敎一致)를 추구했는데, 선종 중심으로 교종을 포용하고자 하면서 단순히 선과 교에 집착하지 않고 깨달음의 본질을 모색하였다. 무신정변과 함께 지배층의 내분과 끊이지 않는 민란(民亂)의 사회 분위기와 교종과 선종의 극단적 분쟁상황에서 정혜결사(定慧結社)를 조직해 불교의 개혁을 추진하며 사상의 체계화를 함께 진행했다. 선교일치(禪敎一致)를 주장하며 교(敎)만을 강조하는 것을 '문자만 찾는 미친 지혜' 라고 비판했고, 선(禪)만을 강조하게 되면 '헛되게 침묵만 지키는 어리석은 선(禪)' 이라고 비판했다. 지눌은 밝은 거울과 거울에 비친 영상들의 관계를 '체용' 으로 설명한다. 이는 이후 성리학의 체용과 불교의 체용상 이론과 연계하여 설명이 가능하다. 한국불교는 발전과정에서 각 세력을 중심으로 하여 보수세력의 교종과 진보세력의 선종이 극단적인 대립을 취하는 경우가 많았고 필요에 의해 이러한 사상과 세력의 통합이 필요했다. 의천과 지눌은 교종과 선종을 통합하려고 하거나 선교일치를 강조함으로써 선종의 참선을 중심으로 교종을 함께 수행하여 조화를 이루어지게 하는 통합과 조화를 중시하는 우리나라의 불교 의 방향성이 되었다.

들어가며

파키스탄 라호르 국립 박물관에서 보리수 밑에서 수행하는 피골이 상접한 부처상을 보며 강한 인상을 받고 난 이후, K2 산맥이 보이는 실크로드의 카라코람 하이웨이를 넘어 중국으로 향하는 허름한 버스 안에서의 일이다. 차창 밖의 삭막한 풍경을 보면서, 언젠가 동북아 사유에 대한 연구를 정리해보고 싶다는 생각이 스쳐 지나갔다. 그 옛날 죽음을 각오하고 실크로드를 넘어 용맹정진한 스님들의 열정이 무엇이었는지, 그것이 의미하는 것은 무엇이었는지, 오늘날 동북아에 미친 영향이 어떠한 것인지를 탐구해보고 싶었던 기억이 새롭다.

'건축의 한국성' 이라는 주제는 사상적 문화적, 세계적 관점으로 다양한 지형을 만들어내고 있기 때문에 포스트모던 사회를 살아가고 있는 우리의 자화상만큼이나 간단치 않은 주제이다. 그럼에도 불구하고, 결국 이 시대 이 땅에 살고 있는 건축인이라면 '한국성, 한국적인 동시대 건축을 어떻게 성취해야 할 것인가' 라는 물음으로 항상 귀결되는 것을 경험하게 될 것이다. 이 책은 오늘을 사는 우리가 어떤 사상적 지형에 위치하는지의 질문과 함께 오늘날의 외적 변수와 동북아 사상적 지형을 연계하여 이에 적합한 동시대 건축을 어떻게 구축할 것인가에 대한 니즈로부터 시작하여, 전반적인 이해를 바탕으로 실천을 위한 사유를 추구한다.

서양철학이 중심이 되는 '현대 철학과 건축이론 시리즈' 를 쓰고 난 이후, 동북아 사유와 건축과의 사상적 관계성에 대해서 연구해보아야 겠다는 생각을 하게 되어 이 작업을 시작했고 꽤 오랜 시간이 흘렀다. 연구 과정에서 '건축의 한국성' 과 관련하여 다차원적이고 까다로운 사상적 연결, 건축적 연결작업에서 일정 부분 성취도 있었다. 그러나 필자의 의도와는 별개로 그것은 너무나 방대한 작업이어서 마치 블랙홀에 빠지는 듯한 느낌을 계속해서 경험하게 되었다. 시간이 흐르면서 한국의 위상이 높아지고 문화적으로 다양한 분야에서 훌륭한 업적들이 늘어나면서 건축적 담론과 논의의 업데이트가 계속해서 필요했고 글로벌 시대의 동시대성과 전통의 가치 사이에서 혼란을 경험했다. 이 과제는 어쩔 수 없이 어느정도 욕심을 버리고 현재까지의 수준에서 멈추어야 하는 과제임을 깨닫게 되었다. 부족한 점이 발견된다면 그 자체로 필자의 한계임을 고백할 수밖에 없다. 다만 이 책 이후에도 지속적으로 '건축의 한국성' 에 대한 관심을 가지고 정진하겠다는 약속을 드린다. 이 책이 이 주제와 관련하여 건축인들에게 조그마한 암시가 되고 한국성에 대하여 생각해보는 계기가 된다면 그것 자체로 의미가 있을 것이다.

이 책을 쓰는데 있어서 강신주, 김광현, 김동욱, 김봉렬, 김성우, 김인철, 김정동, 김홍식, 박언곤, 안영배, 안창모, 윤장섭, 이상헌, 이상해, 이정우, 임석재, 전봉희, 함성호 선생 등 뛰어난 선학들의 연구들이 큰 도움이 되었다.(가나다 순) 그분들의 혜안과 노력이 없었더라면 이 작업은 생각해볼 엄두도 낼 수 없었을 것이다. 또한 어려운 시대적 상황과 여건에서 한국성의 동시대적인 건축을 구현하기 위해 노력하셨던 건축가들에게 큰 존경의 마음을 표현하고 싶다.

2권의 화두를 살펴보기로 하자. 불교는 오늘날에도 한국 종교의 주요한 교파로서, 여전히 강력한 영향력을 끼치고 있다. 인도에서 발원한 불교는 베다로부터 시작된 철학적, 종교적 특성과 함께 일부 서양의 논리적 특성도 함께 결합된 형태로 동북아에 전파되어 동북아 사상에서 인식론을 강화시키며 꽃을 피웠다. 당시 동북아에는 유교의 윤리학, 통치학적인 측면과 도교의 동북아적 세계관, 우주관, 존재론이 있었던 반면, 세련된 인식론과 논리학적 측면이 부족했던 부분을 불교가 채워준 것이다. 그러나 동북아 불교는 현지화되면서 인도 불교와는 전혀 다른 토착적인 선불교를 발전시켰다. 선불교의 참선은 자연과 합일하는 실천적 수행방법론으로 단박의 깨달음(돈오, 頓悟)과 함께 '꾸준한 마음의 수양(점수, 漸修)'을 중시한다. 동북아에서 유교, 불교, 도교는 극단적인 배척이나 대립없이, 공존하면서 서로에게 영향을 주고받으며 발전하게 된다. 이후 불교는 개인의 마음의 수양을 중심으로 하여 전체 세계로 확장시켜 도덕적 이상국가를 수립하고자 했던 성리학으로 통합되었다. 조선 성리학 이론의 많은 부분이 불교의 인식론과 수행방법론으로부터 영향을 받은 것이다. 이것이 오늘날 불교 이론의 근본적인 흐름과 특성을 살펴보아야 하는 이유가 될 것이다. 강압적으로 개입했던 서구와 일본의 영향으로 근대 역사를 맞이하지 않고 자력으로 오늘날까지 발전을 이루어왔다면 우리의 도시, 건축문화는 어떤 양상이었을까? 그랬다면 동북아 문화의 차이와 긍정적인 특성들이 어떤 방식으로 근대성과 조화를 이루며 발전해 있을까? 동북아 사상 중에 불교와 관련된 부분들은 어떤 방식으로 도시건축, 건축에 영향을 끼쳤을까? 하는 물음들이 이번 2권의 주제가 될 것이다. 아울러 동북아적인 가치를 세계적 보편성에 기반하여 세계적으로 통용될 수 있는 새로운 가치를 창출하고 발전시키는 방향성은 어떻게 성취 될 수 있을 것인가가 최종적인 물음이 될 것이다.

서양적 사유와 교육체계에 의해 동일성의 폐해를 보이고 있는 우리나라의 건축 현실을 생각해보았을 때, 동북아 사유체계를 살피고 우리의 건축적 자양분이 될 수 있는 건축적 가능성을 살펴보는 것은 중요하다. 문명권이 다른 이유, 풍토가 다른 이유 등으로 인해 동양인들에게는 인류의 공통적인 구조만으로는 설명할 수 없는 다른 차원의 정신적 물질적 공간적 요소들이 존재한다. 그것은 이성적인 것으로는 설명하기 힘든 영역이다. 일부는 그냥 다른 것이다. 다른 것은 다른 것으로 인정하고 다른 것을 존중하는 태도가 필요하다. 다른 사유체계와 관점을 인정하고 이질적인 사유를 독립적으로 사유하여 현대적인 관점에서 새롭게 적용할 때 새로움을 창조하고 역으로 다른 문명권에 영향을 끼치며 의미를 생성할 수 있을 것이다.

그에 따른 화두는 다음과 같다.

-소승불교와 대승불교 이론의 차이와 특성은 무엇인가?

-동북아 불교의 독특한 선불교의 특성과 이후 영향은 어떻게 이루어졌는가?

-한국불교의 발전과정과 특성 및 차이점은 무엇인가?

-한국 불교건축의 역사와 건축문화의 영향은 어떠했는가?

-불교사상과 연관된 건축개념은 무엇인가?

-불교건축의 유산과 동시대 건축이 적용 발전시켜야 할 방향성은 무엇인가?

중국 불교철학과
PART I
한국 불교철학

인도 대승불교 사유의 특성과 중국전파

우리는 1권에서 인도의 사유의 흐름과 불교의 생성과 발전 그리고 동북아로의 전파과정을 살펴보았다. 이 가운데 우리는 동양의 사상적 특성 중 중요한 자연과의 하나됨(범아일여, 천인합일)과 내재적 사유의 특성을 살펴보았다. 서양과 동양의 접면에 위치한 인도는 직관적인 동양적 세계관과 논리적인 서양적 세계관이 충돌하며 새로운 형태의 사유를 생성하는 지정학적 위치에 있었다. 불교가 베다의 권위와 사유를 부정한다고 하지만, 대부분의 사상은 베다의 철학 부분인 우파니샤드로부터 기원한 것이다. 불교에서 마음의 번뇌를 끊고 해탈에 이르는 수행과정은 크게 보면 결국 참 자아를 찾아 세계와 일치되는 경지에 이르는 범아일여(梵我一如) 사상과 큰 틀에서 맥을 같이 하는 부분들이 존재한다. 범아일여의 세계관과 생명을 중시하는 순환성의 자연관, 실천을 중시하는 수행의 전통은 동북아로 전해지면서 먼저 도교의 자연관과 공통분모가 있는 부분으로 받아들여지고 불교의 세련된 인식론을 접목시면서 경쟁과 발전을 지속했다. 동북아 지역에서는 마음의 인식론이 논리성이 부족했던 존재론의 빈자리를 찾아 결합되며 동북아 사상의 꽃을 피웠던 것이다. 이후 동북아의 세계관과 수행 특성이 결합되면서 동북아 특유의 선불교로 발전하게 된다. 또한 이러한 특성들은 유교 중심으로 유, 불, 도가 통합된 성리학으로 종합되어 동북아의 철학 사상을 완성시키며 다양한 방식으로 변주되며 발전하게 된다. 대승불교는 논리성과 함께 공사상 및 마음을 중시하여 번뇌를 끊어내고 해탈에 이르게 하는 방식을 통해 개인의 해탈이 아닌 전체 대중의 해탈을 추구했다. 대승불교의 사상은 전체와 공동체를 중시했던 동북아에 궁합이 잘 맞는 사유였다. 그리하여 동북아에서는 주로 대승불교의 흐름이 주요하게 발전하게 된다. 이제 대승불교의 사상의 흐름과 발전을 통해 동북아 사상의 흐름을 살펴보기로 하자. 대승불교는 동북아와 한국의 고대 건축에 있어서 핵심적인 사상적 역할을 수행했으며 격식있는 대규모의 건축군의 전형이 되었고 점차 현지화, 토착화되면서 선불교 특유의 건축공간 및 건축미학으로 발전했다. 또한 마음의 형이상학과 인식론의 영향이 한국적 건축을 형성하는데 커다란 역할을 했다.[1] 이후, 불교는 유교의 관점을 중심으로 유, 불, 도가 통합된 성리학에 영향을 주었기 때문에 단계적인 발전에 있어서 건축적으로 매우 중요한 지점을 공유하고 있다. 그것이 인도로부터 전래된 불교사상과 함께 토착화된 동북아 선불교 사상을 살펴보아야 하는 이유가 될 것이다.

0201 소승불교에서 대승불교로의 사상 변화

부처 사후에 제자들은 부처의 언행을 정리하고 자신의 세력을 확장하기 위해 부처의 교설(敎說)을 자신의 해석에 따라 교리화(敎理化)하고 정교화하며 논쟁을 지속했다. 이 과정에서 오늘날 부파불교(소승불교)로 통칭되는 다양한 부처의 추종 세력과 그룹들 사이의 치열한 논리 싸움이 전개되었다. 그러나 이러한 이론의 전개와 논쟁은 얼마 지나지 않아 현학적으로 변질되었다. 교리는 일부 엘리트 출가자들의 전유물로 전락했다는 비판을 받을 만큼 대중들로부터 멀어져갔고 자체적으로 타락하고 세속화되기도 했다. 베다 시기의 엘리트 사제들이 만들어내는 폐해를 비판하고 이를 극복하기 위해 '평등의 해탈'을 추구했던 부처의 행적과 가르침이 이전의 베다 시기의 폐해적 상태로 회귀하며 변질되었던 것이다. 부파불교는 각 교파는 세력간 논쟁을 통해 다시 엘리트화되어 또 다시 복잡한 논리와 교리를 통해 구분되는 엘리트 종교 권력집단으로 변질된 것이다.

기원전 1세기를 전후하여 대승불교를 이끌었던 승려들은 여러 부파불교(部派: 여러 분파의 불교단체)의 계속되는 지루한 논쟁과 엘리트 의식, 그리고 자신만 해탈하고자 하는 아라한과(阿羅漢果)[2]의 아집을 비판했다. 그들은 부파불교를 소승(小乘)이라고 폄하하고 자신들의 새로운 운동을 이타적인 대승(大乘)이라고 칭하며 이기적

1) 마음의 문제는 동양철학 전체를 관통한다. 자연의 운행과 그의 일부인 각 개체의 마음은 하나라는 관점(범아일여, 일즉다, 다즉일 사상)에서 인도와 동북아에서는 마음의 형이상학이 체계적으로 발전했다.

2) 초기 부파불교에서 불교도들이 추구하던 목표를 이룬 이상적인 불교 성인상은 아라한(阿羅漢, arhat)이다. 개인의 노력으로 해탈한 인간상이 아라한이며 아라한의 해탈된 결과를 아라한과(阿羅漢果)라고 한다.

이고 논쟁적인 당시 종교적 행태에 반성을 촉구하며 폭넓은 활동을 전개했다. 여기에서 '대승(大乘)' 이라는 단어는 '큰 수레' 를 의미하며 많은 백성을 해탈시켜 함께 큰 수레에 태우고 극락으로 인도하고자 한다는 의미이다. 다시 말해 대승불교는 '일체중생(一切衆生)의 제도(濟度)' 를 그 목적으로 한다. 부파불교 시기에는 부처만이 보살(菩薩)이었으나 일체중생들도 노력하고 깨달으면 보살이 될 수 있다는 열린 사상으로 변모한 것이다. 자연스럽게 엘리트 의식에 사로잡혀 보수적으로 변화했던 부파불교는 진보적인 대승불교 세력의 도전으로 인해 일대 전환을 맞게 된다. 대승불교의 세력은 일설에 의하면 스투파를 관리하는 사람들이 그 기원이 되었다고 한다. 대중들에게는 복잡한 교리보다는 눈에 보이는 것을 선호하게 마련이다. 따라서 대승불교에서는 후에 불탑(스투파)에 부처의 사리의 일부를 봉안하고 부처의 현신으로 신성시하는 경향이 발생했다. 또한 부처의 말씀을 기록한 경전을 숭배하는 경향도 나타났다.

불교에는 깨달음의 지혜와 자비의 수행을 중시하는 두 가지 흐름이 명확하게 존재한다. 대승불교의 가르침은 아비달마(abhidhar-ma) 즉, '법의 연구' 의 발달과 함께 철학화 되었다. 여기서 아비달마는 '법(法, dharma)에 대한(abhi) 연구' , 즉 '세계 운행의 법칙' 을 뜻한다. 대승불교의 승려들은 법에 대한 이론과 교리체계를 심오하게 발전시켰다. 그들은 인간의 법과 내면세계를 종합적으로 판단하고자 했다. 각 부파는 같은 내용을 다른 방식으로 파악하고 주장함으로써 다른 입장을 내세웠다. 그러나 종교적 법은 종교 행위와 깨달음을 실천하면서 얻게 되는 것으로, 단순히 교리상으로 논쟁하게 된다면 그 생명력은 금세 소멸하고 만다. 지적 깨달음 이외에 육체적 경험과 실천을 통해서만 깨달을 수 있는 부분들을 단순히 문자만으로 이해시키고 깨닫게 하는 것은 근본적으로 한계가 있을 수밖에 없다. 예를 들어 건축을 단지 말로 이해시키고자 하는 것보다는 조그마한 쉘터라도 한 채의 집을 지어보는 경험에 미치지 못할 것이다. 수준 높은 차원으로 이해도를 높이는 데에는 문자적 힘이 반드시 필요하지만, 단순한 문자적 이해가 종교성을 심화시키는데 있어서 절대적 요소라고 볼 수는 없기 때문이다. 이처럼 대승불교는 세계에 대한 인식론적 차원의 세련된 이해와 함께 대중이 깨달아 해탈하게 하는데 도움을 주는 '이타행(利他行)' 의 실천을 통해 일체중생을 함께 해탈시키려는 실천을 수행함으로써 이론과 실천이 조화를 이루고자 했다. 지적 이해와 실천은 전혀 다른 차원의 요소라고 할 수 있다. 세상의 이치가 대립적인 요소들이 공존하면서 상호 영향을 주는 것처럼 이해와 실천의 상반된 두 가지 요소가 함께 공존하면서 수행하는 것을 바람직한 것으로 보고 실천하도록 한 것이다.

초기 부파불교에서 불교도들이 추구하던 목표를 이룬 이상적인 불교의 성인상은 아라한(阿羅漢, arhat)이다. 그러나 대승불교의 승려들은 자신만을 해탈하기 위한 것은 이기적인 것으로 생각했다. 그들은 먼저 깨달은 자는 해탈하여 성불하는 것을 잠시 미루고 많은 중생을 구제하기 위해 스스로 '보살(菩薩)' 이 되는 것을 가장 이상적인 것으로 생각했다. 그래서 자신의 불교를 많은 중생을 함께 태우고 해탈의 경지로 이끄는 대승(大乘)불교라 하고 부파불교의 개인적 해탈의 방향을 낮추어 구분하는 소승불교(小乘佛教)라고 칭했다. 그러나 소승불교는 자신의 힘으로 해탈하는 것을 중시하고 대승불교는 타력에 의해 해탈할 수 있는 길을 열어 놓아 대중화시킨 특성이 있으나 오히려 종교간 계급의 구분이 명확해지는 특성도 있다고 볼 수 있다.

불교에서의 가장 중요한 원리는 연기론으로, 다른 말로 인연생기(因緣生起)한다고 표현한다. 이것은 세상 모든 것들이 인연(因緣)에 따라서 생성되고 발생된다는 의미이다. 연기는 다른 말로 해서 관계에서 촉발된 모든 것이다. 불교에서 연기의 개념이 중요한 것은 연기로 인해 집착과 고통이 생겨난다고 보기 때문이다. 그러한 집착과 고통을 제거한다면 해탈할 수 있다고 생각한 것이다. 따라서 불교의 교리는 존재 자체보다는 존재들 간의 관계에 주목한다. 연기(緣起)의 의미는 '이것이 있어서 저것이 있고 저것이 있음으로 인해 비로소 이것도 있게 된다' 는 의미로 상호의존성을 중요하게 생각한다. 이런 의미에서 대승불교에서는 의타기성(依他氣性)이라는 용어를 중시한다. 세상만사가 타자와의 인연에 의해 나타나는 특성이라는 뜻이기 때문이다.

초기 경전인 '수타니파타'에서는 세 개의 갈대를 서로 기대어야 하나로 설 수 있음을 예로 들며 만물은 혼자서 고립적으로 존재할 수 없는 것으로 이해했다. 상호의존성을 이해한다면 만물이 서로 고립적이지 않다는 사실을 알게 되고 이를 통해 만물일체의 자비심을 깨닫게 된다고 생각한 것이다. 이것은 이성을 중시하고 개인 중심의 존재를 중시했던 서양적 사유와는 근본적으로 다른 면이다. 불교의 세계관과 자연관은 공생관계, 상호의존관계로 본다. 이로 인해 범아일여 사상과 일즉다 다즉일(一卽多, 多卽一)이라는 논리가 성립한다. 이것이 화엄사상의 핵심이 된다. 대상화되는 자연을 극복하고자 하는 서양의 사고와는 달리 특히 동양의 불교적 세계관은 자연과의 상호관계를 우선적으로 생각하기에 서로를 존중하며 하나가 될 수 있는 관계로 현대의 많은 문제들을 극복할 수 있는 가능성이 그 속에 내재해 있다.

소승불교는 주로 동남아 국가들로부터 채택되어 발전했고, 동북아에서는 주로 소승불교를 비판하며 등장한 대승불교가 주된 종파가 되어 발전했다. 이러한 현상은 사회, 경제적으로 혈연 및 가족 공동체적인 특성이 더욱 강한 동북아 지역이 종교부문에 있어서도 집단 전체를 해탈시키고자 하는 현상이 강하게 나타난 것이기도 할 것이다. 개인의 해탈의 수준에서 대중의 해탈을 함께 이루고자 하는 선한 의지를 실천하고자 하였다는 점에서 비교 대상이 되는 소승불교의 의의가 여기에 있다.

—회광반조와 진여의 개념

불교에서는 내 안의 아트만(진여, 眞如)을 찾게 되면 그것이 곧 세계의 운행과 법 자체를 이해하는 것으로 보았다. 전체 세계를 상징하는 브라흐만과 개체 속의 참 자아인 아트만이 동일하다고 보는 범아일여(梵我一如)의 세계관이다. 내 안의 아트만은 그 자체로 빛을 내며 진리의 법을 발산하고 있다. 그 공간은 매우 조용하고 적막한 진리의 공간이다. 그러한 영역과 작용을 공적영지(空寂靈智)라고 한다. 공적영지는 '적막하고 고요한 영역에 있는 신령스러운 깨달음' 이라고 직역할 수 있는데, 다시 말해, 조용한 공간에서 뿜어져 나오는 타고난 진여(眞如) 즉, '불성(佛性)의 빛의 방출' 을 의미한다. 공적(空寂)은 참 자아의 텅 비어 고요한 본체(체)이며 영지(靈智)는 신령한 의식(지혜)이다. 진여의 빛과 같은 작용(용)이다. 그러나 이기적인 자의식(탐욕)의 먹구름이 그 빛을 막고 있다. 범부(凡夫)들은 이기적인 자의식에 의해 가려진 공적영지를 깨닫지 못하고 세상의 헛된 것(마야)에 미혹되어 번뇌에 빠지게 된다. 그러한 사실을 알지 못하는 것이 무명(無明)이다. 세상의 모든 관계와 인연은 헛된 것임(空)을 깨닫고 집착을 벗어버리고 자신 안의 아트만의 빛을 찾기 위해 수행하면 그것을 어느 순간 마주하게 되는 때가 있을 것이다. 그것이 바로 견성(見性)이자 돈오(頓悟)의 순간이다.

[1]

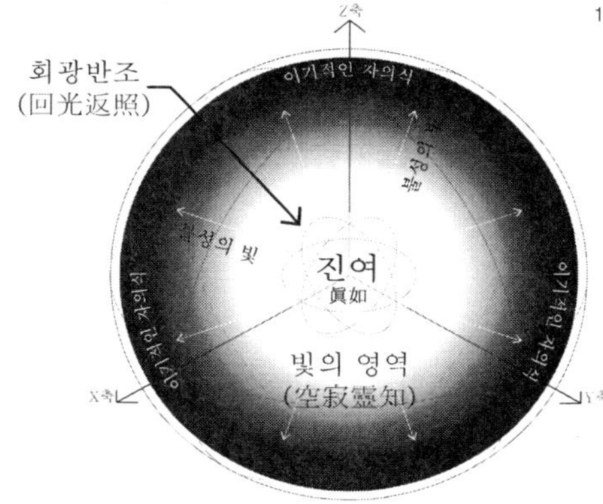

진여 = 브라흐만
(소우주) (대우주)

위의 다이어그램은 마치 핵과 그 주위를 감싸고 있는 자기장의 장면과 같이 보인다. 진여(眞如)의 빛이 발산하고 있는 것을 이기적인 자아의 먹구름이 감싸고 있어 진여의 빛을 보지 못하게 막고 있는 상황을 표현한 것이다. 이기적인 자의식

1 회광반조와 공적영지의 개념

은 인간의 표층 의식을 상징한다. 밖으로 향하는 우리의 자의식을 핵심에 존재하는 '참 자아'로 되돌려야 한다. 우리는 이기적인 자아의 습관을 제거하고 진여의 빛을 향해 거꾸로 찾아가며 수행해야 한다. 그것을 불교에서는 '회광반조(回光返照)'라고 한다. 빛으로 다시 돌아가 본성의 빛을 받아보아야 한다는 것이다. 그것이 바로 견성(見性)이다. 진정한 불성을 보게 된다(마주하게 된다)는 뜻이다. 즉, 견성을 하는 순간이 돈오의 순간이자 해탈의 순간이다. 그러나 인간의 이기적 자아와 탐욕의 습관은 끈질기다. 이기적 자아의 모든 업보가 저장되는 의식은 8식 즉 '아뢰야식'이라고 명명하는데, 음습한 업보가 저장된 곳이라고 하여 장식(藏識)이라고도 부른다. 깨달음을 경험했다고 하더라도 꾸준한 수행인 점수(漸修)를 하지 않으면, 습기의 종자(種子)들이 각각의 외적 변수와 만날 때 언제든지 기존의 악습관으로 튀어나오게 될 것이다. 돈오하고 점수하는 과정을 통해 아뢰야식의 습기(무의식에 저장되었다가 나타나는 번뇌, 고통)를 제거하고 깨달음의 경지를 지속해나갈 때 진정한 해탈의 경지에 이르게 되고 유지된다는 것이 불교의 관점이다. 내 안의 진여를 찾고 그것을 점진적으로 수행하면서 완성해 나가는 것이 바로 불교의 진정한 핵심이라고 할 수 있다. 공적영지를 견성(見性) 하기 위해서는 세상 모든 것들이 공하다는 것을 깨달고 집착을 버려 해탈의 상태에 도달해야 한다. 그 길에 이르기 위해 동북아 불교에서는 두 가지 주요한 흐름이 있었는데, 첫째는 모든 것이 공하다는 것을 깨닫고 집착을 버리고 해탈하자는 중관 사상이며 둘째는 마음의 번뇌를 치유하는데 집중하는 유식사상이 그것이다. 이제 대승불교의 주요 두 가지 흐름을 살펴보도록 하자.

0202 중관 사상과 유식 사상의 대승불교 특성

–나가르주나의 중관불교 특성

부처의 사후 부파불교가 생성되며 경쟁하다가 소수만이 이해하고 따르는 현학적인 종교로 변질되었고, 이를 비판하며 대승불교가 나타났다. 인도의 대승불교는 나가르주나(龍樹, 용수)의 중관 불교와 바수반두(世親, 세친)의 유식 불교가 대표적이다. 불교에는 소승불교와 대승불교로 구분하는 것 외에, 소승불교(부파불교 시대)와 경량부의 사유의 전통(다르마키르티까지 연결되는 것)과 대승불교가 있다. 크게 대승불교에는 모든 것이 공(空)하다는 이론을 체계화한 나가르주나의 공사상(空思想)의 중관 불교(中觀佛教)와 바수반두가 체계화한 유식불교(唯識佛教)가 있다. 이 사상들은 이후 동북아 불교 발전에 핵심적인 역할을 했으며 세련된 인식론을 선보이며 이후, 중국에서 도교 및 유교의 새로운 방향에도 직, 간접적인 영향을 끼친다. 그런 점에서 대승불교의 중관과 유식의 두 사상은 대승불교의 이론적 토대가 되었고, 이후 동북아 불교발달에 큰 영향을 끼쳤다. 동북아 불교사상을 이해하는 것은 대승불교의 이 두 가지 사상의 핵심을 이해하는 것으로 볼 수 있고 동북아 사상의 근원에 대한 이해를 할 수 있음을 의미한다. 대승불교의 사상적 특성을 간단히 이야기하면 자리이타행(自利利他行)이며 그 사상의 롤 모델은 보살(菩薩)을 추구한다. 보살 정신의 핵심은 자신이 먼저 깨닫고 난 후(自利), 해탈하고자 피안(깨달음의 세계)으로 건너가기 직전에 해탈하고자 하는 이기심을 잠시 내려놓고 다른 일반 대중들을 먼저 피안으로 건너게 도와주고 그 이후 같이 해탈하겠다는 '이타행(利他行)' 에 있다.

'모든 것이 공(空)하다' 는 것을 강조하는 중관 불교와 일체유심조(一切唯心組), 즉 '모든 것(일체一切)이 오직(唯) 마음먹기에 따른 것(오직 마음이 만든다, 唯心造)이다' 는 문장으로 대표되는 유식 불교의 사상의 내용은 대승불교의 핵심을 이루며 세련된 인식론을 제공하고 있다.

'공(空)' 의 사상을 강조하는 중관 불교에서는 중심 경전인 『반야경』의 가르침을 통해 세상의 고정된 지식이나 믿음을 타파하고 세상의 모든 집착(執着)으로부터 해탈(解脫)하기 위한 마음가짐과 실천(수행)을 강조했다. 특히 나가르주나는 일체의 형이상학적 사유들은 모두 극복해야 하는 것으로 보았다. 형이상학이라는 것 자체가 불변하는 무언가를 상정하고 그것을 실체로서 사유하는 것인데, 나가르주나의 입장에서는 그것 자체도 공하다고 생각하기 때문이다. 나가르주나(龍樹)는 『중론(中論)』(중관론의 약칭)을 기본으로 하여 중관학파를 설립한 인물이다. 나가르주나의 사상은 '대승불교의 아버지' 나 한역 '8종(宗)의 조사(祖師)' 라고 불릴 만큼 대승불교에서 핵심으로 인정받고 있다. 나가르주나는 불교를 공부하는 초창기에 브라만교(Brahmanism)의 이론을 깊이 공부했으며, 인도 북부 카시미르(Kashmir) 지역을 두루 다니며 소승불교의 이론도 함께 연구했다. 그는 이 과정에서 다양한 경전을 접하며 장단점을 파악했고 육사외도의 이론가들이 논쟁하는 부분을 논파해나갔다. 그는 반야경(般若經) 등의 대승불교 경전을 심화시켜 교리를 체계화했다. 그의 사상을 간략히 요약해보자. 나가르주나는 모든 존재가 연기성(緣起性)에 의존하기 때문에 그 자체의 고유한 자성(自性)이 없으므로 공(空)하다고 주장한다. 중관 불교는 동북아에 전해지면서 번역되어 여러 종파들에게 두루 영향을 끼쳤다. 중관 사상은 '연기의 다른 이름이 곧 공' 이라고 주장한다. 중관 사상의 중심은 어떤 하나의 개념이 자성(自性)을 가질 경우, 그 연기성이 무의미해진다는 점에서 시작한 것이다. 중관 불교에서는 부처의 가르침인 상견론(常見論)과 단견론(斷見論)을 모두 통합하여 중도를 추구하며 잘 살펴보아야 한다고 교설한다. 중관 사상은 반야경을 중심으로 전개되었으며 "연기(緣起)=무자성(無自性)=공(空)" 의 공식을 가지고 있다. 인연에 의해서 생기는 모든 것들이 사실은 자성이 없고 공한 것이라고 강조한다. 세상의 모든 것들이 관계와 인연으로부터 발생하는 것으로 인해 사람은 집착하고 고통이 발생하는데 실제로 이것은 '자성이 없다' 는 것이다. 모든 현상은 공한 것이니 하나의 현상에 일희일비(一喜一悲)하지 말고 깨달음을 통해 마음의 평정을 이루고 번뇌로부터 해탈의 상태를 이루라는 것이다. '존재는 관계에 의해 만들어지는 연기(緣起)에 의해 생성되는 것이고, 결국 그것은 공하다' 라는 개념이다. 다시 말해 세상의 모든 관계는 서로 외적 조건에 영향을 받는 상대적인 특성이 있고 스스로 존재하는 특성, 즉 자성(自性)을 결여하고 있으니 허망하게 공하다는 의미이다.

쉽게 이야기하면, 어떠한 특성(현상)이 드러나는 것은 무언가와 관계를 맺을 때이며 그 관계가 없어진다면 특성 자체가 무의미해지는 공(空)의 상태가 된다는 것이다. 이해하기 쉽게 이야기해보자. '나'라는 존재는 자신이 속했던 집단(직업)의 사람들, 가족, 친척 혹은 동문들 혹은 군대 등의 관계들이 만들어내는 모임에 따라서 다른 행동과 다른 모습을 보이게 된다. 우리는 어떠한 상황 혹은 어떠한 인간관계에서 '어떤 것이 진짜 나인가?, 나는 누구인가?, 나의 모습은 왜 이렇게 상황에 따라서 달라지는가?, 내가 만나고 활동하는 관계에 따라 달라지지 않는가?'라는 의문이 들 수 있을 것이다. 따라서 '모든 것은 관계에 따라 달라지게 되므로, 결국은 공한 것이다'라는 결론에 이르게 된다. 달리 말해 세계의 모든 존재는 스스로 존재하는 자성(自性)이 없기 때문에 공허하다는 것이다.[3] 인간은 그러한 관계의 집착으로부터 고통이 발생하게 된다. 그렇다면 어떻게 해야 하는가? 자성(현상)이 공허한 것임을 깨달았다면 그 집착에서 빨리 벗어나야 할 것이다.

그러나 공(空)의 개념은 결코 무(無)가 아니고 자성이 없는 것이므로, 현실 세계에서는 관계에 따라 생기(生起)하는 어떠한 '현상'을 말하는 것이다. 따라서 중관 사상에서 언급하는 '공'의 개념은 있으나 없는 것과 같은 것이며 그것은 중도(中道)를 의미한다. 이것은 일정 부분 잠재성의 개념과 유사하다. 눈에 보이지 않지만, 관계에 따라 달리 현실화(현실태)될 수 있는 들뢰즈의 잠재태와 현실태의 개념과 유사하게도, 어떠한 실체는 관계에 따라 달리 현실화되어(분기되어) 드러날 수 있다. 현상적 차별의 세계를 진짜 현실에 존재하는 것으로 오인하고 집착에 빠지는 것으로부터 우리는 번뇌에 빠지게 된다. 그 고통을 만드는 허상이 공허하다는 것을 깨닫고 빨리 집착에서 벗어나 평온한 해탈의 상태를 유지하며 마음의 수양을 하면 해탈에 이를 수 있다는 것이다.

이러한 사상의 특성은 어디에서 기원하는 것일까. 인도의 언어는 서양의 언어와 유사하다. 아리안족의 침입과 정착으로 인해 인도는 동방으로 분류되지만,

3) 자성: 자신의 본질 · 본성 등에 이어 실체 · 본체 등의 가리키는 불교용어.

언어와 인식론 상에서는 서양의 논리적, 객관적 특성이 자연스럽게 녹아 들어가 있으며 철학 사상에 있어서도 동북아 사상보다는 그러한 측면이 강하게 부각된다. 그러한 측면이 직접적으로 드러나는 대승 불교철학이 바로 나가르주나의 중관불교 철학이다. 중관불교는 모든 것이 공하다는 공사상의 특성을 강조하고 인식시키기 위해 특히 언어의 한계를 논리적으로 증명한다. 이러한 성향은 동북아의 직관적인 사유 특성과는 매우 다른 측면을 보여주는데, 서양철학으로부터 영향을 받았기 때문이다. 그래서 대승불교의 중관불교 철학이 동북아에 도입되었을 때 상대적으로 부족한 인식론과 논리적인 학문체계가 보완되며 발전하게 되었다.

여기에서 나가르주나의 논리적 특성을 살펴보기로 하자. 언어의 한계 혹은 인식의 한계로 인해서 우리는 무언가를 설명하고자 할 때 이미 주어의 명사 속에 설명하고자 하는 개념이 들어가 있는 경우를 종종 발견하게 된다. 그렇다면 엄밀하게 이야기해서 그 문장은 논리적으로 오류가 있을 수밖에 없다. 예를 들어 '얼음이 얼었다' 라는 문장을 살펴보면 '얼음' 이라는 주어와 '얼었다' 라는 동사가 있는데 '얼음' 이라는 주어 자체가 이미 '얼다' 라는 개념이 들어 있는 상태이다. 문장을 접하는 사람이 '얼다' 라는 개념이나 이에 대한 경험이 없다면, 이 문장은 논리적으로 해석이 불가능해진다. 또 인도의 형이상학에서는 이데아와 유사하게 불변하는 실체와 그것으로부터 연유하는 작용이 있다는 상견(常見)과 불변하는 실체는 있지만, 작용은 우연적이라는 입장인 단견(斷見)이 대립해왔다. '나는 학교에 간다' 라는 문장에서 상견(常見)에 따르면 '나' 라는 본성 자체가 간다는 속성이 있기 때문에 내가 학교에 갈 수 있다고 표현하는 반면, 단견(斷見)에서는 내가 학교에 가는 것은 우연적이라는 것이다. 나가르주나의 입장은 후자이다. 그는 언어의 한계로 인해 논리적인 오류가 생기는 것을 날카롭게 분석하여 논파한 것이다. 그렇다면 이러한 논파가 어떠한 의미를 가질 것인가? 모든 것이 공하다는 논리는 '만약 이 모든 것들이 공(空)하지 않다면/ 발생하는 것(生)도 존재할 수 없고 사라지는 것(滅)도 존재할 수 없다./ (만약 그렇다면) 어떤 것을 제거(斷)하거나/ (누가) 열반을 바랄 수 있겠는가?' 라는 논리이다. 그는 이처럼 매우 논리 정연한 방식으로 모든 것이 공허하다는 것을 증명하며(논파하며) 공허함을 통해 집착을 끊어야 함을 강조한다. 여기에서 중요한 것은 불교의 사유가 서양의 논리적 사고에 상당 부분 영향을 받았다는 사실이다.

이를 이해하기 위해 그의 속제(俗諦), 진제(眞諦), 이제(二諦)의 개념을 살펴볼 필요가 있다. 속제(俗諦)는 진리를 언어로 표현한 것이고 진제(眞諦)는 그 언어의 표현에 들어있는 실제 진리를 의미한다. 언어적 표현을 넘어서는 차원의 진리가 존재할 것인가? 부처의 가르침은 '이제(二諦)' 에 근거한다. 진제(眞諦)는 가장 뛰어난 것, 속제(俗諦)는 세속적, 관습적, 언어적인 것을 의미한다. 언어적인 표현을 통해 진리를 전달한다는 것이 이제(二諦)론의 기본적 입장이다. 나가르주나는 세상을 설명한다고 하는 이론들이 오히려 세상을 이해하는데 방해가 되거나 그릇된 방향으로 이끌어지는 것을 경계했다. 언어는 실체가 없는 형이상학적인 것들을 실체화 및 고착화시키는 위험성이 있다. 불교적 관점에서는 근본적으로 영원한 자성(自性)은 없다. 우리가 착각하는 것이다. 언어의 규정성과 개념의 허상에 빠지지 않고 있는 그대로의 실체이자 진여(眞如)를 보라고 그는 강조한다. 나가르주나는 논리성을 바탕으로 언어의 한계를 넘어 자성의 허망함과 집착을 끊어야 함을 강조한다.

이처럼 중관 사상은 아비달마 교학에서 중시하는 실제로 존재한다는 실유(實有) 사상을 논리적으로 타파하고 공(空)에 입각한 중도(中道)의 진리를 제시했다. 그래서 중관 불교라는 명칭이 붙여졌다. 한편, 유식사상은 불교의 초보적 심리설을 더욱 고차원적인 수준의 대승적 심리학으로 발전시켰다. 유식사상의 심리학적 특성은 오늘날의 심리학과 견주어 보았을 때에도 무의식에서 연유되는 괴로움에 대한 뛰어난 실천적인 해결방안을 제시하고 있다는 점에서 중요하다. 이들의 공통점은 부처(싯다르타)가 집착을 제거하기 위해 제시한 무아론, 무상론을 기본으로 수용하고 있다는 점이다. 그러나 이것은 이후 힌두교 중심의 인도 주류 철학자들의 비판을 받게 된다. 이후에 실천적인 천태종에 있어서 핵심적인 경전인 『법화경(法華經)』, 장엄한 일체의 세계의 운행과 법칙을 설파하는 『화엄경(華嚴經)』과 집에서 수행하는 유마가 오히려 승려들을 가르치는 『유마경(維摩經)』, 그리고 서방정토(西方淨土) 아미타불(阿彌陀佛)이 구제하는 세계를 중시하는 사상 등이 새로운 대승운동에서 중요한 경전으로 생성되었다. 또한 대승불교는 네팔, 티벳 지역을 거쳐 중국으로 전해졌는데, 이들 지역에서는 토착적인 샤머니즘의 종교적 특성과 지역문화 등이 결합된 밀교가 생성되어 주술적인 『다라니(陀羅尼)』를 외우는 '금강승(金剛乘)' 이 중심이 되었다. 나가르주나(용수)의 사상은 8세기 티베트로 전래되어 티베트 불교의 형성에도 큰 영향을 끼쳤다. 인도에서 대승불교 운동은 후에 나가르주나(龍樹), 바수반두(世親) 등에 의해서 그 사상이 조직, 체계화되어 5세기경부터 밀교가 성행하다가 7세기경부터 힌두교가 세력을 회복하며 본토에서 소멸하고 동북아로 전파되었다.

모든 것이 공하다는 것을 깨달아야 한다는 중관 사상과 굳건하게 존재하는 건축과는 어떤 관계가 있기에 살펴본 것일까? 서양의 시각으로 보았을 때 석재로 구축한 건축물은 그 자체로 시각적 대상이자 뚜렷한 기능이 존재하는 삶의 그릇이므로 절대 공한 존재자가 아니다. 그 영역에서 존재감을 뽐내는 경우가 대부분이다. 그러나 동북아에서는 건축 자체가 자연의 재료로 상대적으로 짧은 시간에 지어지고 자연의 한 부분으로 크게 드러나지 않고 조화를 이루면서, 유연하게 다양한 기능으로 사용되다가 일정 시간이 지나 필요가 없어지면 자연으로 소멸될 수 있는 건축을 추구했다. 이른바 무자성(無自性)의 건축이다. 이런 특성, 혹은 무자성의 기능을 만족하는 건축의 개념을 생각했을 때 대승불교 개념과 오늘날 건축의 불확정성의 개념과 연계될 수 있다.

–바수반두의 유식불교 특성

바수반두(세친, 世親)는 정통 브라만 출신이자 불교학자이다. 그는 무착의 유식학(唯識學)을 계승하여 이를 완성시켰다. 불교에 입문한 초창기에 바수반두는 소승불교에서 가장 유행했던 설일체유부(說一切有部)와 경량부(經量部) 사상을 공부했고 이후, 자신이 지은 600게송(偈頌)을 기록한 '아비달마구사론(阿毘達磨俱舍論)' 을 저술했다. 그것은 소승불교의 특징 있는 여러 사상(불교철학)을 잘 요약하고 편역한 것이었다. 그는 여러 대승경전(大乘經典)을 연구하여 대승불교의 개척자로 불리며 이후 대승불교의 주류를 형성하는데 중요한 역할을 했다.

바수반두의 유식불교 사상은 다음과 같다. 세상의 모든 것은 끊임없이 변화하는데 인간은 고정된 무엇인가가 존재한다고 생각하고 그것에 집착하면서 만들어지는 번뇌로 고통을 받는다는 점에서 유식 불교사상은 시작한다. 이에 유식 불교는 번뇌를 제거할 수 있는 심리적인 원인분석과 치료에 집중한다. 예를 들어, 인간에게 발생하는 많은 고민 중에 실제로 발생하거나 자신에게 영향을 주거나 하는 것은 극히 미미할 뿐이라는 심리학자의 언급이 있는 것과 같이, 세상일의 많은 고민과 번뇌는 이렇게 고민할 필요도 없는 것에 스스로 집착하여 자신을 고통속으로 몰아넣는 경우가 대부분이다. 우리는 형이상학적인 영원불멸성 혹은 그러한 유사한 개념에 집착하고 그로 인해 우리의 삶을 번잡스럽게 만든다거나 조그마한 일에 얽매여 고통스럽게 한다거나 하는 경향이 있다. 이러한 집착에서 벗어나기 위해서 중관불교는 모든 것이 공하다는 것을 강조하며 벗어나는 방법을 가르치고 유식불교는 '모든 것은 마음이 만드는 것(일체유심조, 一切唯心造)' 임을 강조하여 번뇌로부터 고통받는 마음을 치유하는 특성이 있다. 달리 말해 '모든 것은 마음먹기에 달렸다' 라는 심리적 해결방안을 제시한다. 중관사상과 유식사상 이외에도 대승불교 이론에는 '모든 중생에게는 부처가 될 씨앗이 감추어져 있다.' 라고 강조하는 여래장사상(如來藏思想)이 중요하다.

유식사상은 직역하면 '세상 모든 것은 오직 마음이 만드는 것이다' 인데, 달리 이야기하면 **'오직 마음뿐 바깥의 대상은 존재하지 않는다'**는 의미도 된다. 유식사상에서는 중요한 세 가지 자성(自性)을 구분하여 설명하고 있는데 그것을 삼무자성(三無自性)이라고 한다. 세상만사 만물에는 세 가지 중요한 자성(특성)이 없음을 고찰한 것이다. 유식 불교에서는 마음의 세 가지 성격을 구분하면서 깨닫지 못한 상태에서 실체가 없는 것을 실체가 있는 것으로 집착하여 바라보는 변계소집성(遍計所執性), 모든 존재는 모두 다른 것에 의존하여 존재한다는 의타기성(依他起性), 그리고 두 가지의 성질을 떠나 진실한 것 자체를 말하는 원성실성(圓成實性)을 구분하여 설명한다. 유식사상에서 강조하는 것은 일상생활에서 우리가 너무나 당연하다고 생각하는 사고방식, 사물과 운행의 특성이 사실은 자명한 것이 아님을 깨닫게 만드는 특성이 있다. 나의 생각 여부에 따라 모든 것은 달라질 수 있다. 내가 인식하여 만든 세계속에 내가 거주하고 있다는 깨달음을 얻게 된다는 것이다.

이제, 세 가지 무자성의 특징을 자세히 살펴보기로 하자.

첫 번째, 변계소집성(遍計所執性)은 두루 보편적으로(遍) 이리저리 헤아리고 따지고 계산하는 것(計)이며 소집(집착되는 바, 所執)시켜 여러 측면에서 무언가에 집착되는 대상이 되는 성질(性)을 의미한다. 쉽게 이야기하면 마치 편집증(偏執症, paranoia)처럼 실재하는 세계가 아니라 중생이 스스로 인위적으로 만들어낸 세계를 말하는 것이다. 그것은 칸트의 인식론처럼 세계가 나에게 들어오는 것이 아니고 내가 자신의 색안경을 끼고 자신만의 세계를 구성해서 바라본다는 입장과 유사하다. 자연스럽게 유식론의 입장에서는 사람이 저마다 자기의 세계를 하나씩 가지고 있는 것으로 본다. 또 그 사람이 죽게 되면 그 사람이 바라보고 창조한 세계도 소멸하는 것으로 본다. 연기의 세계에 대한 인식이라는 점에서 부처의 세계에도 자성은 없다고 본다. 둘째로, 의타기성은 다른 것과의 인연에 의해 내가 존재한다는 것으로 존재가 어떻게 존재할 수 있는가를 보여준다. 존재는 다른 존재들에게 의존해 연기적으로 존재한다는 것이다. 나의 지위, 나의 사회적 역할, 존재는 결국, 사회적 존재로서의 관계속에서 역할이 주어지고, 직업이 주어지고, 관계들이 형성될 것이다. 셋째, 원성실성(圓成實性)은 의타적인 존재를 제대로 파악하면 원성실성이 된다. 깨달은 사람이 보는 세계는 원성실성을 가진 세계이다. 원(圓)은 완전하다는 의미, 성(成)은 다 이루어진 것이고 실(實)은 참된 것을 의미한다. 다시 말해, 완벽하게 참된 인식이 성취된 세계를 인식한다는 것을 의미한다. 즉, 인위적으로 만들어낸 자신의 헛된 것, 즉 망상으로부터 벗어나야 하며 다른 것에 의해 연기적으로 나타나는 것들이 공허한 것임을 깨닫고 원성실성의 세계로 나아가야 한다는 것이다.

앞서 언급한 바대로 아트만(진여, 眞如)은 세계의 법이자 본질, 자아의 참 자신인 그 자체로 빛이 나는 진여(眞如)이자 세계의 운행원리(브라흐만, 梵) 혹은 법칙 그 자체이다. 아트만은 브라흐만과 동일한 세계의 운행원리이자 자아이다. 그러나 일반인들은 그러한 아트만을 쉽게 볼 수 없다. 이기적인 자의식의 먹구름에 가로막혀 아트만(진여)의 참 빛을 바라볼 수 없는 것이다. 아트만의 참 빛은 언제나 그 빛을 밖으로 내 비추고 있으나 우리는 이기적인 자아의 세계에 갇혀서 그 너머에서 존재하며 발산하고 있는 그 빛을 깨닫고 다가갈 수 없다는 것이다. 우리는 돈오의 계기를 통해 진리의 세계를 온전히 깨닫고 점진적으로 수행하여 아트만(眞如)의 참 자아로 나아가야 한다는 것이 불교의 핵심적인 가르침이다. 그것이 바로 회광반조(廻光返照)이다. 다시 말해 아트만의 빛을 발하는 곳(공적영지, 空寂靈智)으로 깨달음과 수행을 통해 다시 돌아가야 한다는 것이다. 그러한 당위성은 불교의 아트만(진여)과 세계에 대한 인식, 그리고 칸트의 도덕률이 합쳐지면 강력한 인식론 및 도덕론이 형성될 수 있다. 유식 불교에서는 변계소집성의 미혹된 세계를 떠나 원성실성의 진실된 세계로 변화하는 것을 '전식득지(轉識得智)'라 하며 이것이 유식의 목표가 된다. 깨닫게 되어 지혜를 얻게 되었다는 의미로 간단히 말해 견성(見性)했다는 것이다. 결국 '모든 것이 마음먹기에 달렸다'라고 하는 '일체유심조(一

切唯心造)' 가 유식불교의 핵심이라고 할 수 있다.

사람은 실제로 일어나지 않을 것을 상정하여 스스로 고통에 빠지곤 한다. 이렇게 우리가 고통을 받는 것은 거의 존재하지 않는 무언가를 상정하여 스스로 번뇌의 한가운데로 우리를 몰아넣고 있다는 것이다. 마음의 심리치료학적인 특성이 강한 유식 불교에서는 이렇게 번뇌를 끊고 마음의 지속적인 평정 상태를 이룰 수 있는 지경을 궁극의 해탈의 경지로 추구한다. 이를 위해 유식 불교는 감각의 인식과 의식과 무의식 속에서의 연계 작용을 심층적으로 분석하여 번뇌의 매커니즘을 밝혀낸다. 그것을 유식 불교에서는 1식에서부터 8식까지의 개념으로 설명한다. 이제 이 매커니즘에 대해서 살펴보기로 하자.

2

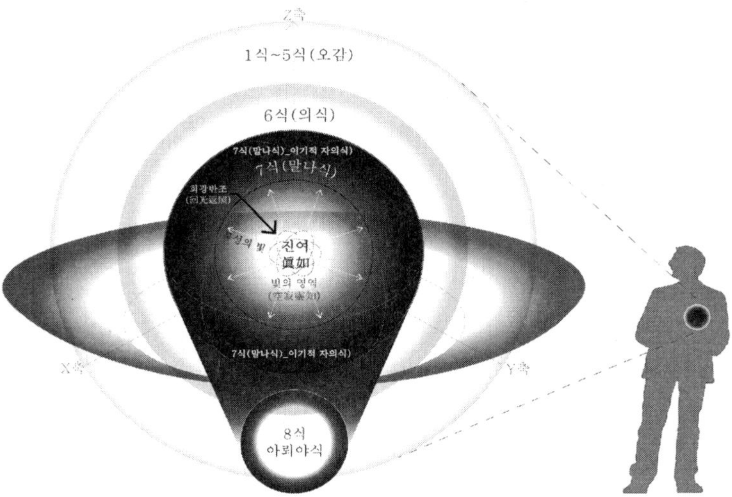

유식불교의 8식 중에서 1식부터 5식까지는 인간의 공통적인 오감(시각, 청각, 미각, 후각, 촉각 등)의 감각과 관련된 것이며 6식은 오감의 감각을 통해 대상을 인식하는 것이며 7식 말나식은 오늘날의 용어로 보면 강렬한 자의식으로, 8식인

2 진여와 아뢰야식의 개념

'아뢰야식' 과 함께 말나식도 작동하게 된다는 개념이다. 5식(오감)까지는 인식이 아니라 수동적인 감각을 받아들이는 것이다. 수동적인 감각의 5식과 6식의 의식을 통해 우리는 감각의 정보를 능동적으로 인식하는데, 여기서 6식은 대상을 의식하는 식이다. 7식인 말나식은 이기적인 자의식을 의미하는데, 바로 여기에서 대상에 대한 집착이 생기면서 문제가 발생한다. 앞서 언급한 바대로, 아트만의 참자아(眞如)로 나아가며 회광반조(廻光返照)를 해야 하는데, 7식인 말나식이라는 강한 자의식 혹은 강력한 이기심으로 인해 진여(眞如)의 세계가 가려져 있다. 진여는 계속해서 진리의 참 빛을 투사하고 있지만, 우리의 7식이라는 자의식의 진한 먹구름에 가려져서 그 참 자아(眞如)의 빛을 볼 수 없다는 것이다. 집착의 자의식을 제거하고 참 자아로 가는데 있어서 필연적으로 7식 말나식은 8식인 아뢰야식과 연계된다. 8식인 아뢰야식은 습기(종자)를 저장하고 있는 의식으로서 우리가 알고 있는 일반적인 무의식을 의미한다. 6, 7, 8식은 능변하는 세 가지 식이고, 6식은 전체 5식을 포함하는 것이다. 쉽게 이야기하면, 1차적인 오감을 6식이 의식하는 것이며, 이러한 감각과 의식을 기반으로 하여 7식의 자의식이 집착하게 만드는 것이다. 집착하게 되면 고통과 번뇌의 먹구름이 피어올라 참 자아인 아트만(진여, 眞如)을 가리게 되어 번뇌의 싹이 8식인 아뢰야식에 저장되어 문득문득 되살아나면서 사람들을 고통스럽게 만드는 것이다. 자신의 사회적 신분이나 위치, 자리, 역할이라는 입장에 따라 자신만의 색안경을 끼고 다른 사람이나 세계를 바라보면 그에 맞추어 다양하게 번뇌가 피어오르게 된다. 정치적으로 당파적 색안경을 끼게 되면 진실과 본질을 보지 못하고 당파적 논리에 호도되면서 자신이 믿고 싶은 것만 믿는 지경에 이르게 된다. 이는 자연스럽게 과격해지게 되고 여러 가지 문제와 번뇌가 발생하게 된다. 그리고 그러한 번뇌는 기억 속에서 저장되었다가 계속해서 되살아나게 된다. 유식 불교의 8식은 이러한 고통의 매커니즘에 대해서 언급하는 것이다.

8식인 아뢰야식은 '장(藏)' 의 의미로서 '저장한다' 혹은 '창고' 라는 말이다.

이 식이 그 안에 업에 의해서 훈습(薰習)된 습기들을 종자(씨앗)의 형태로 저장하고 있기 때문에 장식(藏識)이라고 부르는 것이다. 6식과 7식에 의해 인식 작용(대상과 자기에 대한 인식)이 일어나는데 그 인식의 결과들은 일어났다가 그냥 사라지는 것이 아니라 씨앗의 형태로 8식에 들어가서 저장이 되었다가 때때로 드러나면서 우리를 고통스럽게 만든다. 이러한 마음의 매커니즘이 우리를 미혹과 번뇌로 몰아간다. 8식의 습기는 우리의 업이 저장된 종자라고 하여 이숙식(異熟識)이라고도 불리며, 나머지 모든 식에 있어서 기초가 되기 때문에 근본식이라고도 불린다. 식의 제 2전이는 아뢰야식의 활동과 함께 말나식이 함께 작동하는 것을 의미한다. 이 때 아견(我見, 달리 말해 아집), 아치(我癡), 아만(我慢), 아애(我愛)의 네 가지 번뇌를 동반한다. 말나식은 아뢰야식과 같이 의식이 있건 무의식의 상태이건 언제나 활동하는 식으로 말나식은 자고 있는 동안에도 끊이지 않고 연속하여 활동한다고 믿으며, 심층에 인간의 정신활동은 계속해서 유지한다고 생각한다. 유식 불교에서는 꿈도 없는 잠에 들어가면 대상에 대한 인식은 멈추지만, 그 상태에서도 말나식은 계속 활동하고 있다고 간주한다. 중요한 것은 이때 이기적인 자의식으로 집착하는 것이 8식인 아뢰야식이라는 것이다. 대상에 대한 집착이라는 것은 쉽게 이야기하면 이기적인 자의식의 세계로 7식에서 행해진다. 이기적인 자의식의 특성이 그러하기 때문이다. 이기적인 7식의 자의식으로 인해 고통과 번뇌가 생겨나고 우리는 이기심의 먹구름에 막혀 진여에 도달하지 못하게 된다. 8식인 아뢰야식은 저장되어 있다가 마치 폭포수처럼 흐르고 솟구쳐 나오는 무의식과 같은 것이다. 이처럼 장식은 각종 외적 변수와 만나거나 특정 조건이 갖추어지면 마치 씨앗처럼 종자가 저장되었다가 화학작용을 일으켜 솟구쳐 튀어나오는데, 마치 마음의 블랙박스와 같은 곳에서 불쑥 튀어나오는 것을 '현행(現行)' 이라고 한다. 그것은 끊임없이 욕망하지만 성취될 수 없는 것이 결국은 틈을 비집고 새어나와 분출하는 것과 유사하다. 결국 마음 바깥에는 아무것도 없다는 것, 그리고 세상 모든 것이 마음이 만들어낸 것이라는 것이 유식 불교의 모토이다.

마음을 다루는 유식사상은 시간과 생의 약동, 그리고 심리적인 영향을 받은 의식 혹은 기억의 '지속'에 대해 다루는 베르그송의 철학과 유사한 지점을 가지고 있으며 또 니체의 영원회귀와 끊임없이 변하는 마음에 대해서 연구한 스피노자의 철학과 유사한 지점이 있다. 더 나아가 마음의 변화와 권력의지를 사유한 니체, 그리고 신 심학(新心學)의 철학인 양명학에서 이러한 철학의 전통과 유사한 지점을 공유하고 있다. 이것은 오늘날 기계론적이고 합리적인 이성의 철학과는 대척점에 서 있는 철학이라고 할 수 있다. 유식 불교에서는 절대적인 선과 악은 존재하지 않는 것으로 본다. 불교적 입장에서 선악은 본래 결정론적인 것이 아니라, 외적 변수에 의해 변할 수 있고 선택하는 결과에 따라서 달라질 뿐이라고 간주한다. 그렇기에 유식에서는 선악보다는 '더 좋은가 혹은 더 나쁜 것인가' 만이 있을 뿐이라고 본다. 일반인들은 업을 쌓고 업은 또 다시 종자들을 훈습하여 아뢰야식에 저장하며 현실에 나타나 고통과 번뇌에 빠진다. 5식까지의 감각을 종합하고 6식, 7식, 8식의 연계 작용에 의해서 발생하는 번뇌를 끊고 해탈의 경지로 나아가기 위해서는 이렇게 번뇌의 매커니즘을 이해해야 하고 모든 것이 공하다는 것을 이해해야 하며 아뢰야식의 훈습을 계속해서 제어하는 실천적 수행이 필요하다는 것이 유식 불교의 핵심이다.

유식 불교에서는 원래 세상이 존재하는 것이 아니며 내가 그것을 보는 것이 아니라 내가 보면서 세상이 존재한다고 간주한다. 즉, 자의식이 먼저이고 그 다음에 대상에 대한 인식이 존재하며 그 인식에 기반하여 세상이 존재한다는 것이다. 그래서 유식 불교에서는 각 사람마다 자신이 보고 인지하는 세계가 따로 존재한다고 설파한다. 공사상은 존재와 언어의 논리적 문제에 집중하며 유식사상은 의식과 의식 기제에 대한 심리적 분석에 집중하여 마음의 심리 치료적인 부분에 특화되었다는 점에서 차이가 있다. 이 두 가지 특성은 세계에 대한 인식론에 있어서 중요한 부분이다. 인도에서 일어난 대승불교사상은 그 뒤 중국으로 건너가 중관 중심의 천태종과 유식 중심의 화엄종 그리고 선 중심과 토착적인 지역 신앙이 가미된 정토 사상 등으로 발전했다. 법의 뿌리는 하나이되, 그 가지는 점차 여러 갈래로 뻗어나갔던 것이다. 마음의 세계는 불교 인식의 참 지각 경험을 유도하기 위한 세밀한 장면조정의 건축적 행태에 많은 영향을 주었다. 인식한 대로 세계를 구성하는 유식 불교의 특성과 자율성의 개념이 이러한 수행과정과 같은 미세한 3차원 경관의 조정의 건축문화에 영향을 주었던 것이다.

건축의 측면으로 생각하면, 연기에 의해 인위적으로 만들어낸 자신의 헛된 것, 즉 망상으로부터 벗어나 원성실성의 세계로 나아가기 위해 마음의 치료를 하고자 하는 유식 불교의 특성은 고요한 마음의 공적영지의 공간과 함께 진정한 나 자신(진여, 아트만)을 마주할 수 있는 수행의 공간을 중시하는 경향을 보였다. 또 자신이 바라보며 경험하는 작은 세계인 건축의 경험을 중시한다. 이른바 수행의 파트너가 될 수 있는 건축물이 그러한 마음의 수행을 가능하게 하는 자연과 일체화되는 건축적 시퀀스, 마음의 축 등이 중요시되었기 때문에 공간이 세밀하게 조정되며 발전되는 역사를 보였던 것이다. 그러한 점에서 유식불교는 동북아에 이르러 전형적인 불교 건축적 형식에서 산지지형에 배치되면서 다채로운 형식적 변화와 공간적 시퀀스의 변화를 만들어내는데 일조하게 된다.

0203 동북아 불교 전파의 의미와 영향

불교는 동양으로 전파되어 화려하게 꽃을 피웠다. 그러나 불교의 발상지인 인도에서는 불교의 세력이 약화되고 점차 힌두교로 통합되는 역사를 보인다. "불교는 왜 인도에서 사라졌는가? 라는 물음은 "힌두교가 어떻게 그처럼 지속될 수 있었는가?"는 물음과 쌍을 이루며 후자의 거울 이미지로서 성립한다."[4]라는 의견과 같이 힌두교는 결국 인도인의 종교와 생활, 사상 그 자체로서 모든 것을 융합했기에 오랜 생명력을 지닐 수 있었다. 힌두교는 무엇보다 '베다'에 대해 절대적인 권위를 인정한다. 비슈누파는 학문적 성격이 강한 데다 비교적 사회의 상층부가 속해 있으며 서사시의 영웅적인 모습을 띤다. 시바파는 사회 하층부에 세력이 분포

4) 이정우, 세계 철학사2, 길, 2018, p608

되어 있으며, 수행자의 고행 및 주술, 열광적인 제사 의례가 특색이다. 신도들은 사후(死後) 운명을 믿으며 속박에서 벗어나 해탈하는 방법으로서, 집을 나와 외부에서 떠도는 생활과 고행(육체적 단련)과 요가(정신의 통일)가 수행의 방법으로 발전된다. 즉, 베다의 근본적인 범아일여 사상과 순환사상, 마야 및 아바타의 사상 등이 큰 틀에서 인정되고 요가의 수행 정신이 접목되면서 통합되었고 심지어는 불교적인 사상과 요소들까지 흡수하여 민족 종교화되면서 인도 본토에서 소멸하게 된다.

인도에서 불교의 쇠퇴가 이루어진 것은 외부침입으로 인한 불교의 탄압과 불교의 힌두화로 요약된다. 첫 번째는 이슬람교 침입 시, 불교의 핵심을 이루고 있던 불교시설과 인원들을 동시에 파괴하고 제거한다. 이로써 핵심적인 불교의 유무형의 자산이 심각하게 타격을 받음으로써 힘을 잃어버리게 되었다. 둘째, 초기 평등사상을 중시했던 불교 승려들의 엘리트화로 인해 베다를 중심으로 하는 사제들의 폐단이 재현되었다는 점과 베다의 권위와 민간신앙의 속성들을 접목하여 민중에게 친근하게 다가간 점이 불교의 쇠퇴와 힌두교의 부상에 결정적인 역할을 했다. 셋째, 인도는 베다의 권위를 인정하는 민족종교로서 힌두교가 여타 문화, 종교, 생활 습관까지도 모두 종합하게 되었다는 점에 있다. 이러한 방향성으로 인해 자연스럽게 힌두교는 인도의 모든 정치, 문화, 종교, 생활 습관까지도 흡수한 '인도 영혼의 저류지' 로서의 역할을 수행하게 되었다.

이런 흐름과는 별도로 인도의 불교는 동북아로 전파되어 화엄종으로 화려하게 꽃을 피웠고 동북아의 선(禪) 문화와 결합되어 선불교라는 독특한 형태로 발전하게 되었다. 한편, 동북아에서는 또 다른 불교 종파인 밀교(密敎)가 발전했는데, 티벳, 네팔 등지에서 현지 샤머니즘의 종교문화 및 현지 기복신앙과 결합하면서 밀교화가 이루어졌고 불교의 새로운 경향으로 동북아에 소개되어 일정부분 현지 불교에 접목되었다. 오늘날 만다라의 개념과 사상, 조형 등은 밀교의 영향이다.

특히 금강계 만다라는 우주가 전개되어 나와 형성된 세계 자체를 보여준다. 구역마다 각각의 영역이 부처의 세계이고 온 우주가 부처의 세계라는 것을 형상화한 것이다. 여기에는 두 개의 대립 항이 합일하여 무차별한 경지에 이르는 것을 표현하기 위해서 성적인 상징까지도 사용하기도 한다. 불교의 동북아로의 전파는 유교, 도교에서 부족했던 논리성을 바탕으로 하는 세련된 인식론의 전파와 종교화의 체계적 과정이 이식되는 것으로 바라볼 수 있다. 이러한 사상적 경향은 이후, 성리학의 형성과 근대적 경향이 접목되어 발전하는데 매우 중요한 역할을 하게 되었다.

동북아 불교 발전의 역사

0024 불교 전파와 불교 중심의 유교, 도교 해석

중국 불교를 크게 분류하자면 바수반두의 유식 불교에서 영향을 받은 화엄종을 축으로 하는 교종(敎宗)계열과 선의 수행을 중심으로 하는 남종선의 선종(禪宗) 계열로 구분할 수 있을 것이다. 서양의 사유는 객관적 탐구를 통해 세상의 이치를 합리적으로 파악하고자 하는 경향이 강한 외재적인 사유이다. 그러나 동양의 사유는 '도'로 통칭되는 내재적 질서의 펼쳐짐의 사유이며 그것이 자신의 마음과 어떠한 관계가 있는지에 대한 윤리적인 대응 방식에 집중되어 있다. 따라서 중국의 불교는 깨달음에 문자도 필요하지 않고 심지어 한번 깨달으면 공부도 필요가 없다는 입장까지도 있었다. 인도에서 생성되었지만, 동북아로 전파되어 인도의 불교와는 전혀 다른 토착적인 선불교가 생성된 바와 같이 세계에 대한 자신의 마음을 어떻게 받아들이고 이해할 수 있을까에 대한 대응이었다고도 말할 수 있다. 다시 말해 선불교의 입장은 주체적인 수양과 깨달음에 대한 직관적 논의가 중요하다고 보았다. 이 과정에서 동북아의 도교적 세계관과 유교의 윤리관에 영향을 받았다. 이른바 토착적인 '마음의 윤리학'이 형성된 것이다. 그러나 마음으로 이르는 그 과정에서 주체의 주관성이 개입되다 보니 서양에 비해 주술적 요소(도교)들이 개입되어 합리적인 부분이 결여되는 단점이 보이기도 한다. 특히 도교에 있어서 범신론적 관점과 주술적 경향으로 인해 권력관계가 형성되면서 나타나는 비이성적인 결정구조와 그에 따른 폐해가 드러나는 등 단점이 나타나기도 했다.

화엄종은 교종으로 분류되는 만큼 문자와 경전을 통해 세계에 대한 세련된 인식론을 전파했다. 따라서 화엄종은 초창기에 주로 왕실을 중심으로 안정된 분위기에서 교리가 전파되었다. 화엄종은 실천적 성격보다는 교리적이고 보수적인 성격이 강했다. 또한 문자로 전파되는 특성상 문자를 접하고 공부를 할 수 있는 여건이 되는 기득권층만이 접근하기에 적합하고 용이한 종파였다. 특히, 화엄경은 '제국의 철학' 이라고 불릴 만큼 핵심적인 내용 중 일즉다 다즉일(一卽多 多卽一)의 화엄 사상과 연계된다. 화엄(華嚴)은 개체들이 모여 하나의 전체가 되면서, 마치 꽃의 형상과 같이 한 몸으로 장엄하게 운행되는 세계를 사유하는 미학적 특징이 있는 사상이다. 전체가 개체요, 개체가 곧 전체라는 것이다. 그것은 인도사상의 범아일여(梵我一如)와 같이 세계와 내면인 나의 마음이 결국 하나라는 가르침과 유사하다. 이러한 교리는 국력을 통일하고 일체화하고자 하는 제국의 지도층에게 매력적인 교리였을 것이다. 일본의 스즈키 다이세쓰라는 불교학자 또한 천황에게 화엄경을 강의했던 적이 있었다. 개체가 곧 전체라는 화엄의 관점은 제국의 논리를 구사하는 정치 권력자들의 구미에도 잘 맞았다. 이로부터 우리가 배울 수 있는 점은 '개체의 단독성을 무시한 어떤 사유라도 쉽게 전체주의에 오염될 수 있다는 점이다.'[5] 반대로 선불교는 불립문자(不立文字)를 주장할 만큼 문자에 대해 무용하다는 입장이었고 도시보다는 산속에 사찰이 위치하는 경우가 많았으므로, 지방의 일반 대중과 호족 세력들이 접근하여 세력을 확장하기에 적합한 종파였다. 당나라 이후 불교는 세력이 약화되면서 성리학에 그 자리를 내주게 되었다. 당나라의 제국 논리에 적합했던 화엄사상은 그 자체의 단일한 논리와 통일성 때문에 역설적으로 쇠퇴의 길로 들어서게 되었다. 자신을 타자화하여 새롭게 혁신하지 않는 것은 어떠한 것이라도 쇠퇴하게 마련이다. 그 자체로 전체를 지배하고 자체적으로 완결되고 통일되면 그 본체를 혁신하지 않는 이상 보수화될 수밖에 없다. 그렇지 않으면 안으로부터 부패하기 마련이다. 당나라도 그랬고, 고려 또한 그러한 수순을 밟았다. 수나라까지는 불교와 도교, 유교가 그 자리와 조합을 바꾸어가며 혼합되거나 서로 경쟁했다. 그러나 다양한 종교가 공존하면서도 사상과 문화에 있어서 포용적인 중국인의 성향으로 인해 각 종교들은 종교와 관련된 차별과 전쟁이 발발하지 않았고 서로에 대한 영향과 경쟁을 통해 자체적인 발전을

5) 강신주, 철학vs철학: 동서양 사유의 모든 것, 그린비, 2010 p640

이루었다. 특히 도교의 경우에는 범신론과 같이 다양한 숭배대상들이 느슨하게 공존하며 포용했다. 이정우는 불교는 유교와 '아니마 아니무스'의 관계를, 도교와는 경합의 관계를 맺게 된다고 언급한다.[6] 다시 말해, 불교 안에 유교적 특성을, 유교 안에 불교적 특성을 상호 공유하고 있다는 것이다. 인도 불교가 이론적 창조의 연속이었다면, 동북아 불교는 이미 형성된 이론들의 해석과 종합에 몰두했고 이런 흐름은 천태종, 화엄종으로 크게 발전하면서 다른 차원의 실천적 종교로 승화되었다.

당나라 시기에는 불교가 전체의 주도권을 잡게 된다. 그러나 불교는 역설적으로 그 폐쇄적인 분위기 때문에 쇠퇴하게 된다. 당나라 이후 송나라 시기의 사상은 유, 불, 도를 통합한 주자학의 강력한 포용적, 통합적 세계관과 정치 윤리학이 주도권을 잡게 된다. 유교라는 정치철학과 도교의 주술적 미신의 세계관에는 존재하지 않았던 불교의 세련된 마음에 대한 인식론의 당나라 시기에 화려하게 꽃을 피웠고 이후, 선불교라는 토착적 불교를 생성, 발전시켰다. 그것은 이후 한국에 전파되었고 화엄종의 교리를 경험하고 난 후 그 기반 위에 특유의 토착적인 선불교 체계를 더욱 확장시켜 발전시켰다. 이 과정에서 '마음의 심리학 혹은 마음의 윤리학'이 발전하는 계기가 되었다. 동북아 도교, 율법적인 유교와의 경쟁과 상호 영향 및 통합을 이루었으며, 참선의 깨달음의 수행을 지속시키는 선불교로 해석되기에 이른다. 초기 인도의 영향으로 논리적 특성과 교리로 인해 정형적이고 논리적 배치의 가람이 도입되었다. 이후 직관적 깨달음을 중시하는 선불교 건축과 미학(장면)의 토착불교로 진화하게 되었다. 직관적인 깨달음을 중시하는 분위기는 마음의 조절성과 자율성을 중시하는 조형 문화로 발전하게 되었다.

0205 남북조(격의불교) 및 수당불교(천태종, 화엄종)의 특성

581년, 북쪽 왕조인 북주(北周)의 관료였던 양견이 쿠데타를 일으켜 왕위를 찬탈하고 수를 건국한다. 곧 수나라(隋)는 남조와 북조를 통일하여 대제국을 완성한다.

6) 이정우, 세계 철학사2, 길, 2018, p645

수는 세 차례 고구려를 침공하다가 실패한 후, 내란으로 618년 멸망하게 된다. 이후 당나라가 세워지고 907년까지 이어지게 된다. 이 기간에 신라는 당나라와 연합하여 3국을 통일하고 통일신라가 된다. 통일 당시, 수나라가 대륙을 통일하기 전, 남북조의 문화와 생활양식은 매우 달랐기 때문에 전체를 융합시켜 하나로 통일하기가 쉽지 않았다. 그렇다면 새로운 제국의 지도부는 통일된 제국으로서 분열된 나라를 통합하고자 하는 논리와 사상이 필요했을 것이다. 그들은 우선 넓은 지역에서 각각 자신들이 받아들였던 다양한 종교와 사상들을 포용하며 통합하고자 했다. 당시 지배층은 각 지역의 백성들 사이에 다양하게 퍼져있었던 유교, 불교, 도교를 모두 인정하게 된다. 당나라 지도부는 옛 한나라의 부활을 내세우며 과거제를 시행했고, 유교의 가르침을 중심으로 문제를 출제하며 유능한 관료를 선출했다. 이를 계기로 그들은 유교적 가치관을 다시 강조하는 사회적 분위기를 정립했다. 유교가 율법적인 정치 윤리학의 특성이 있는 사상이기에 국가체계를 정립하는데 실질적으로 도움이 되었기 때문이다. 그러나 유교는 시행 초기에는 시대착오적인 옛 학문으로 치부되는 현실이었다. 한편, 한나라의 지도부는 도교를 공인하면서 노자의 성이 수나라 황제의 성(姓)인 이씨와 같아 노자를 신격화시키고 받들게 된다. 이러한 정치적 상황과 함께 사상적으로는 남북조의 문화가 조화롭게 합쳐지는데 불교가 인식론적 측면에서 중요한 역할을 하게 된다. 이를 위해 수나라는 사찰을 설립하는데 국가의 지원이 이루어졌다. 그러나 동시에 승관제를 통해 황제가 승려를 임명하는 구조를 설립함으로써 무분별한 불교 세력의 확장을 철저하게 견제했다. 이 때문에 수나라 시기의 불교는 민중을 중심으로 실천을 강조하는 '천태종'이 장려되었다. 그러나 당나라에서는 제국의 논리로 하나가 전체이고 전체가 하나인 논리(一卽多, 多卽一)를 내세워 국민의 힘을 하나로 모으고자 했던 화엄 사상이 적극적으로 장려되었다. 계율에 있어서 황제는 불교의 실질적인 지도자로 자리매김하게 된다. 이 시기에 나온 왕즉불(王卽佛) 사상(왕이 곧 부처이다)은 철저하게 황제의 지배를 받는 불교 세력이 대중을 교화시키기 위해 정치적 메시지를 낸 것이었다. 그러나 관 주도의 종교와 사회는 결국 민중의 저항을 받게 마련이다. 수 말기에는 미륵불을 섬기는 종파가 대중에게 유행하며 민중봉기가 발생했다. 중국의 경우, 도교적 아르카디아 세계관에 경도된 세력이나 미륵불(아미타불이 백성을 구원할 것이라는 믿음) 사상을 중심으로 기존 질서에 저항하는 세력들이 등장하며 체제전복을 꾀하는 운동들이 계속해서 발생하게 되었다.

이어 당나라 초기는 불교의 전성기였다. 문화와 종교적 교리(화엄사상)가 왕실의 지원을 받아 화려하게 꽃을 피웠다. 이때 동양인들에게 손오공과 삼장법사의 이야기로 잘 알려져 있는 '서유기(西遊記)'가 민중 사이에 유행하며 읽힌 것이 떠오를 것이다. 목숨을 건 험난한 여정을 거치며 인도로부터 중국까지 경전을 가져오는 것과 언어체계가 전혀 다른 중국어로 번역하는 일은 매우 어려운 일이었다. 서양 철학과 문화에 영향을 받은 인도어 및 인도 사상의 논리적이고 형이상학적인 측면을 중국의 사상과 언어, 문화가 그대로 받아들이기는 힘들었을 것이다. 자연스럽게 불교는 동북아로 건너와 현지화되면서 자신만의 독자적인 선불교 사상과 문화로 발전하였고 한국에서는 좀 더 깊이가 심화되어 오늘날에 이르고 있다. 제국의 통치를 위해 전체 민중의 신앙의 구심점이 되고자 했던 불교는 교리와 정신의 전반적인 전파를 통해 국력을 모으고자 했고 이는 불교의 유행과 화려한 불교문화 발전의 결과를 만들어냈다.

중국에서는 인도의 마명(馬鳴)과 용수, 그리고 중국에서는 두순(杜順)을 초조(初祖)로 삼아 지엄(智儼)→법장→징관(澄觀)→종밀(宗密)까지를 합해서 화엄칠조(華嚴七祖)로 숭상하고 있다. 그중 마명은 대승경전의 주요 사상을 압축, 요약하여『대승기신론(大乘起信論)』을 저술했는데 특히, 원효가 저술한 대승기신론에 대한 주석서인『대승기신론소』는 이후 중국에서 매우 중요한 저서로 즐겨 인용되고 중요한 서적으로 소장되었다. 그의 사상(일심 사상, 화쟁 사상)과 이해가 최고 수준에 있었다는 것을 의미한다는 점에서 한국불교 및 사상의 우수성이 증명되고 있다.

우리나라에서 화엄종이 본격적으로 정립된 것은 왕실 출신인 의상이 화엄 종주인 지엄의 총애를 받으며 교육받고 귀국한 이후이다. 화엄 사상은 제국의 논리와 '왕즉불' 의 개념을 통해 국론을 통합하고 왕권을 강화시키고자 했던 왕실의 입장에서 적합했다. 자연스럽게 왕실의 전폭적인 지원하에 사찰을 건립하고 왕실 위주의 화엄 사상의 인식론을 바탕으로 하여 전국에 전파되었다. 원래 천태종은 당나라의 화엄종 이전에 수나라에서 처음 설립된 것인데 우리나라에서는 이후 의천에 의해 뒤늦게 종파가 설립되었다. 화엄 사상이 세련된 인식론을 바탕으로 국론을 통일하고자 하는 왕실의 논리에 적합한 사상이었다고 한다면, 천태종의 법화경은 좀 더 민중적이고 실천적인 변화를 중심으로 하는 사상이었다. 의상이 왕실의 사상을 대표한다면, 원효는 좀 더 민중적이고 실천적인 사상을 대표하며 민중과 함께 한 실천의 삶을 산 사상가이다. 그가 의상과 함께 당나라로 유학을 가려다가 크게 깨닫고 돌아왔던 사건, 즉 동굴에서의 해골물의 일화는 그의 삶의 궤적에 있어서 상징적이다. 학문이 높았던 원효는 법화경, 화엄경 및 대승불교 전반의 해박한 지식을 바탕으로 하여 일심 사상, 화쟁 사상을 주장했다. 이른바 지배계층이 중시하는 세련된 인식론의 교리와 실천적 믿음을 지속적으로 수행하는 돈오점수(頓悟漸修)를 강조한 것이다. 이후 고려에서 의천은 교종 중심으로 선종을 통합하고자 하며 천태종을 설립했는데, 이는 원효의 사상으로부터 많은 영향을 받은 것이었다.

-천태종(天台宗)과 법화경의 주요사상

최초 불교가 도입되었을 때 동북아 왕조 국가에서 동일하게 나타났던 주목할 만한 경향은 일정 기간이 경과한 후, 왕을 비롯하여 귀족 등의 지배층이 주도적으로 믿고 따랐다는 점과 불교를 국교로 지정하고 백성들을 교화하는데 적극적이었다는 점이다. 불교의 육성이 왕권을 강화하기 위한 목적성을 띠었기 때문이다. 백성들은 불교를 따르고 불교의 지도자는 왕을 적극적으로 모시며 따라야 한다고 교설함으로써 자연스럽게 왕권이 강화되고 국력을 통일시킬 수 있는 장점이 있었기 때문이다. 따라서 위로부터의 탑다운(Top-down)식 교설을 행하기 위해서는 문자로 교리를 전파할 수 있는 교학의 종파가 선호되었을 것이다. 자연스럽게 문자를 접하고 연구할 수 있는 지배계층에 적합한 종교체계가 자리를 잡았다. 민중 중심으로 신앙이 확대되고 그 저변이 확대되면 국가가 공인하는 역사는 종교의 전파에서 인류 공통으로 보이는 현상이다.[7] 수나라와 당나라 시기에는 여러 종파의 불교와 관련 사상이 전파되었으며 이들(천태종과 화엄종)은 대부분이 교종(敎宗)이었다.

불교가 처음 중국에 전파될 당시에는 민중 중심이었다가 곧 수 제국(518-619)의 비호를 받으며 천태종이 번성(나가르주나의 중관불교 토대)했다. 천태종은 대승경전(묘법연화경-즉 법화경)을 중심으로 번성했다. 천태종은 수(隋)나라의 천태대사(天台大師)인 지의를 개조(開祖)로 하는 불교의 종파였다. 지의대사는 『법화경』에 따라 불교 교리를 체계화하고 해석하여 경전들을 편찬했다. 지의는 『법화경』을 중심으로 하여 공(空)·가(假)·중(中)의 삼관(三觀)을 중심교리로 삼았다. 또 일체가 원융(圓融)하게 되는 실상(實相)을 주장했다. 지의의 주석서는 중국, 한국, 일본에서 천태종의 지침서가 되었고, 중국에 토착화된 불교가 전파되는데 공헌했다.

법화를 상징하는 연화(蓮花)는 더러운 진흙탕에 하얗게 피어난 연꽃(법화)을 의미하며 불교에서 중시하는 상징적인 꽃이다. 천태종은 민중의 고통과 맞물려 절망적 상황에서 민중을 구할 수 있다는 희망을 법화경을 통해 전파했으며 실천적 변화와 해결을 추구했다. 진흙탕과 같이 어지러운 세상 속에서 한 송이 연꽃을 피워냄과 같이 개혁의 실천을 통해 법화를 피워내자는 운동이 강하게 일었던 것이다. 부처와 불교는 중생이 부처의 진리를 깨닫게 만들기 위해서 출현한 것이며, 중생이 부처의 깨달음으로 해탈에 들어가기 위해 출현한 것으로 보았다. 천태종의 구도자들은 '정혜쌍수'를 역설했고 후에는 지눌의 영향을 받아 교리와 수행을 똑같이 중시하는 운동을 전개했다. 여기서 정(定)은 수행(참선)을 의미하고, 혜(慧)

7) 기독교의 전파와 공인의 역사와 마찬가지로 각 종교의 발현과 정착은 민중 저변의 확대로부터 지배층의 종교화까지 이루어지게 되면 결국, 한 나라의 국교로 인되는 역사를 보여왔다.

는 지적인 이해(비참한 처지 이해, 벗어날 방법 이해)를 의미하며 문자적으로 전파되는 교리나 경전을 의미한다. 수나라와 당나라에서는 주로 교종이 받아들여졌다. 천태종은 초기에 도입된 불교사상이었고 처음 도입되어 당시 고통 속에 처한 민중들을 대상으로 자신의 이론을 전파해야 하는 입장이었으므로, 교종이었지만 화엄종보다는 좀 더 '실천'에 방점을 찍고 있었다. 이후, 우리나라에서는 의천이 천태종을 창시하였다. 민중 중심의 실천적 통합을 강조하는 사상을 한참 후에 왕실의 의천이 강조하는 상황이 전개된 것이다.

당나라 시기(618~907)에 불교는 바수반두(세친, 世親)의 유식론을 중심으로 하는 화엄경을 기본으로 하는 화엄종이 발전한다. 화엄(華嚴)은 화려하게 장식된 꽃다발, 혹은 화려하게 피어난 다양한 꽃들을 상징하며 불법이 화려하게 발현됨을 의미한다. 법장(대표적 스님643-712)은 당 제국 황실의 구도자로서 왕실과 귀족에 맞는 세련된 인식론을 전파했다. 따라서 이 이론은 정(定)보다는 혜(慧)에 더욱 중점을 두었던 사상이다. 개체들이 모여 하나의 전체를 이루어 마치 꽃과 같이 하나의 장대한 아름다운 전체로서 운행하는 것이 화엄경의 중요한 가치이다.

우리나라에서는 수나라 시기의 천태종이 전파되어 일부 연구되기도 했다.[8] 그러나 초기에는 주로 당나라 시기의 화엄종이 주류를 이루었고 천태종이 실제로 확립된 것은 고려 시기에 의천 대사에 의해서였다. 흥미로운 것은 중국에서 천태종이 먼저 발현되고 이어 화엄종이 꽃을 피웠던 것과는 달리 한국에서는 화엄경이 먼저 꽃을 피우고 이후 천태종이 보완의 측면에서 생성되었다는 점이 특이하다. 앞서 언급한 대로 천태종 자체가 불교 도입 초창기에 중국 대륙에서 전파되었던 시기의 특성 때문이기도 하며, 교리와 함께 실천적인 측면과 대중적인 측면을 강조하는 것이 왕권의 강화와 국력을 통일시키고자 하는데 더욱 적합했기 때문이라고도 볼 수 있을 것이다. 고려에 이르러 의천에 의해 천태종이 설립된 때는 교종과 선종이 극렬하게 대립하던 시기였기 때문에 실천적으로 두 종파를 통합하기

8) 우리나라에서는 신라의 연광(緣光)과 백제의 현광(玄光), 고구려의 파야(波若) 등에 의해서 천태종이 전파되었으며, 고려의 대각국사(大覺國師) 의천(義天)에 이르러서야 하나의 종파로 자리 잡았다.

위해 행동해야 하는 상황이었다. 수행과 실천을 강조하는 천태종의 본래 교리의 특성이 당시의 상황에 적합했던 것이다. 신라 시기에 의상과는 달리 원효는 화엄경뿐만 아니라 대중을 포용하고 실천을 중시하는 법화경의 내용까지 두루 능통한 인물이었고 의천 역시 원효로부터 많은 영향을 받아 천태종을 설립하게 되었다. 그러나 조선 시대 세종 6년에 이르러 천태종은 다시 조계종의 선종으로 합쳐짐으로써 종의 이름마저 통합되면서 사라지게 되었다. 오늘날 우리나라는 선종 중심의 조계종이 그 주류 세력으로 흐름이 이어지고 있다.

0026 동북아 선불교 생성과 전파

교종은 문자를 중심으로 하는 교리를 중시하기 때문에 왕족 및 귀족 등과 같은 지배계층에서 선호되었으며 교리 자체도 왕권 강화에 호의적이고 권력 강화에 도움이 되는 부분을 강조했다. 따라서 보수적 경향이 강했다. 이와는 달리, 선종은 수행을 중심으로 하고 '한번 깨닫게 되면 그 이후에는 경전이나 문자도 필요하지 않는다' 라는 입장이었다. 따라서 문자를 모르는 일반 대중들이 접근하기 쉬웠고 평등사상을 강조했기 때문에 정치적으로는 진보적인 성격을 보이게 된다. 실제로 당시 선종은 지방 호족 세력과 민중들에게 친숙한 특성 때문에 지방 호족세력과 연결되어 있었다. 또한 선종 사찰의 위치는 권력이 집중된 도시가 아닌 지방의 산 속에 위치하고 있었다.

선종이 천태종과 화엄종의 교학이 성행한 이후에 패권을 장악한 것으로 오인하는 경우가 있지만, 실제로는 천태종과 화엄종이 성행하는 시기에 시작되어 함께 발전했다. 교종은 842년부터 845년까지 이루어졌던 회창법란(會昌法亂)[9] 이후 도시에서 정치 권력에 의해 강제로 사라지게 되었고 원래 산지 사찰에 존재했던 선종이 자연스럽게 불교의 패권을 잡게 된 것이다. 선종은 그 자체로 돈오 이후 수행에 무게를 둔 종파였는데 민중들에게 신망이 두터웠고 산지에 위치하는 특성상 정권의 위협이 되기 힘들었기에 남겨 두었을 것이다. 정치적 상황에 개입해왔

9) 회창법란: 당나라 중반에 회창법란으로 인해 도시 내에서 천태종, 화엄종 등의 교종계열의 불교계파들이 숙청되는 일대 사건이 발생하게 되었다. 선종은 산속에서 조용히 수행했던 특성으로 인해 화를 면하게 되었고 자연스럽게 이후 불교의 중심은 선종으로 흐르게 되었다.

던 교종의 정치 종교 지도자 세력들이 제거되고 자연스럽게 살아남은 선종은 기존의 교종에 비해 정치적 개입 및 입장에서 상대적으로 순수하고 자유로울 수 있었기에 회창법란의 화(禍)를 피할 수 있었다. 또한 사회적으로는 특히 안록산(安祿山)의 난(755) 이후, 중앙집권적 지배체제가 붕괴되면서 지방권력자들이 대두되었다. 이에 발맞추어 중앙의 정치 권력으로부터 소외되어왔던 선종이 중국 불교의 주류로 떠올랐다. 이후 선종은 북종선과 남종선의 두 파로 나뉘어 쟁탈전을 벌이게 되었다. 돈오점수를 강조한 북종선과 돈오돈수를 강조 남종선이 대결하여 선종의 정통이라 주장하였고 796년, 당 제국 대 집회에서 북종선을 이단으로 만들고 주도권을 잡는데 성공하게 되었다. 남중국의 남종선은 혜능과 그의 제자 신회가 공개적으로 북종선을 논리적으로 공격하여 이단 논쟁을 주도한 후 승리하게 되었고 이후 주도권을 쥐게 되었던 것이다.

선불교는 동북아에서 주로 발달한 독특한 차원의 불교 유형이다. 오늘날 한국에서도 선불교를 중심으로 하는 조계종이 한국의 주요 종파를 형성하며 그 법통을 계승하고 있는 것을 생각했을 때, 선불교는 동북아에서 생성되어 현지화, 정치화, 토착화가 이루어졌으며 한국에서 더욱 깊이를 더하며 발전한 것으로 볼 수 있다. 일정부분 조선 시대의 선비문화 역시 이러한 선불교의 수행 문화가 접목된 것으로 볼 수도 있다. 건축에 있어서는 선불교의 확장으로 인하여 각 지역의 산지 사찰이 세워짐으로써 현지화된 건축문화를 발전시키는데에도 상당 부분 역할을 수행하기도 했다.

0207 혜능의 선불교 사상 특성

신수와 혜능의 선문답 대결은 선불교의 특성을 본질적으로 보여주는 상징적인 사건이다. 신수는 혜능계(慧能系)의 남종선(南宗禪)에 대비하여 북종선(北宗禪)을 대표하는 인물이다. 북종선의 경우는 이론 부분에 있어서는 화엄사상(華嚴思想)의 영향을 많이 받았으며 남돈북점(南頓北漸)이라는 단어는 북종선과 남종선을 구분하는 단어이다. 북종선은 돈오를 중시했고 신수의 북종선은 점수를 중시했다는 차이가 있다. 신수는 혜능과의 선문답(禪問答) 대결로 인해 혜능에게 주도권을 넘겨주게 되는 인물이다. 그만큼 이론적 부분에 좀 더 치우쳐져 있는 북종선을 대표하며 경쟁하다가 결국 혜능의 남종선으로 선불교의 권력이 통일되게 된다.

'장자 사상의 핵심은 만물제동(萬物諸動)이며 인도에서 들어와 격의불교를 통해 중국화한 중국의 선종과 정토교이다. 선과 정토사상은 인도 불교에 기원을 두면서 장자 철학에 깊이 영향 받아 중국화한 혼혈 불교라고 할 수 있다.'[10] 라는 의견과 같이 도교의 장자 사상에 영향을 받으면서 초월적인 방식으로 세상 운행의 법칙을 바라보고 종교적 깨달음을 얻고자 하는 전통이 성립된 것이다. 현실의 상황을 초월하여 본질에 이르고자 하는 노력은 단박의 깨달음에 이르기 위해 불립문자와 이심전심의 기법을 정교화시킨 독특한 선불교 문화를 생성하는데 강한 영향을 주었다.

–신수와 혜능의 선문답 대결

혜능(慧能, 638~713)은 신수(神秀)와 더불어 홍인 문하의 2대 선사이며 중국 선종(禪

10) 모리 미키사부로, 저, 노장과 불교, 법장관, 1986, p30-31, 나카지마 다카히로, 저, 조영렬 역, 장자, 닭이 되어 때를 알려라, 글항아리, 2010, p52 재인용

宗)의 제6조로서, 육조대사(六祖大師)로 불린다. 그는 신수(神秀)와 같은 시기에 활동하고 경쟁했으며 홍인 문하의 2대 선사로 남종선(南宗禪)의 시조가 되었다. 그의 설법을 제자들이 기록한 책이 '육조단경(六祖壇經)'으로 그의 가르침과 언행이 전해지고 있다. 홍인이 혜능을 육조대사로 인정한 이후, 선종은 두 파로 나뉘어 패권에 대한 쟁탈전을 벌였다. 북중국의 북종선은 신수와 그의 제자들이 중심이 되어 돈오점수의 논쟁 중에 점수를 중심으로 주장하던 종파이며 남중국 남종선(혜능과 그의 제자 신회)은 혜능이 중심이 되었다. 제자중에서 신회(神會)가 독립해서 돈오선(頓悟禪)을 제창하여 스승과 동문인 혜능(慧能)을 정계의 육조로 하고, 북종점교(北宗漸教)라고 비판하였다. 신회는 공개적으로 북종선을 공격하여 이단 논쟁을 주도하였고 승리하여 남종선이 선종의 주요한 종파로 서게 될 수 있었다. 돈오를 강조하는 남종선은 선종의 정통이라 주장하였고 796년, 당 제국 이괄에 의해 열린 대집회에서 북종을 이단으로 만드는데 성공했다. 이후 신회는 일곱 번째 스승인 7조에 오르게 된다.

혜능은 집이 가난하여 나무를 팔아서 어머니를 봉양했는데, 우연히 금강경(金剛經)의 구절을 듣고 크게 깨달아 제5조인 홍인(弘忍)을 찾아가 불법의 가르침을 청했다.[11] 문답을 통해 불법의 그릇됨을 알아본 홍인은 그를 8개월 동안 사찰의 방앗간에서 고된 일을 시켰다.[12] 홍인은 신수와 혜능을 시험한 끝에 홍인의 인가를 받아 종통을 잇고 발우와 장삼을 전수하고 혜능을 6조 대사로 인정한다. 당연히 신수와 그의 제자들은 비천한 신분과 문자도 모르는 혜능을 법통을 이어가는 대사로 인정할 수 없었을 것이다. 다음은 홍인이 부여한 게송에 대한 신수와 혜능의 대응에 대한 일화이다.

身是菩提樹 몸은 깨달음의 나무요
心如明鏡臺 마음은 밝은 거울과 같나니
時時勤拂拭 때때로 부지런히 털고 닦아서

11) 『금강경』 구절 중 "머무는 바 없이 그 마음을 낼지니라(應無所住而生其心)" 라는 구절에서 혜능은 마음이 밝아져 깨달음을 얻었다고 전해진다.

12) "그대는 남방 출신의 오랑캐여서 불성이 없거늘 어떻게 부처가 되려고 하는가?" 혜능이 대답했다. "사람에게는 남쪽과 북쪽의 차이가 있겠지만, 불성에 어찌 남북이 있겠습니까?" 라고 대답하는 혜능의 불법의 그릇(6조 대사로서)을 알아보았으나 다른 제자들의 소란을 두려워하여 조용히 사찰의 허드레 일을 시켰다.

勿使惹塵埃 티끌과 먼지가 묻지 않게 하라

혜능은 자신이 글을 쓸 줄 몰랐기에 다른 사람의 손을 빌려 신수의 글 반대편에 다음의 글을 쓰게끔 하여 붙여 놓았다. 혜능은 신수가 깨닫지 못한 것이 있다고 생각하여 다음의 글을 지은 것이다.

菩提本無樹 깨달음은 본래 나무가 없고
明鏡亦非臺 밝은 거울 또한 받침대 없네
本來無一物 본래 한 물건도 없거니
何處惹塵埃 어느 곳에 티끌과 먼지 있으리오.

이 게송의 일화는 돈오점수와 돈오돈수의 차이를 보여주는 상징적인 사건이다. 중국 선종의 5조 홍인의 제자인 신수와 혜능의 두 가지 게송의 사례를 살펴보자. 신수의 게송은 "몸은 보리의 나무요, 마음은 밝은 거울의 받침대와 같나니, 때때로 부지런히 털고 닦아서 티끌과 먼지 묻지 않게 하라(身是菩提樹 心如明鏡臺 時時勤拂拭 勿使惹塵埃)" 이고, 이에 대해 혜능의 게송은 "보리는 본래 나무가 없고, 밝은 거울 또한 받침대가 없네. 부처의 성품은 항상 깨끗하거니, 어느 곳에 티끌과 먼지가 있으리오(菩提本無樹 明鏡亦非臺 本來無一物 何處惹塵埃)이다." 로 요약이 가능하다. 매일 마음을 닦아 수행해야 한다는 신수와 달리 혜능은 마음속의 진여를 올바르게 깨달아야 함을 역설한 것에 그 근본적인 차이가 있다. 해탈하기 위한 목적의 집착하는 마음을 가지고 부지런히 수행해야 한다는 열심보다는 범아일여의 올바른 깨달음 그 자체에 집중하며 표현한 혜능이 차원이 높은 깨달음을 보인 것이다.

홍인은 이 게송 사건을 통해 혜능을 인정했고 6조의 지위를 부여했다. 혜능은 태어나서 죽음이 곧 열반이라는 깨달음의 깊은 경지를 보인 것이다. 이것은 후에 북종과 남종의 결정적인 입장 차이를 보이는 상징적인 사건이다. 신수는 북종의 돈오점수(頓悟漸修)를 중시하는 게송을 쓴 것이어서 한 번에 깨달았다고 해도 계속해서 점진적으로 수행을 열심히 지속해야 한다는 입장이고 혜능은 돈오돈수(頓悟頓修)를 의미하여 '단박에 깨치고 단박에 닦는다' 라는 뜻으로, 단박에 깨쳐서 더 이상 수행할 것이 없는 경지에 도달하는 것을 중시한다.

혜능의 출신과 함께 글을 읽고 쓰지 못하는 인물이 종교계를 이끈다는 점에 있어서 많은 논란이 있었지만 결국, 그의 탁월한 능력으로 인해 그 문제는 그가 지도자가 되는데 걸림돌이 되지 못했다. 그 이유는 그가 선불교가 추구하는 방식의 깨달음에 있어서 탁월했고 다른 선불교 자체가 불립문자(不立文字)를 중시하는 종파적 배경, 다시 말해 한번 깨달음에 이르게 되면 문자나 경전이 필요없다는 입장이 강했기 때문이다. 혜능이 파격과 강렬도가 따르는 직관적 깨달음의 상징적인 인물이었기에 다음과 같은 일화도 내려온다. 실제로 홍인이 혜능에게 6조의 지위를 상징하는 옷인 가사를 전해줄 때에 혜능은 다음과 같이 "법은 문자가 없이, 마음으로 마음을 전하고(以心傳心) 법으로 법을 전하는데, 이 가사로 무엇을 하려 하는지 모르겠습니다"라고 반문했다고 한다.

물론, 신수가 법통을 잇게 될 것이라는 기대를 했던 제자들과 따르는 무리들에게 그것은 청천벽력과 같은 소식이었다. 그들에게 혜능은 비천한 신분의 이른바 '굴러온 돌' 이었고 심지어 글자도 읽지 못하는 상태였기 때문에 어찌 보면 당연한 반응이었을 것이다. 그래서 혜능은 이러한 소요를 피해 15년 동안 사냥꾼 무리속에서 지내면서 설법했다.[13]

혜능은 인종과의 만남에서 강렬한 인상을 심어주게 된다. 인종이 설법하는 가운데 승려들에게 질문하게 된다.

"너희는 모두 바람이 깃발을 흔들리게 하는 것을 본다. 꼭대기에 깃발이 흔들

13) "진리는 하늘의 달과 같다. 문자는 달을 가리키는 손가락이다. 달을 보는데 손가락을 거칠 필요는 없다." 라고 설법했는데 이것이 선종의 유명한 '불립문자(不立文字)' 개념이다.

리는가?"

모인 사람들은 다음과 같이 말했다.

"바람이 부는 것을 봅니다."

또 다른 대중은 이렇게 말했다.

"깃발이 흔들리는 것을 봅니다."

그러자 어느정도 학식이 있는 대중들이 말했다.

"흔들리는 것이 아니라 흔들림을 보는 것입니다."

그때 혜능이 자리에서 일어나서 말했다.

"이는 대중의 망념이 흔들리느냐 안 흔들리느냐일 따름이다. 이는 깃발이 흔들리는 것이 아니다. 자네들의 마음이 흔들리는 것이다! 법은 본래 흔들림과 흔들리지 않음이 없도다." 다시 말해 마음이 흔들리는 것이다.

강한 충격을 받은 인종은 자발적으로 혜능의 문하에 들어와 따르게 되었다. 이 사건을 통해 혜능이 적법한 적통을 잇는데 자연스러운 해결을 보게 되었다. 40세에 조계산에서 교화를 시작한 혜능은 그 후 76세로 입적할 때까지 36년간 조계에서 활동했다. 그가 쓴 육조단경을 경전의 경지로 높여 부르게 된 것은 그가 부처의 마음과 다르지 않은 이심전심으로 부처의 마음에 이르러 말한 것을 적은 것이므로 그의 말이 곧 부처의 말씀이라는 등식이 성립하기 때문이다.

그의 설법을 기록한 『육조단경』에서의 주된 논의는 주로 '응당 가지고 있는 본인의 본성을 깨치라' 는 것이고 그 길에 직접적으로 빠르게 이를 수 있는 길을 추구했다. 인간의 본질적인 마음과 해탈과 현실에 번뇌하는 마음 자체가 둘이 아니라 하나라는 것이기에 '인간의 자성' 을 중심으로 불성의 진여(眞如)인 자성(自性)을 발견하라는 것이다. 더 나아가 수행(정)과 교리(혜)가 둘이 아니라 하나라는 것이다. 결국 깨달음과 수행의 선후를 따지지 않고 정, 혜는 하나임을 강조한다.

일반적으로 계율을 중시하면 율종, 참선을 중시하면, 선종, 지혜를 중시하면 교종으로 불린다. 그런데 이렇게 강조점이 서로 상이하지만 세 불교 종파들은 계, 정, 혜 삼학을 모두 따르려고 했다. 결국 불법은 이러한 세 가지가 하나임을 강조하는 것이다.[14)]

0208 선불교 사상의 발전과 의미

–임제(臨濟 미상 ~ 867년)

임제는 당나라 때의 선승으로, 그가 창시한 임제종은 중국 선종 5가(五家)의 하나로 종풍을 크게 떨쳤다. 그는 제자들을 엄격하게 가르쳤고 할(喝)의 교육 방법은 중국 불교의 큰 특색으로 평가받고 있다. 임제록(臨濟錄)에서 그의 언행들을 통해 화두와 선문답을 경험할 수 있다. 임제록에서는 '수처작주 입처개진(隨處作主立處皆眞: 어디든지 주인이 되면, 그곳이 바로 불국토)' 라는 사상을 전하고 있다. 한국의 선종은 대개가 이 임제종의 경향이 강했는데, 보우(普愚) 이후부터는 확실하게 임제종의 법통을 이어받아 선종의 특성이 강화되었다.

선불교는 인도의 승려 달마가 선종의 수행 방법과 사상을 전파했다고 전해진다. 그러나 달마는 실존 인물인지의 여부가 불분명한 상태이다. 한 가지 분명한 사실은 그가 인도사람이었고 인도로부터 건너와서 수행방법에 대해서 새로운 방식을 전파했다는 것이다. 당시 인도에서는 요가학파가 활발하게 활동했던 시기였다. 요가학파의 수행방식인 요가는 물질에 집착하는 것을 극복하고 삼매(三昧)의 영적 상태로 빠질 수 있도록 도와주며, 나의 진정한 내적 자아인 아트만과 전체 세계인 브라흐만과 일체화되는 경험을 할 수 있도록 도와주는 수행 방법이다. 거기에는 수행에 필수적인 윤리적인 금계 사항과 지켜야 할 사항인 '권계(勸戒)', 그리고 육체적 투쟁인 수행, 호흡법과 함께 하는 '정좌(定座)' 등 특정 체위와 감각을 제어하고 마음을 안정시켜 삼매에 드는 방법론을 정교화했다. 이러한 방식은

14) 전통적으로 불교에서 강조하는 삼학이 바로 그것이다. 삼학은 계학, 정학, 혜학으로 구분되는데, 불교도라면 누구나 힘써 배워야만 하는 것이다. 저팔계처럼 탐욕스러우면 계학에, 사오정처럼 마음이 맑지 않으면 정학에, 그리고 손오공처럼 단순무식하면 혜학에 집중하는 것이 좋을 것이다. 계는 계율, 정은 자기수양, 즉 참선, 그리고 혜는 세계와 자신에 대한 지적인 통찰을 의미한다. p956

이후 선불교에서 참선의 수행방식으로 중국화 되었다. 특히 임제의 학문적 특성과 전파방식은 매우 독특한 것이었다. 그들이 즐겨 사용한 것은 '할(喝)' 이라고 하는 방식으로 선문답을 하면서, 막히게 되면 선사인 스승이 버럭 고함을 지르는 '할' 을 통해 급작스러운 깨달음(돈오)에 이르게 만들기 때문이다. '평상심이 바로 도라고 사자후를 토했던 선종의 정신은 바로 이로부터 생긴 것이다. 세계에 대한 모든 생각이 단지 마음으로 수렴된다고 이야기했던 불교의 사유가 이제 임제 선사를 통해서 생활과 몸의 세계로 내려오게 된 것이다.' 15)

한편, 종밀(宗密, 780~840)은 당(唐)의 승려로서 화엄종 제5대 조사이며 규봉대사(圭峰大師)로 불린다. 그는 원각경(圓覺經)에 정통하였고 징관(澄觀)의 화엄경소(華嚴經疏)를 읽고 크게 감동을 받아 징관에게 화엄학을 사사받았고 유교 · 도교를 불교의 입장에서 정의하여 삼교일치설(三敎一致說)을 전개했다. 821년부터 그는 종남산(終南山) 규봉(圭峰) 초당사(草堂寺)에서 저술에 전념하면서 교선일치(敎禪一致)를 주장했다. 그는 불교의 입장에서 유교, 도교를 정리하여 통합하고자 삼교일치설(三敎一致說)과 교 · 선(敎禪) 일치설을 실행하고자 했다. 그것은 중국 사상인 유교 · 도교를 불교의 입장에서 정리하여 통합한 것으로, 주자학의 통합적 학문의 원류로 보기도 한다. 종밀의 시기에 불교는 철학적인 불교로서 천태종과 화엄종의 교학체계는 불교사상의 정점에 달했으며 실천과 관련된 선불교 계열들이 있었다. 종밀은 이처럼 중국 불교계의 두 축인 교(敎)와 선(禪)의 활동과 논쟁이 많았던 시대에 등장한 인물이다. 종밀은 『대승기신론(大乘起信論)』 본문에 주석을 부가하여 『대승기신론소』를 저술했다. 이 저서에는 화엄사상에 대한 핵심적인 이해가 담겨 있다. 그의 선교일치 사상은 당시 중국에서 혁신적인 것으로 인식되었으며 징관과 함께 중국 화엄학에 있어서 혁신적인 발전을 가져온 사상이었다.

임제와 종밀에 이르러 중국 특유의 선불교가 더욱 심화되며 발전했고, 급기야 종밀에 의해 불교적 관점에서 유교와 도교를 창조적으로 해석하는 지경에 이

15) 강신주, 철학vs철학: 동서양 사유의 모든 것, 그린비, 2010 p656

르게 되었다. 이러한 직관적 종합의 경향은 주자학에서도 마찬가지로 유학을 중심으로 삼교를 통합하고자 하는 의지로 이어지고 있었으며 동북아 사유의 특징이 되고 있다.

0209 돈오점수, 정혜쌍수의 통합노력과 성리학으로의 영향

돈오점수(頓悟漸修)는 불교에서 선(禪)을 수행(修行)하는 대표적인 형식으로, 문득 깨달음의 경지에 이르기까지 반드시 점진적 수행단계가 따른다는 의미이다. 진심(眞心)의 이치를 먼저 깨친 뒤에 오랜 습기(習氣)를 제거하는 수행 방법으로 생각하는 것이지만 돈오가 먼저냐 점수가 먼저냐의 계속된 종파간의 논쟁이 있어 왔다. 당(唐)나라 시기에 신회(神會)의 남종선(南宗禪) 계통이 선불교의 대표적인 종파가 되었는데 남종선은 후자를 강력하게 주장하여 이후의 선종은 주로 '선오후수(先悟後修)' 의 입장을 취했다. 즉 우선 돈오를 하여 깨닫고 나면 이후 계속되는 점진적인 수양을 통해서 더욱더 밝아지게 한다는 것이다. 이들은 세상 이치를 한순간에 깨닫고 이후 수행하지 않으면 의미가 없으며 또한 깨우치지 않고 수행만 하는 것도 참된 수행이 아니라는 입장이다. 종밀은 단번에 진리를 깨친 뒤 번뇌와 습기를 차차 소멸시켜가는 돈오점수(頓悟漸修)를 선불교의 중요한 방향성으로 주장했다. 고려 중기, 지눌(知訥)은 돈오점수설을 채택하여 고려 선종에 접목시켜 발전시켰다. "마음은 본래 깨끗하여 번뇌가 없고 부처와 조금도 다르지 않으므로 돈오라 한다." 이후, 지금까지 쌓아온 습기(이전의 나쁜 기억과 버릇)를 일순간에 없앤다는 것은 현실적으로 어렵기 때문에 습기를 없애는 수행을 점진적으로 행하여 온전한 경지에 도달해야 한다는 의미이다. 또한 대승불교의 이타행(利他行)의 근본적인 목적과 함께 하기 위해 "돈오 이후 점수의 문(門)은 더러움을 닦는 것만이 아니고 다시 온갖 행을 겸해 닦아 나와 남을 아울러 구제하는 것" 임을 강조하여 점수를 이러한 목적에 맞추어 수행하는 것을 중요하게 환기시켰다.

수행과정에서 삼도(三道)는 부파불교와 대승불교에서 모두 나타나며 수행을 하는데 있어서 공통적으로 거치면서 경험하게 되는 사항들이다. 불성(佛性)이 성장하기 위해서는 반드시 겪어야 하는 것들이다. 일반적으로 삼도는 3단계의 수행 레벨이 존재한다.

첫째, 견도(見道): 수행자가 모든 견혹(見惑)에서 벗어나는 지위(순식간에 바위를 깨뜨리듯 나타난다)

둘째, 수도(修道): 수행 견도에서 깨달음을 바탕으로 혜를 반복적으로 닦아서 번뇌의 수행가운데 의혹을 제거하는 단계이다.

셋째, 무학도(無學道): 번뇌를 끊고 진리를 체득한 상태, 더 이상 배울 것이 없는 경지

등의 단계를 의미한다. 소승불교에서 무학도는 최후의 아라한과(阿羅漢果)에 해당되는 경지에 이른 것을 의미하며 그것은 다시 말해 해탈의 경지를 의미한다.

동북아 불교는 인도의 논리적이면서 동시에 베다의 철학적 전통에 영향을 받고 불교의 세련된 인식론적 교리를 접목하여 사상이 정립되었다. 이후 중국으로 넘어와 실천과 수행을 동시에 중시하고 중국 한자의 언어적 특성과 직관적 문화와 결합하면서 토착화되었다. 그 결과 선불교는 선문답과 할(喝), 그리고 실천적 수행이라는 선종의 전통과 특성을 만들어내며 인도 본토의 불교와는 명백한 차이를 보이는 종파가 생성되었다. 선종은 오늘날 한국 불교의 중요한 흐름으로 꾸준하게 발전해왔고 조선 시대에는 성리학의 발전에 영향을 끼치게 되어 동북아 사유에 있어서 중요한 위치를 차지하는 특징으로 나타난다.

마음의 접목 방법론은 범아일여에서 아트만(진여)을 현실에서 온전히 수행할 수 있는 방법론을 정교화한 것이며, 그것은 동북아에서 내재성의 철학이 발전한 것이었다고 할 수 있다. 불교는 초기에 인도에서 도입되어 인식론 위주로 발전하다가 동북아에 전파되고 토착화되었다. 선종은 직관이 중심이 되어 범아일여의 공적영지를 한꺼번에 깨달을 수 있는 직관적 깨달음과 점진적인 수행을 통해 해

탈의 대중화를 꾀하는 인식론의 방법으로 점차 정교화되었다. 건축에서는 프로그램의 결합에 따른 공간개념의 변화(회색 공간)와 연기의 개념, 욕망의 구축론, 해체의 개념 등과 연계하여 사유할 수 있을 것이다.

정서, 파격, 직관적 깨달음을 중시하는 선불교에서의 방식은 들뢰즈의 '강렬도' 에 대한 논의와 연결된다. 무언가의 본질에 이르기 위해서 강렬도는 공존하는 요소들 가운데 대립적이거나 이질적인 것들이 질적 차이에 의해 분화되어 움직임의 추진력을 얻는 것이다. 마음속의 번뇌를 일으키는 번뇌의 갈등 에너지를 극복하고 본질에 다가가기 위해서는 더 높은 차원의 통합과정을 거쳐 한 번에 진여(眞如)의 본질 영역으로 뛰어넘어야 한다. 생각의 장(field) 속에서 공존하는 이질적인 요소들이 만드는 강도의 활동들이 충돌하거나 화합하면서 무언가의 방향성을 가지면서 현실화의 강도로 이행하는 것이다. 그런데, 그것은 잠재적 영역에서 분기를 통해 현실화 되는 과정을 보여준다. 그것은 다음과 같은 들뢰즈의 내용과 유사하다.

'강도량은 분화되지만 본성을 바꾸지 않고서는 분할되지 않는다. 그러므로 어떤 의미에서 강도량은 분할 불가능하지만, 이는 어떠한 부분도 분할에 선재하지 않고, 또 분할되면서 똑같은 본성을 유지하지 않기 때문이다.' 16) 모든 차이들이 충돌하고 융합되면서 만들어내는 에너지들은 결국 잠재적으로 운행하다가 하나의 결과로 응축되어 분기되어 현실화되는데 그것들은 개봉되고 재-봉인되는 이 강도의 융합으로 성취 가능하다. 이 차이들은 끊임없이 개체화의 장들을 가로질러 서로가 서로의 안으로 침투해 들어간다. 그것은 그 모든 정도들을 봉인하는 즉자적 차이이다. 이른바 아뢰야식에서 저장되었다가 어느 순간 불쑥 튀어나와 갈등과 번뇌를 일으키고 다시 침잠하는 순환을 계속하게 된다. 이것을 끊고 새로운 차원의 공적영지에 이르기 위해서는 더 높은 도덕적 에너지의 강렬도를 통해 본질에 단박에 도달하는 수행을 계속해야 한다. 그것은 모든 이질적인 것, 차이들을

16) 질 들뢰즈, 차이와 반복, 김상환 역, 민음사, 2004, p514

통합하여 하나의 에너지로 응축해야 가능해진다.

세상의 운행에 대한 깨달음과 본질에 이르는 것, 그것은 자연의 도와 같이 내가 생각하고 행하는 데 있어서 물과 같이 거스름이 없이 세상의 도를 행하는 인격으로 수양되는 것을 의미한다. 그러한 경지에 이르게 되면 해탈의 경지에 이르게 되고, 이를 바탕으로 세상을 다스리게 되면 세상은 무리없이 순행하게 될 것이다. 동북아의 내재성의 세계관을 바탕으로 세계를 올바르게 이해하고 삼가하여 자신의 인격을 완성시키고 더 나아가 세상을 도덕적 이상 국가로 만들고자 하는 수준까지 확장시키고자 하는 것은 성리학의 기본적인 자세이다. 이후, 성리학은 도교와 경쟁하며 융합했던 불교의 인식론을 바탕으로 정치, 윤리학의 영역까지 관심을 확장하면서 그 외연을 넓히면서 종합하여 강력한 유교 이데올로기를 설립했다. 거기에는 강렬도를 통해 단숨에 본질에 이르고, 해탈이라는 인격의 완성에 이르기 위한 점진적인 수행의 불교 문화와 사상에 그 근본적인 영향이 있었다.

한국의 불교의 도입과 발전

0210 한국의 불교 도입과 원효 일심사상과 화쟁사상

우리나라에서는 이론과 실천의 교합, 통일을 중시하여 이론과 실천을 함께 통합하고자 하는 흐름이 중시되었다. 고대로부터 한국인은 자연의 흐름과 운행과 하나가 되고자 하며 그것이 범아일여임을 받아들이고 생기의 흐름에 거스르지 않고 전체에 동화되고자 했다. 삼국의 분열과 반도라는 지정학적 문제로 끊임없이 외세로부터 고통을 받았던 역사를 거치면서 국론 통합의 사상은 꼭 필요한 정치적 니즈였을 것이다. 이러한 상황 하에 있던 고대 국가에서 화엄사상의 발전은 국가체계의 정립과 강화에 있어서 꼭 필요한 사상이었다. 오늘날의 정치 상황도 보수와 진보의 대립이 격화하는 상황과 마찬가지로, 사상의 통합적 실천을 강조했다는 것은 그만큼 당시의 사회적 상황 역시 사상 및 정치, 종교 세력의 대립이 격화되어 있었음을 반증하는 것이다. 진영의 논리가 뚜렷한 것은 상호 견제와 역동적인 활동성의 장점도 있지만 분열의 폐해를 낳는 단점도 존재한다. 한국의 불교의 도입과 발전에 있어서도, 의상과 원효는 교리와 실천의 상징적인 인물들이었고 원효는 화쟁사상으로 당대의 불교 교리를 통찰하고 정리하여 이론과 함께 실천을 종합하고자 하는 운동을 펼쳤던 인물이다. 원효의 사상으로부터 고려 시대 의천과 지눌에 이르기까지 한국 불교의 사상적 지형은 각자의 시대적 상황에 맞추어 자신이 속한 진영의 관점을 중심으로 대립적인 사상과 세력을 통합하고자 하는 흐름을 보였다는 점이 공통분모이다. 건축 공간에 있어서도 복합적, 통합적인 구성이 나타났으며, 이러한 특성은 한국건축의 유전자 중 중요한 특성으로 발전했다.

–원효의 화쟁(和爭) 사상

원효는 일심(一心)과 화쟁(和諍) 사상을 중심으로 불교 대중화를 실천했으며 동시에 학문적으로도 많은 저술을 남겨 한국 특유의 불교사상의 발전에 크게 기여하여 동북아에 이름을 떨쳤다. 그의 학문적 기여를 기리며 그를 해동보살(海東菩薩), 해동종주(海東宗主)라는 명칭으로 부를 정도였다. 한 인간으로서 뛰어난 지식과 함께 그에 걸맞는 실천이 일체화 되는 경지에 이르기란 무척 어려운 일이다. 그러나 원효의 경우 당시 사상계(불교계)의 모든 것을 두루 섭렵하고 뛰어난 통찰력을 바탕으로 많은 저술을 하면서도 자신의 이론대로 깨달음과 많은 중생들을 구제하기 위해 노력했다. 그러한 점에 있어서 원효는 한국 사상계에 있어서 대표적인 상징적 인물이다.

『삼국유사』에 따르면 원효는 황룡사(皇龍寺)에 소장된 경전들을 통해 대부분 독학에 가까운 방식으로 독자적인 깨달음을 얻어나갔다. 원효는 『대승기신론』을 주석한 저서 『대승기신론소』를 저술했으며 중관불교(공사상)와 유식론(심리 치료학)을 종합하는 일심(一心)사상을 통해 대립적인 측면을 화쟁(和爭)시키고자 하여 동아시아 불교 이해에 있어서 결정적인 역할을 하게 된다. 그가 저술한 책들은 중국 본토에서 중국의 법장(法藏)과 징관(澄觀) 등에도 큰 영향을 끼치고 주요한 주석서로 귀한 대접을 받았다.

대중 운동가로서의 이미지와는 별도로 원효는 특히 불교사상에 매우 조예가 깊어서 각 종파의 경전들을 상세히 연구하여 다양한 주석서를 펴냈다. 원효의 사상은 '화쟁(和諍)' 과 '일심(一心)' 으로 요약할 수 있다. 원효는 종파들 사이에 각각 대립하는 부분이 있지만, 마음의 근원으로 돌아가 높은 차원에서 통합하려는 의지가 있었다. 그것을 화쟁사상(和諍思想) 혹은 '원융회통사상(圓融會通思想)' 이라고 한다. 일심(一心) 사상은 소승과 대승을 아우르는 회통의 법칙을 탐구하여 제시한다. 원효는 각 종파의 교리가 실은 하나의 근본원리의 다양한 변주가 된 것에 지나지 않음을 깨닫고 통합하는 길을 제시한 것이다. 일심(一心)은 모든 법(法)이 보여지는 존재와 나타나는 현상이 포함된 개념이며, 일심이 구현된 세계가 바로 정토(淨土)의 개념이다. '화쟁(和諍)' 은 불교 이론들 사이의 다툼을 화해시켜 하나로 통합하고자 하는 시도이다. 원효의 일심 사상은 다음과 같이 설명할 수 있다. 첫 번째로 진여문(眞如門)은 중관불교(공사상)을 대표한다. 두 번째 생멸문(生滅門)은 유식사상(사라지지 않는 욕망의 아뢰야식)을 대표하며 공하고 잔잔한 물(물, 연못 비유)과 같이 고집멸도(苦集滅道)하여 해탈해야 함을 역설한다. 즉, 두 번째에서 첫 번째로 이행해야 하며 그것은 자리행(自利行)으로, 결국 스스로 이롭게 하는 것이며 개인 차원에서 진여를 발견하여 해탈하고자 하는 노력이다. 그러나 거기서 끝나는 것이 아니라 다시 첫 번째에서 두 번째로 내려와야 하는데, 그것은 고통을 받는 민중을 해탈시키기 위해 대승적 차원에서 대중을 다시 일깨우는 실천적 과정이 있어야 한다는 것을 의미한다. 이것을 가리켜 이타행(利他行)이라고 한다. 이 지점에서 원효가 상호작용을 통한 종합(화쟁, 和爭)을 꾀했다는 점이 중요하다. 원효의 사상은 개별적인 해탈의 경지에 이르게 되면 자신만 해탈하는 것이 아니라 자신의 해탈을 조금 미루고 모두 함께 해탈로 가기 위해 남을 이롭게 하는 이타행(利他行)을 실천해야 한다고 역설한다. 또 자리행과 이타행이 둘이 아니라 하나라는 점을 강조한다. 그는 중관 불교를 귀납(合)과 부정(破)을 통해, 그리고 유식 불교를 연역(開)과 긍정(立)의 논리로 해석함으로써 끊임없이 상호 왕복하며 화해할 수 있는 뛰어난 방법론을 제시한 것이다. 해탈하여 부처의 경지에 이르는 것을 의도적으로 미루고 보살(菩薩)의 지위에서 이타적으로 노력하는 것, 그것이 바로 대승불교의 핵심적인 실천이라 할 것이다. 이러한 방식은 세상에는 이질적인 것, 상대적인 것들이 상호 공존하고 있음을 인정하고 상호 이행이 함께 이루어져야 함을 주장하는 것이다. 이러한 방향성은 학문 혹은 모든 세상의 이론과 실제에 모두 적용될 수 있는 탁월한 식견의 해석이다.

실제로 의상은 왕족의 지위로 교종의 핵심에서 착실히 배우고 귀국하여 화엄종(교종)의 전파를 위해 힘썼지만, 원효는 불교의 핵심을 이론적으로 깊게 깨우치고 거기에서 더 나아가 중생들 속으로 직접 들어가 함께 성불하고자 하는 이타행(利他行)을 몸소 실천한 인물이다. 그는 이론과 실제, 고귀한 정신과 실천이 하나가 된 드문 경지의 인물인 것이다. 물론, 스스로 요석공주에게 찾아가 승려로서 설총을 낳는 파계(派系)의 행동을 한 것도 사실이지만, 전반적으로 원효는 대중들에게 친근하게 다가가는 모습을 보였고 형식적이고 권위적인 종교문화와 관행에 파격을 가하며 중생과 함께 하는 치열한 노력을 기울였던 인물이었다.

화쟁 사상은 이론과 실제 혹은 실천과 같이 조화를 이루기 힘든 상대적인 가치들이 공존하면서, 동시에 서로를 왕복하며 조화를 이룰 수 있는 방법론에 대해서 사유한다. 주체와 객체를 이분법으로 대상화하여 구분하는 방법론은 물질세계에 대한 발전에 있어서는 장점으로 작용했으나 여러 가지 심각한 폐해를 가져왔다.[17] 데리다의 해체주의는 주체와 객체 사이의 유령과 같이 공존하는 무의식의 공통요소를 오가면서 소통에 있어서 문제점을 근본적으로 다시 생각하고 공존하며 화해할 수 있는 방법론에 대해서 사유한다. 그러한 측면에서 해체주의와 화쟁사상은 공통분모가 존재한다. 건축적으로 많은 부분을 실험했던 해체주의와 동양의 불교의 화쟁사상의 공통분모는 이처럼 근대의 폐해적 특성을 극복할 수 있는 방안이 될 수 있다는 점에서 살펴볼 가치가 있다.

0211 의천, 지눌의 선교일치 노력

삼국시대에 불교가 전파되고 통일신라에 이르러 원효의 화쟁사상에 의해 다양한 불교교리의 종합이 이루어지게 된다. 교리와 수행의 일치와 종합을 추구하는 그의 사상은 당시 당나라 불교계의 가장 중요한 텍스트로 널리 읽히며 인정받았다. 고려에 이르면서 불교가 왕성하게 국가종교로서의 역할을 수행했던 반면, 폐해도 많았다. 당시의 불교는 교단의 재산의 증식을 위해 각 지역의 거점 사찰을 중심으로 기형적인 수익사업을 활발하게 벌이며 재산을 축적했다. 이를 위해 귀족들이

17) 중세에 신과 피조물의 이분법의 관점에서 벗어나 근대에 들어 신의 자리에 주체가 위치하면서 마치 진공과 같이 고요한 사유의 세계에서 객체를 판단하는 방법에는 심각한 오류들이 발생할 수 있는 여지가 존재한다. 1, 2차 세계대전과 유태인 대학살 등은 이러한 주체중심의 사유의 폐해로 볼 수 있다.

후원하는 기득권의 교종과 진보세력 혹은 지역의 호족 세력이 후원하는 선종이 대립하면서 다양한 문제들이 발생했다. 의천과 지눌은 교종과 선종을 통합하려고 하거나 선교일치를 강조함으로써 선종의 참선을 중심으로 교종을 함께 수행하며 통합과 조화를 중시했다. 이는 곧 우리나라의 불교경향에 큰 영향을 끼쳤다. 이들은 모두 통합을 이루기 위한 '실천' 에 그 주된 의미를 두었다. 세상에는 어쩔 수 없이 대립적인 것, 이질적인 것의 공존을 인정하는 것을 중시하는 것이다. 양과 음의 요소들은 서로를 대대하며 존재하고 운행되듯이, 그 존재와 작용을 인정하는 통합의 전통은 한국건축에서 이질적인 것, 역설적인 요소들을 껴안으면서 유연하게 통합시키려는 성향을 보이게 된다.

— **의천**(義天, 1055~1101)
의천은 고려 문종의 넷째 아들로, 11세에 경덕국사(景德國師)를 은사로 삼아 출가하여 경, 율, 논 삼장(三藏)은 물론, 유교 경전과 각종 서적 및 제자백가의 사상을 두루 습득했다. 그는 19살 때부터 불교 경전 연구와 불서를 수집하기 위해 송나라에 유학을 하겠다는 뜻을 세웠다. 의천은 송나라로 유학을 간 후, 중국 불교계의 주요 인사들과 교류하고, 1086년 천태종의 본산인 천태산을 방문하여 고려에서 '천태종' 을 개창할 것을 맹세한다. 이후, 불교 서적 3,000여 권을 가지고 귀국했다. 귀국한 후에 의천은 홍왕사(興王寺)의 주지가 되어 천태 교학을 정리하고 고려 불교 개혁과 교장간행에 힘쓰고 천태종을 세웠다. 그는 교단의 통일과 국가 발전을 도모하여 불교사에 큰 발자취를 남겼다. 여기서 '교장' 은 당시까지의 동아시아에서 한자로 기록된 불교 연구논문을 모은 총서이자 전집이다. 교장은 대장경과 달리 불교 경(經), 율(律), 논(論)에 대한 연구논문을 모은 독자적인 편찬물이다.

의천은 교종을 중심으로 하여 선(禪)과 교(敎)의 화합을 도모하기 위해 천태종을 개창하여 교선(敎禪)일치를 추구했고 교종의 입장에 서서 천태학을 중심으로 선종을 포용함으로써, 신라의 원효대사(元曉大師) 이후 원융회통(圓融會通)의 전통을 실현하고자 했다. 이후에도 의천은 학문을 게을리하지 않고 송나라의 고승들과 서적 · 편지 등을 교환하면서 학문에 몰두했다. 1097년(숙종 2)에 의천은 국청사(國淸寺) 제1대 주지가 되어 천태 교학을 강의하였다. 또 의천은 중국의 화폐유통을 경험하고 1101년 주전도감을 설치하여 우리 화폐사에 이름을 남겼다. 그는 해동통보, 삼한통보, 삼한중보 등을 만들어 유통시켜서 우리나라에서 사실상 최초의 본격적인 주화 유통을 실현했다. 이외에도 여러 가지로 나라 일에 참여하여 제도를 개혁하고 국민을 교화하며 교선을 일체화하기 위해 노력했다.

그는 사상적으로 공(空)-가(假)-중(中)의 일체화를 지향하는 삼제원융(三諦圓融)을 주창했다. 특히, 의천은 한국 불교에 있어서 지속적으로 나타나는 교종과 선종의 합치를 통해 원융, 무애의 사상을 실천하고자 했다. 그의 사상은 수나라 시기에 발전한 천태종의 실천적 방식을 도입하여 한국적으로 발전시켰다는 데에 의의가 있다. 의천의 천태종은 원효의 화쟁 사상을 계승하고 교종과 선종의 모든 종파를 통합하고자 실천했다.

—지눌(知訥, 1158~1210)

지눌은 정혜결사(定慧結社)를 조직해 '선종 결사운동'을 주도하여 교종과 선종의 분쟁을 타파하고자 불교의 개혁을 추진했다. 그는 청량사(淸凉寺)에서 『육조단경(六祖壇經)』을 열람하다가 깨달음을 얻어 육조혜능(六祖慧能)의 가르침을 받들며 스승으로 삼았다. 이후 보문사(普門寺)로 옮겨 선종을 수행하면서 교학도 함께 수행하며 선교일치의 큰 뜻을 세웠다. 그는 개성 보제사(普濟寺)에서 열린 담선법회(談禪法會)에서 만난 10여명의 동료들과 결사(結社)를 하여 실천적인 운동을 펼쳤다. 그는 돈오점수(頓悟漸修)와 정혜쌍수(定慧雙修)를 주장하며 선교일치(禪敎一致)를 추구했는데, 단순히 선과 교에 집착하지 않고 깨달음의 본질을 탐구했다. 지눌은 의천과 유사하게 교선일치 운동을 주도했지만, 교종 중심의 선종을 포용하려 했던 의천과는 달리 선종 중심으로 교종을 포용하고자 했다.

지눌이 활동하던 시기는 무신정변으로 사회가 혼란하던 시기였다. 무신정권이 세워진 이후에도 지배층의 내분과 혼란은 계속되었고 민란(民亂)도 끊이지 않았다. 왕실 혹은 문벌 귀족들과 연계된 사찰들과 지방의 선종 사찰들도 대립이 더욱 심해졌다. 이후로도 귀족들과 불교 세력이 결탁하여 재산을 빼돌리는 상황이 계속되었고 다른 한편 무인 정권은 비호 세력을 찾으면서 또 다른 불교 세력들과 연합하여 부패해지고 있었다. 1205년 최충헌의 무신정권에서 희종(熙宗)은 송광산 길상사의 이름을 조계산(曹溪山) 수선사(修禪社)로 바꾸고, 지눌을 수장으로 힘을 실어주었다. 이전에 왕족과 귀족이 중시했던 교종(천태종)을 멀리하고 대립적인 측에 있던 조계종(선종)을 지원한 것이었다. 이를 바탕으로 하여 선종은 교세를 확장할 수 있었고 세가 비슷해졌다. 그러자 많은 분쟁이 발생했다. 지눌은 교선 분쟁의 가장 치열한 시대적 상황에서 결사 운동을 일으켜 불교의 개혁을 추진했고 선종과 교종의 극단적인 대립을 해소하기 위한 사상의 체계화를 함께 진행했다. 그는 선교 일치를 주장하며 교(敎)만을 강조하는 것을 '문자만 찾는 미친 지혜'라고 비판했고, 선(禪)만을 강조하는 것을 '헛되게 침묵만 지키는 어리석은 선(禪)'이라고 비판하였다. 또 '마음이 곧 부처임을 깨닫는 것에 바탕을 두지 않고 수행하면 단순히 억압하는 것일 뿐이고, 처음부터 해봐야 진 싸움이다'라고 강조했다. 한쪽에 치우치지 않는 선교일체를 추구한 것이다. 지눌은 말년에 송광사를 중심으로 한국 불교에 선풍을 일으켰다.

한국 불교는 발전과정에서 각 세력을 중심으로 하여 보수세력의 교종과 진보세력의 선종이 극단적인 대립을 취하는 경우가 많았고, 필요에 의해 이러한 사상과 세력의 통합이 필요했다. 이러한 통합의 필요성과 명분은 쇠퇴하는 국력과 피폐해지는 민중의 고통속에서 등장하곤 했다. 원효, 의천, 지눌에 이르는 통합의 역사는 이렇게 반복되고 있다. 다른 한편으로 통합의 역사는 극단적인 대립도 있었지만, 우리 민족이 다양한 논의들을 통합하고자 하는 의지 역시 강했다는 것을 반증한다. 비빔밥과 탕의 문화와 같이, 다양한 요소들이 함께 어우러지며 새로운 통합체를 만들어내는 것에 익숙한 방식이 사상에도 공명하며 유사하게 드러나는 것이다.

0212 성철의 논쟁과 한국불교의 통합적 특성

지눌은 한국 조계종의 사상적 기초를 수립한 선승으로 평가된다. 그는 돈오점수(頓悟漸修)와 정혜쌍수(定慧雙修)를 주장했다. 여기서 돈오점수는 곧 단박에 깨닫고 점진적으로 수행하는 것을 의미하고 정혜쌍수(定慧雙修)는 선정과 지혜를 함께 수행해 간다는 선(禪) 수련의 방법이며 선 중심의 수행 방법과 함께 화엄종의 사변적 형이상학을 선종의 체험에 연결했다. 즉, 선종 중심의 교종을 접목하여 선교일치를 추구했던 것이다. 후에 지눌의 돈오점수에 이의를 제기한 지도자가 있었는데 그는 바로 성철(性徹, 1912~1993) 스님이었다. 성철은 오랫동안 당연하게 생각되고 숭상되었던 지눌의 사상 통합의 접근방식을 이단이라고 주장했다. 그는 돈오점수가 아닌 돈오돈수(頓悟頓修)가 선종의 진정한 수행의 관행이라고 주장했다. 이로 인해 큰 파장이 발생했다. 그러나 모든 종교와 학문적 깨달음의 과정은 모두가 지식(앎)과 수행(실천)이 함께 병행되었을 때 그것이 바로 진정한 깨달음이라고 보는 경향이 있다. 달리 말하면 깨달은 바가 있으면 어떠한 일이 있어도 깨달은 것을 실천해야 한다는 전통이 있는 것이다. 원효, 의천, 지눌로 이어지는 한국 불교의 전통은 이렇게 양극단의 사유를 오가며 통합하는데 주력한다. 그것은 단순 통합이 아니라 양극단의 사유를 끊임없이 오가며 그 간극을 줄이고자 하고 하나로 통합하며 실천하면서 만들어내는 실질적인 종합이라는 점에서 관념적인 종합을 통해 합을 이루려고 하는 서양의 사유와는 근본적인 차이가 있다.

—소결

나가르주나의 공사상과 바수반두의 유식불교는 모두 진여심의 아트만을 찾고자 했다. 그들은 진정한 아트만을 찾는 것이 곧 전체세계와 연결되는 것이고 세계의 이치를 깨닫는 것임을 공통으로 설파한다. 그것은 곧 세상의 법칙에 따라 흐트러

짐없이 살아가는 것을 깨닫는 것이고 동시에 실천해야 함을 의미한다. 이를 위해 그들은 내면의 참 자아를 찾아 수행하는 삶을 추구하며 세계와 연결되고자 하는 노력을 기울이게 된다. 그것은 문자적인 가르침이 아니라 직관적인 깨달음과 점진적인 수행이 동시에 이루어져야 하는 것이고, 자신의 세계에 대한 이해에 근거하는 것이다. 이러한 방향성은 외재성의 사유에 근거한 서양과 비교했을 때 건축에 있어서도 많은 차이를 보이게 만든다.

인도에서 베다의 범아일여(梵我一如) 사상은 브라흐만과 아트만이 일체라는 특성을 보이며 중국 대승불교에서는 화엄사상(華嚴思想)의 일즉다, 다즉일(一卽多, 多卽一)의 개념이 중시되었다. 일즉다 다즉일(一卽多 多卽一)은 '전체는 곧 하나요, 하나가 곧 전체' 라는 개념으로 계승된다. 이러한 사상은 전체주의의 망령에 쉽게 오염될 수 있는 제국의 가치에 부합하는 것이었다. 이러한 방식은 전체주의적인 일본 제국의 대동아(大東亞) 공영사상(共榮思想)에도 영향을 끼치게 된다. 동북아에 불교가 전파되었을 때 최초의 불교는 격의불교(格義佛敎)로서 부처도 도교의 신(神) 중 하나로 숭배되었다. 이후 도교와 불교의 경쟁구도를 보였으나 극단적 대립이 없이, 공존하며 상호 발전을 이루게 된다. 동북아 불교의 가장 큰 특징은 선불교가 발달했다는 점이다. 마음의 수양을 중심으로 세계를 파악하고 점진적인 수행을 이루며 해탈하고자 하는 방식은 선사상(禪思想)으로 나타났다. 선불교는 돈오점수(頓悟漸修)를 중시하는 경향과 문자에 의한 가르침을 초월하는 불립문자(不立文字)의 자세를 통해 후학들에게 이심전심(以心傳心)의 독특한 방법론을 사용하는 종파적 경향을 만들었다. 요가와 유사한 참선의 수행 방법과 선문답을 통한 실천적 수행방법론은 마음의 수양을 통해 세계의 이치를 깨닫고 자아의 수양이 전체 세계에 펼쳐지게 만드는 주자학(성리학)에 강한 영향을 끼쳤다. 또 조선 시대에는 도덕적 이상 국가를 만드는 통치를 가능하게 한 한국적인 성리학(性理學)에서는 큰 영향을 끼쳤다. 유, 불, 도의 사상을 유교 관점에서 재해석한 성리학은 조그마한 하나의 사물의 이치를 통달하면 세계 전체의 이치를 깨닫게 된다는 격물치지(格物

致知)의 개념이 중요하다. 성리학은 유교(도덕학, 정치학)와 불교의 세련된 마음 수양과 관련한 인식론, 그리고 기와 음양오행, 주역(氣, 陰陽五行, 周易)등의 동양적 세계관과 존재론을 중심으로 통합되었다. 이러한 흐름의 이면을 살펴보았을 때, 동아시아 불교사에서 율종보다는 선종과 교종이 주로 발달되어왔다. 엄격한 계율을 강조하는 율종은 유학의 예절 전통에 신물이 나있던 일반 백성을 포섭하기 힘들었을 것이다. 불교의 종교적 특성과 함께 인도 베다로부터 시작된 인도의 특성이 전파되고 동북아의 특성이 접합되면서 불교는 오늘날 동시대 사유와 정신구조에 많은 영향력을 행사하고 있다.

인도부터 동북아에 이르기까지 마음의 접목방법은 범아일여의 개념과 같이 진여의 마음과 전체세계와 하나가 될 수 있도록 현실에서 온전히 수행할 수 있는 방법론으로 발전되었다. 동북아인들은 내재성의 철학인 동북아 철학에 생기의 철학을 접목시켜 현실에서 일체화를 가능하게 하는 세련된 인식론의 발전을 이루었다. 사상이 접합되었다는 것은 이미 동북아의 사유와 정신구조에 그러한 공통분모와 토양이 성숙되어 있었다는 것의 반증이기도 하다. 직, 간접적으로 건축에 있어서도 과정적 건축과 순환성, 그리고 전체와 부분의 반복과 차이, 조화를 이루어 나가는 방식, 자연 친화와 자연 순응적인 건축을 만들어내는데 있어서 불교사상은 정신계에 큰 부분을 차지하고 있다. 특히 한국 불교의 특징은 선불교를 중심으로 교종을 통합하고자 했던 경향이 매우 강하며 실천을 중심으로 하는 참선이 주가 되면서 마음 수양을 통해 전체 세계의 운행의 도를 깨달아 해탈하여 중생 모두를 구원하고자 하는 경향이 시간이 갈수록 강해지는 특성을 보인다. 이러한 사상적 특성에 맞추어 입지, 위치, 그리고 각 힘의 균형을 이루고자 하는 움직임은 각 지역에서 매우 다채로운 건축적 형식과 함께 한국적 특성들을 드러내고 있다. 이러한 상황을 이해하고 동시대적인 가치를 담아 새로운 동시대적 한국건축을 구축해낸다면 그것이 바로 국제적 보편성을 획득하면서 동시에 동북아적 가치를 담은 건축을 만들어내는 긍정적인 자세가 될 수 있을 것이다.

불교철학과

PART II

연계된 건축담론

불교건축의 역사적 변화과정

불교의 제반 문화와 불교 건축이 한국건축에서 가지는 위상과 의미는 어떠한가.

삼국시대에 도입된 불교는 본격적으로 국가 중심의 종교체계가 왕실을 중심으로 전개되어 왕즉불 사상과 호국불교의 개념을 발전시키며 장려되었다. 왕권 강화와 국가의 체계화에 적극적으로 이용된 것이다. 국가적으로 중요한 대규모 사찰은 당시 선진 건축기술과 문화의 총아였다. 격식있는 대규모 건축물에는 어김없이 불교사찰이 상징적으로 건립되었고, 왕실 건축 역시 불교 건축의 격식이 거의 유사하게 적용되어 발전해 나갔다. 불교 건축은 당시의 선진건축기술과 격식의 세련된 문화가 결합되면서 하나의 커다란 단지를 이루는 체계적 건축문화의 상징 그 자체였던 것이다. 인도로부터 개발된 논리적 가람 구조와 중국 건축기술이 접목되어 전해지게 된 불교 건축은 점차 토착화를 이루며 선불교화가 진행되었고, 도교의 영향을 접목한 선불교의 미학과 공간구조를 보이며 점차 현지화되며 특유의 문화를 생성했다. 이처럼 불교 건축은 격식과 선진기술의 건축문화로 도입되었다가 현지 문화와 사상이 결합되어 독자적인 문화를 만들어나가면서 건축 체계의 정립과 변용의 역사를 보여왔다. 그러한 점에서 불교 건축의 변화와 발전은 우리나라 건축 역사의 가장 중요한 축을 차지하고 있다.

교리적인 측면에서 보았을 때, 불교는 진여(眞如)의 아트만을 발견하여 해탈하고 공적영지(空寂靈智)를 깨닫는 것을 그 목적으로 한다. 따라서 본질적으로 자신의 깊고 고요한 영역으로 침잠하여 진여를 탐구하여 깨닫고 해탈하여야 하는 종교적 특성상, 고요한 공간에서 자기 자신을 관조하는 수행문화와 그에 맞는 공간구조 및 분위기가 발전하게 되었다. 또 불교 수행문화는 그러한 공간과 분위기가 자연의 일부로서, 회통할 수 있는 구조와 미학적 특성이 발현되는 것을 중시한다. 또한 도교화 된 불교인 선불교의 특성상 자연과 일체화되거나 양과 음의 이질적인 요소들이 공존하면서 상호 원융하게 통합되고 순환되는 특성들이 중요하게 나타난다.

우선, 불교 건축은 신체의 과정적인 움직임을 통해 종교적 절정에 이르도록 하는 건축적 시나리오의 문법을 완성시키는데 큰 기여를 하게 된다. 그 과정에서 그 목적에 어울리는 세밀한 건축적 장치들이 완성되게 된다. 또한 마음을 중시하는 수행의 특성으로 인해, 이동하며 몸을 통해 경험하게 되는 시각적 장면들을 전체적으로 통합하여 공감각적으로 이해하게 만드는 기법이 발전했다. 전체 군집의 건축물들을 이해하기 위해서는 마음의 건축적 인식을 구성하게 하는 공간구조가 매우 중요하기 때문이다. 이른바 흐름(시퀀스)의 건축이 불교 건축에서 매우 중요한 역할을 하고 있는 것이다. 여기에는 각 개체가 자신의 세계를 가지고 있으며 자신이 바라보는 방식으로 세계를 만들었다. 그 세계가 전체 세계와 연결된다는 유식불교의 '일체유심조' 의 사상으로부터 영향을 받고 있는 것이다. 안영배는 '흐름' 과 '더함' 의 공간이 한국건축의 중요한 두 가지 성격이라고 강조하는데, 불교 건축의 흐름의 시퀀스의 미묘한 조절과 이어지는 장면들이 자연과 주변 요소들과의 조화를 최적화하기 위해 계속해서 조정하는 것을 중시했다. 그는 한 번에 마스터피스가 되는 대상화된 건축이 아니라 계속해서 변화시키고 조정하는 '과정의 건축' 의 역사를 보였다는 점을 한국 불교건축의 중요한 특성으로 보았다. 이처럼 한국 불교 건축은 초기 체계적인 가람을 중시하는 전형적인 건축적 특성에서 한국 특유의 직관적, 몸각의 흐름과 더함의 공간으로 거듭나며 발전해 나간 역사를 고스란히 보여준다. 결국, 불교 건축은 한국 건축역사의 공간, 구조, 양식에 있어서 전체적인 발전의 흐름 그 자체가 되었고 중요한 역사를 만들어왔다. 이러한 특성은 조선으로 나라가 바뀌어 유교가 주요한 위치를 차지하고 있는 가운데에도 불교 건축의 유전자는 계속해서 계승되고 발전하며 오늘날에 이르고 있다.

인도로부터 도입된 불교는 초기에 교종에서 후에 선종으로 토착화되면서 사상적, 건축적 변화가 나타났다. 사상적으로는 공(空) 사상에서 불립문자의 직관적 깨달음의 특성이 강화되면서 견성(見性)의 공적영지(空寂靈智)의 고요한 마음을 중시하는 선종 미학의 경향이 등장한다. 불교의 건축적 방법론에 있어서도 이렇게 공적영지의 고요한 분위기를 만들어 낼 수 있는 마음의 구축론이 발전하게 된다. 그것은 불교의 연기 사상과 도교의 자연적 특성이 함께 결합되어 공간적으로, 교리적으로 드러나고 있기 때문으로 볼 수 있다. 이른바 마음의 구축론을 위한 방식이 진화된 것으로 생각할 수 있다.

불교에서 건축물은 공간 안에 각각의 요소로 배치되면서 그 자체로서 존재 의미를 갖는다. 예를 들어 화엄 신앙이 중심이 되는 대적광전(大寂光殿)은 본존불이 안치되어 있는 금당으로, 그 자체가 부처를 상징하는 것이며, 내부의 사리 혹은 부처의 법을 상징하는 경(經)을 안치한 탑이 중심이 되기도 한다. 또 각각의 불전 혹은 산신각 등 다양한 토착신과 부처들이 안치되어 있는 전각들과 부처의 세계를 하나씩 지니고 있는 각각의 승려 혹은 구성원들이 기거하는 요사채 및 부속채에 이르기까지 각 불전이 하나의 장(場, field)에서 동등한 '존재자'의 요소로서 위치한다. 각 채들 그리고 각각의 영역에서 자신만의 영역의 자기장을 형성하며 힘의 경쟁 가운데 적절한 위치에 자리잡게 된다. 구성원 혹은 순례자는 그 공간을 순회하게 된다. 이른바 각 영역이 하나의 소우주를 형성하며 그것들이 모여 더 큰 자기유사성의 우주를 형성하고 있는 것이다.

불교 건축은 외부에서 보았을 때, 속세에서 방문하는 대중들에게 개방적인 배치를 보인다. 불교 건축의 개방적 배치 특성은 종교의 특성상 많은 사람을 포용하여 교세를 확장하기 위해서 자연스러운 현상이라고 할 수 있을 것이다. 도시형 사찰은 그러한 특성이 더욱 강하게 드러나고 있고, 전통적으로 산지에 배치된 개방적인 사찰 역시 자연스럽게 상승하는 신체의 움직임을 통해 점진적으로 고조되는 종교적 체험을 경험하면서 전체 공간을 통합하여 지각하도록 유도하는 배치를 보인다. 불교 건축은 일반적으로 시나리오의 특성상, 자신의 참 자아(아트만)가 전체세계 그 자체(브라흐만)라는 범아일여(梵我一如) 사상의 깨달음으로 나아가기 위한 건축적 과정과 상징성을 구현하고자 한다. 이를 위해 나 자신이 부처를 상징화한 본존불을 만나러 가는 과정적 건축 시나리오를 통해 참 자아(진여)가 세계 전체와 동일함을 깨닫게 된다. 그 이후 세상의 모든 집착에서 벗어나 해탈하고 다시 그 해탈한 마음으로 세상으로 나아가는 과정과 경험의 건축을 추구한다. 또한 불교 건축의 군집(群集) 형태는 전체와 개별 영역이 마치 프랙탈 구조의 자기 유사성을 가진 형태구조의 방식과 같이 구성되며 펼쳐진다. 그러면서도 한국사찰의 경우, 각 영역은 완전하게 막혀 있는 것이 아니라 일정부분이 트여 있으며 소통되고 내부에서 외부로 주변 환경에 대응하여 축을 조정하고 있다. 또한 배치와 요소들의 관계에 있어서 불교 건축은 구심적이고, 유교 건축은 원심적으로 상반된 특성이 나타난다. 불교 건축은 외부로부터 포교를 통해 포섭하여 정점에서 폐쇄적으로 교육 및 포교활동을 하는 특성을 반영하며 구심적인 배치형식을 띠지만 반대로 유교건축은 내부로부터의 교육을 통해 외부로 확장시켜 치국(治國)을 해야 하는 엘리트 집단의 목적과 특성을 가지고 있어, 서로 확연하게 대비되는 모습을 보인다. 그러나 드러나는 특성을 보면 상반되지만, 개체가 전체세계와 하나가 되고자 하는 방향성에 있어서는 동일한 결과를 보인다.

중국의 불교 건축을 살펴보면, 도입 초기인 수(隋)의 문제(文帝)와 양제(煬帝)의 시기에는 왕실을 중심으로 불교를 권장하면서 교세가 더욱 융성하여 도시 내에 사찰이 장대하게 구축되었다. 더 나아가 당나라 시기에는 중국을 중심으로 주변 국가들의 민족과 문화와 상업 종교 등이 활발하게 교류되고 접목되어 사회, 경제, 문화가 번영하여 동북아시아에서 로마와 같은 제국적 지위를 누리게 되었다. 특히 인도의 불교 관련 문화와 예술 등이 들어오면서 불교의 건축 발전을 촉진했다.

당(唐) 시대의 사찰건축은 복합 중정 형식의 배치를 하였으며 회랑이 주위에 둘려져 있었다. 당시 가람(伽藍) 배치는 이전과 같이 중심축선 상에 좌우대칭으로 건물들을 배치하였으나 불탑의 규모가 큰 경우는 1탑식 가람 배치방식이 사용되고 탑의 규모가 작을 때는 2탑식 배치방식이 사용되었다. '군수리 사지는 전형적인 고대 가람배치로 중문, 탑, 금당, 강당이 중심축 상에 일렬로 놓이고 강당과 중문을 회랑으로 이어 사찰의 1랑을 형성한다. 이를 변형한 것이 황암사지로서 금당 동서에 건물을 놓아 칠당 가람제를 완성한 것이다.'[18] 2탑식 가람 배치방식은 5세기경부터 시작된 것으로 추정된다. 수, 당 시대에는 수많은 불탑이 건설되었으나 목조탑은 남아있는 것이 없으며, 전탑과 석탑들이 남아있다. 규모가 큰 것은 전탑들이며, 석탑들은 규모가 작다. 목조탑에서는 각층의 처마를 지탱하기 위하여 공포(貢包)구조가 많이 발달하였다. 수, 당 시기의 중국의 건축기법은 선진기법이었기 때문에 한국에 전파되고 난 이후, 다시 당나라의 기술자가 일본에도 건축기술을 전파한다. 일본의 도쇼다이지(唐招提寺)의 금당(金堂)은 당의 개원(開元)연간(713~741)에 감진화상(鑑眞和尙)이 데리고 간 당나라 기술자가 세운 것으로 기록되어 있다.

일반적으로 불교적 세계관과 건축 구성 사이에는 직접적인 관계가 있다. 종교적 교리 혹은 세계관이 건축공간과 형식에 지대한 영향을 끼쳐왔다는 것이다. 김봉렬에 따르면 초기 화엄 신앙계 사찰들은 '중심성'을 보이며 정토계 사찰은 '영역성'을, 미륵계 사찰은 '중축성'을 중요한 건축적 요소로 삼아 구현했다고 분석했다. 초기에서 중기까지 이러한 방향성이 있었다면, 조선 시대에 억불정책이 실행되었던 조선시대에 불교를 강제 통합하게 되면서 통합적인 교리와 함께 건축 및 공간구조에 있어서도 통불교계 형식을 취하고 있다는 것이다.[19] 불교 건축은 삼국시대로부터 시작되었으나, 일률적인 특성을 보이는 것이 아니라, 다양

18) 김봉렬, 한국과 일본의 가람배치계획 비교연구, 건축사, 대한건축사협회, 1984, 8, p62

19) 대표적인 사찰로 신라 시대부터 계속해서 중요한 역할을 해왔던 양산 통도사를 들 수 있다. 통도사는 신라 시기부터 현재에 이르기까지 각 시대별 사상의 변화와 함께 사찰의 구성방식의 변화가 한자리에 농축되어 있는 사찰로서 연구의 가치가 있다.

한 양태를 띠며 시대적 구분과 지역적 변화가 있었으며, 다양한 건축 형식이 존재해왔다. 따라서 불교 건축을 구분하는데 있어서 단순히 시기별 차이와 양식의 구분에서 벗어나 그러한 배치와 건축공간구성을 만들어내는데 영향을 끼친 사상적, 지역적 접근방식이 필요하다. 초기 한, 중, 일 불교사찰의 가람배치는 동일한 원형을 보인다. 중심이 되는 대상, 숭배되는 대상을 중심으로 하여 축선 상에 배치하고 영역을 확보하기 위해 회랑을 두르는 식이다. 그러나 후에 토착화되면서 지역적 특성에 맞추어 변화를 모색하게 된다.

불가에서 물질은 곧 관념이고 관념이 곧 물질이기 때문에 사찰건축 자체가 불교사상을 집약하여 표현해 놓은 것이다. '불교적 사고에 따르면 건축물은 존재 그 자체로서의 의미를 갖는다. 다시 말하면 개개의 건물과 공간이 주체적 존재로서 작용한다. 불교적 공간 속에는 대중을 위한 기능과 쓰임을 담아야 하기 때문이다. 따라서 불교적 공간이란 개방적이며 공공적인 성격을 갖는다. 또한 종교적 상징성은 물질적 상징물로 존재한다. 이 역시 유교건축의 추상적 상징성과는 대비된다. 불전, 불상, 탑 등의 가시적인 상징물들은 말할 것도 없고, 선종 사찰들의 절제된 구성속에서 공간과 여백조차 물질화된 존재로 나타난다.' 20) 이처럼 불교의 사찰구성은 사상 그 자체의 현시, 혹은 사상의 재현으로 간주했다. 그래서 사상의 변화와 함께 사찰구성의 변화 역시 다음과 같이 자연스럽게 변화해나갔다.

'삼국시대에 도입된 불교는 삼국 간의 갈등을 해소하기 위한 호국 왕실불교로서 도읍 내 평지에 대규모로 건립되었고 삼국통일 후에 교세의 영향력이 점차 감소해 교외의 구릉에 세워지게 되며, 라말 여초 이후엔 풍수지리의 성행으로 인해 사찰은 깊은 산중에 위치하게 되어 산지가람으로 발전하게 된 것이다. 물론 평지사찰은 교종의 원리와 부합하며, 구릉형은 당시 불교의 밀교적 성격과 산지 사찰은 선종의 교리를 적합하게 표현할 수 있는 건축적 형식을 갖추었다.' 21) 평지사찰이 그리드 체계를 중심으로 하여 정형적이고 교리적인 엄격한 형태를 취하고

20) 김봉렬, 김봉렬의 한국건축 이야기3_이땅에 새겨진 정신, 돌베개, 2006, p157
21) 김봉렬, 한국과 일본의 가람배치계획 비교연구, 건축사, 대한건축사협회, 1984, 8, p64

있는 것은 교종 계열의 질서와 교리를 중시하는 특성이 반영된 것으로 볼 수 있다. 선종은 문자에 의한 교리보다는 수행을 중시하면서 직관적인 마음의 직접적인 깨달음을 중시하는 방식에 영향을 받아 엄격한 형식을 벗어나는 전각과 탑의 배치를 보이고 있다. 오히려 탑보다는 깨달음을 통해 해탈의 문지방을 넘어서서 공적영지의 세계에 들어서는 직관성을 중시하여 중심영역에 탑보다는 문의 상징물을 배치하는 사례가 다수 발견된다. 넓은 대지에 필요한 그리드 체계의 형식적인 구성을 계획하기 힘든 산지 지형 때문이기도 하고 이러한 상황을 활용하여 사찰을 배치해야 했던 상황 탓에 어쩔 수 없이 산지 사찰은 즉흥성, 및 적절한 변용과 임기응변이 필요했다.

김봉렬은 불교사찰의 시기별 구분을 발생기, 정착기, 전형기, 발전기, 축소기 등 5단계의 배치단계로 구분하고 있다.[22] 발생기는 삼국시대에 처음 불교가 도입되었던 시기로, 귀족 중심의 도시 내 평지에 탑 중심으로 배치되었고 탑을 에워싸는 회랑의 가람이 배치가 이루어졌다. 발전기에는 쌍탑형으로 탑의 중심성이 약화되고 본존불상을 중심으로 하는 금당이 중심이 되었다. 구릉형 혹은 산지형 사찰에서 회랑의 구축은 대지 여건 등을 고려하여 점차 삭제시키는 경향을 보인다.

전형기에는 궁궐 근처 도시 내 평지사찰에서 대부분 산지 사찰로 변화되며 발전했다. 산지의 특성을 고려하여 종심이 깊은 공간구성과 점진적인 종교적, 공간적 시나리오가 완성되어 불교건축의 전형이 완성된 시기이다. '도입부-부공간-주공간-승화 공간의 단계를 갖는 공간구성 형식과 입지의 다양성에 적응할 수 있는 계획의 유연성, 지형 레벨의 처리 방식 등이 완성된 것이다.'[23]

발전기에는 탑의 중요성이 현저히 떨어지게 되었고 완성된 전형에서 다양한 변주가 이루어지게 되면서 좀 더 지역적, 사상적 특성이 반영되며 다변화되었다. 이 시기의 불교 건축은 지형 및 상황에 맞추어 유연하게 공간과 가람이 확장되면

22) 상게서, p64
23) 상게서, p65

서 통합을 이루는 공간구성을 보이게 되었다. 이후 조선이 건국되고 강력한 숭유억불정책이 시행되면서 불교는 축소기에 이르게 된다. 조선 시대에는 사찰 규모의 축소와 단순화, 사상의 통합화가 이루어지면서 사찰형식에도 최소한의 유니트(unit)만으로 운영되는 곳이 많았으며 자구책으로 도시형 사찰도 등장하게 되었다. 여기에서 중요한 것은 도입된 전형의 불교 건축문화가 과정적 시나리오와 파격의 변화, 유연한 외적 변수의 적극적 수용을 통해 다양한 방식으로 분기되었다는 점에 있다. 이렇게 다양한 외적변수를 능동적으로 받아들이고 변용시키며 복합화하는 것이 바로 우리나라의 가장 큰 문화적 특성이라고 볼 수 있기 때문이다.

한국사찰에서 '공간의 구성방식의 특징으로, 종심적 구성방식을 들 수 있다. 일주문, 금강문, 해탈문 등 몇 개의 단문을 지나 강당에 이르는 도입부와 강당 앞의 부공간을 거쳐 중심 불전과 그 앞의 주 공간에 이르도록 점차 공간의 위계를 점증시키면서 최종적으로 승화공간을 설정해 더욱 공간의 깊이를 깊게 한다.' [24]

발생기에는 왕권 혹은 귀족의 도움을 받아 도심 혹은 근교의 평지에 사찰이 세워지면서 탑이 중심이 되고 영역을 한정하기 위해 회랑을 둘러싸면서 인위적으로 성역(聖域)의 공간이 설정되었으나 전형기부터는 구릉 혹은 산지에 사찰이 세워지면서 주변의 지형 혹은 숲으로 영역이 한정됨으로써 회랑의 중요성이 점차 감소되었다. 자연적인 요소 자체가 하나의 둘러싸이는 형국을 만들기도 풍수지리의 영향을 받아 좌혈(座穴)이 되는 명당에 사찰이 자리 잡기도 했다. 포근하게 둘러싸이는 곳에 사찰이 입지하고 예불자는 사찰 영역 초입부에 계곡의 물줄기를 넘어 들어오는 것이 전형화되었다. 산지형 사찰에서는 탑보다는 본존불이 모셔져 있는 금당을 중심으로 하여 마당과 부속건물의 누각이 중정 마당을 이루며 정형적으로 배치된다. 그러나 일본과 비교했을 때 이것을 제외하고는 나머지 확장되는 건축물들과 각각의 영역들은 지형과 사찰의 여건에 맞추어 형편상 축과 위치, 위계 등이 자유롭고 유연하게 배치되어 있다. 특히 주요 공간으로의 진입에 있어

24) 상게서, p65

서는 중심축의 진입부에서 위치가 변형되어 다양한 진입 방법론으로 다변화되어 있다. 이것은 산지 지형의 특수성을 고려한 것이면서 동시에 상승하면서 경험하는 각종 시각적 요소들을 세심하게 배치하면서 전체성을 확보하는 방식을 정교화한 것이다.

'한국의 가람 배치는 이러한 축, 동선, 시각 계획의 세심한 고려가 그물처럼 엮어져 부분적 원칙에 얽매이기보다는 보다 큰 전체적 구조를 얻기 위해 치밀하게 계획된 것임을 알 수 있다.' [25] 라는 언급과 같이 한국 사찰건축에서 보여지는 유연하고 때로는 변칙적인 배치뿐만 아니라 위엄을 최우선으로 계획하는 궁궐에 있어서도 대부분 그러한 모습들을 발견할 수 있다. 이러한 배치는 방문자가 상승 이동하면서 절정의 종교적 감정을 극대화하여 체험할 수 있도록 의도적으로 세심하게 고려된 3차원적 공간 구축이다. 이는 세상만사가 마음이 구성하는 것이라는 불교의 가르침과 같이 실제 움직이며 경험하는 지각 속에서 전체적으로 통합하여 공감각을 구성하는 건축 방식의 결과물이다. 따라서 외부공간과 지형의 위요감과 통합되는 3차원적 공간구성과 지각 구성이 한국 건축에 있어서 중요한 특성 중 하나가 되고 있다. 정형적인 일본의 건축 구성방식과 비교해보면 선불교 중심의 건축 공간구성과 마음의 재구성을 중시한 한국적 특성을 감지할 수 있다.

–한국, 일본 사찰건축의 차이점

'고대 가람 배치에서 보이는 관념적, 규범적인 계획개념이 한국에서는 기능과 지형에 맞도록 실질적으로 변모한데 비해 일본은 그 관념성을 더욱 심화시키고 규범화했던 점을 알 수 있다. 즉, 동일한 언형적 규범을 전자는 개념을 외연적으로 확대하고 다양하게 전개시켰던 데 반해, 후자는 그 규범을 내향적으로 더욱 심화하고 규범화시켜 나갔던 것이다.' [26] 라는 언급과 같이 일본 사찰건축은 전반적인 건축 형식적인 면에 있어서 집요할 정도로 규범을 잘 지키고 더 세밀하게 내향화되면서 교조적인 방식으로 정형화되는 면모를 보인다. 따라서 일본의 사찰들은

25) 상게서, p67
26) 상게서, p65

배치 및 계획요소, 영역, 부분과 전체에 있어서 기하학적 특성과 축선의 중심을 철저하게 지키며 배치되고 이후, 이를 둘러싸는 회랑이 마치 규칙과 같이 계획되면서 마당이 형성되기 때문에 좀 더 폐쇄감과 함께 정형적인 느낌이 강화된다. 그러나 한국은 대웅전을 중심으로 하는 중정의 구성 형식을 최소한도로 지키고 나면 나머지 건축군은 지형에 순응하는 유연성을 보인다.

3

반면, 일본은 위계, 연결, 축의 요소 등에 있어서 점증되는 건축적 요소가 강하고 회랑을 통해 연결된다. 일본사찰의 외부공간은 내면의 관조의 측면이 강하다. 일본사찰의 외부공간은 마음속의 세계를 만들어내는 측면에 있어서는 동일하나, 좀 더 인공적인 느낌이 강하다. 교토의 료안지 정원의 사례는 이러한 한, 일의 차이를 명확히 보여주는 사례이다. 료안지의 정원은 가로 22미터 세로 10미터의 화폭과 같은 공간에 흰 자갈이 가득 채워져 있으면서 바다를 표현하고 있다.[27] 정원조차도 자연스러운 원림을 추구한 한국과는 달리, 자체의 구조 안에 위치하면서 정밀하게 시각적 프레임에 속한 축소지향의 세계인 정원을 추구하고 있는 것이 바로 일본의 특성이라고 할 수 있다.

이와 상반되게 한국은 주위 자연에 있어서도 한정하거나 인공적으로 만들지 않고 진입 방법에 있어서도 누하 진입, 우진각 진입 등을 사용하고 공간구성에 있어서 유연하게 계획된다. 특히 3차원적인 시각적 구성에 있어서 인공적인 프레임들이 유기적으로 연결되도록 유도한다. 그것은 규범적인 것보다는 실제 공간을 구축하면서 세밀하게 조정하고 의도하여 자연스러운 흐름과 지각의 통합을 유도하는 방식이다. 한국 사찰건축은 주위의 지형 및 숲과 각종 인공적인 프레임으로

3 료안지의 공적영지의 세계관

27) 15개의 이끼 낀 암석들은 시각의 차이로 인해 반드시 한 개는 보이지 않도록 설계가 되어 있다. 부족한 14개로 인해 불완전함을 의미하며 깨달음에는 완전하지 않음을 상징한다

인해 자연스러운 위요감이 형성되도록 한다는 측면에서 일본의 정형적이고 공식과 같은 공간방식은 거부된다. 오히려 유연화되고 변칙적으로 승화된 공간감과 진행의 공간적 경험을 갖도록 유도된다. 이처럼 한국건축은 정형적인 형식을 따르기보다는 주변의 자연의 지세와 기의 흐름에 맞추어 최소한의 정형적 질서만 맞추고 나머지는 외적 변수에 따라 융통성 있고 탄력적으로 계획하는 방법론이 발전되어 왔다. 그것은 건축물과 외부 공간 및 외부 요소들이 함께 만들어내는 긴장과 이완의 장면들을 계속해서 덧붙이고 수정해나가면서, 최적의 장면을 만드는 과정으로, 마음의 구축을 이루고 그것을 지속(영조)해 나가는 것이라고 할 수 있다.

0213초기 교선병립 시대의 건축 경향

–화엄사상 중심의 사찰 특성

화엄사상은 통합적인 가치를 중시하고 부분과 전체의 일치를 추구한 사상이다. 여기에 의상은 화엄과 정토사상을 융합하려고 노력했다. 당시의 승려들은 건축의 구성원리를 교리와 신앙의 체계에서 찾으려고 했다. 전술한 대로 화엄 사상의 핵심은 '하나가 전체이고 전체 속에 하나가 있다는 일즉다 다즉일(一卽多, 多卽一)' 사상으로 요약된다. 다이어그램으로 본다면 부분과 전체를 통합하기 위해서는 강력한 중심이 필요하며 이러한 세계를 도식화한 것이 불교의 만다라(曼荼羅)의 중심성과 방향성, 그리고 8면 대칭성으로 나타난다. 일정 규모 이상의 산지 사찰의 배치 구성은 각 영역에서 자체의 구성 요소들이 전체세계를 상징하도록 계획되어 있다. 의상의 화엄 중심의 사상적 방향성은 화엄일승법계도에 구체적으로 현시되고 있다. 유교는 소수의 엘리트들이 수신제가(修身齊家)를 하여 치국평천하(治國平天下)를 하려는 권력 위계를 설정하기 때문에, 사대부들이 사용하는 건축물은 외부에서는 매우 폐쇄적인 느낌이며 내부에서는 위계가 뚜렷하지만 상호 연계와 소통을 위해 원심적으로 자유로운 공간과 순환의 공간을 보인다. 이와는 달리 불교

건축은 자연과의 일체를 강조하면서 구심적으로 펼쳐진다. 구심적 구성을 위해 사찰건축은 탑 혹은 본존불이 모셔져 있는 대웅전에 이르는 과정을 극적으로 구성하고 다시 그 본존불을 중심으로 사찰의 구성이 전체세계로 펼쳐져 나가는 구심적인 구성으로 상징화를 강조하기 때문이다. 그러나 사찰의 경내에 일단 들어오게 되면 중심이 되는 영역은 매우 엄격하고 폐쇄적인 느낌이 들도록 건물들이 배치되어 있다. 이것이 건축 공간구성에 있어서 불교적 세계관과 유교적 세계관과의 근본적인 차이점이다.

부처의 사리 혹은 말씀(경전)을 안치함으로써 부처 자체를 상징하는 탑과 부처의 형상을 만들어 안치한 금당에 대한 중심성과 외부로의 확장은 불교 건축의 영원한 주제이다. 신라지역은 산악이 많기 때문에 산 중턱의 구릉에 불교 건축의 터를 잡는 것이 대부분이었다. 주요 숭배대상을 찾아가는 과정을 드라마틱하게 구성하고 그 숭배 대상을 돋보이게 만들기 위해, 중심성의 축과 함께 대상에 이르렀을 때 수직적 대상의 이미지를 배치하거나 극적 만남의 감동과 느낌을 증폭시키기 위함이다. 미륵상을 거대하게 수직적으로 만든다던가, 미륵사의 경우처럼 탑을 매우 높게 구축하는 방식 등이 그러하다. 초기 불교가 전파될 때 엄격한 기하학적 구성을 강조했던 백제는 중앙귀족의 후원 하에 교종 중심의 불교가 융성했다. 백제가 평지에 사찰이 많았던 이유는 귀족 중심으로 도시에서 건립되었고 삼국 중 상대적으로 평야가 많은 것이 원인이 되었을 것이다.

황룡사와 미륵사는 모두 평지에 조성된 거대한 사찰로서, 철저한 계획과 상징적 수법을 적용하여 건축되었다. 평면배치는 질서정연한 기하학적 원리에 따라 전각의 크기와 위치가 정해졌다. 고대 건축에서 국가의 상징적 건축물을 건축할 때 엄정한 느낌의 표현 수단으로 기하학을 사용하는 것은 동서양을 막론하고 보편적으로 찾아볼 수 있다. '특히 불교 사찰에서 탑과 금당은 그 자체로 불교의 상징이다. 건물 형식을 취하고는 있으나 탑과 금당은 원래 내부를 사용하는 것은

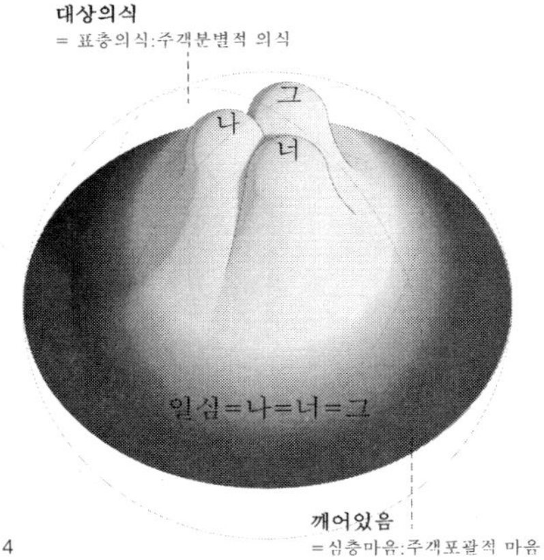

4

아니고 주변 공간에서 예불을 드리는 것이다. 즉, 탑과 금당으로 인해 평범하던 세속의 공간은 불법의 공간으로 승화되는 것이다.' 28) 존경과 숭배의 대상을 상징화하여 종교적 감동을 얻기 위해 건축과 접목하여 하나의 체계를 이루는 것이다.

최초에 화엄 사상이 중심이 되는 교리는 문자로 전파되고 문자 자체는 왕족, 혹은 귀족의 전유물로서 계급의 구분과 권력의 원천이었다. 따라서 교리를 중심으로 하는 교종이 중심이 되고 당파적으로는 보수적인 특성을 지니게 된다. 전체 속에 개체가 개체 속에 전체가 있다는 화엄사상은 사사무애(事事無碍) 법계(法界)의 완전 통일체의 세계를 상징한다. 각 개체 속에서 해탈을 위해 수행하여 회광반조하여 진여를 만나게 되면 다른 개체 역시 동일하게 진여의 모습으로 만날 수 있으며 그것은 전체세계와 동일한 구조라고 간주한다. 심지어 불교에서는 먼지 속에서도 세계 전체의 특성과 구조를 파악할 수 있다는 입장이다. 나의 진여나 먼지나 모두가 세계의 일부로서 동일하기에 먼지속에서도 세계 전체를 파악할 수 있다는 생각인 것이다. 원효의 일심사상은 표피적으로는 나, 너, 그가 구별되는 세상에서 살고 있으나 심층의 마음의 구조로 내려가면 주객이 포괄되는 일체의 진여의 마음으로 다가갈 수 있음을 설파하고 있는 것이다.

이처럼, 일즉다 다즉일(一卽多 多卽一)의 교리는 건축적으로 치환하여 표현하면 그 자체로 프랙탈의 자기유사성의 세계 및 형태 논리에 대응될 수 있다. 다만, 만다라와 불교사찰 건축에서는 종교의 특성상 참 진리이자 법신(法身) 그 자체인 부

4 대상의식과 표층의식의 범아일여

28) 박윤준, 정승진, 아시아 건축의 이해, 서울하우스, 2010, p111

처가 가장 중시되어 중심에 위치하고 전체적인 구조는 이러한 각 중심의 영역을 근거로 하여 확장된다는 측면이 일반적인 건축 구성과 차이가 있을 수 있다. 그러나 전체와 개체가 동일하게 중요성을 부여하는 점에 있어서는 동일하다. 줌아웃(zoom out)하여 바라보면 그 역시 동일한 각 개체의 요소가 또 다시 동일하게 형태를 형성하며 군집을 이루는 것을 발견할 수 있다. 한국 건축이 다른 동북아 사찰 건축과 다른 특이한 측면은 개체들의 요소들이 원래 구조의 원형을 따르되, 전체적인 관점에서 일부 구조가 축과 향을 변화시켜 군집되는 양상의 변화를 일으킨다는 점인데, 이것은 프랙탈의 급변론의 이론과 연계될 수 있다. 고정되고 교리화된 정형을 탈피하여 전체적인 구조에서 변형을 보이지만, 더 큰 시점에서 살펴보면 그 자체도 자기유사성의 형태로 나타난다는 측면에서 형태적인 순환, 교리적인 순환의 연결 구조를 보이고 있는 것이다. 불교 사찰의 각 중심은 시기나 지역에 따라 탑 혹은 본존불이 안치된 금당, 혹은 기타 중요한 부처의 상징과 중심을 이루게 된다. '화엄사상도에 등장하는 10층 목탑은 공양의 수단으로 조탑(造塔) 행위를 중요시한 화엄의 사상을 엿보게 한다. 그 형상은 월정사의 8각 9층탑이나 보현사의 8각 13층탑을 연상케하며 흥왕사지에서 발굴된 8각 목탑지와도 무관하지 않다고 보인다.' 29) 그러나 어쨌든 초기 사찰건축에서는 화엄 교종의 영향을 받아 주요 축선이 중심이 되어 전각들의 배치가 이루어지고 회랑들이 둘러지는 전형적인 가람이 도입되었다. 그러나 그러한 시기에도 고선사의 경우, 다른 형태의 배치를 엿볼 수 있다. 이른바 현지화, 토착화와 함께 불교사상의 다른 방향성을 엿볼 수 있는 사례이다.

5

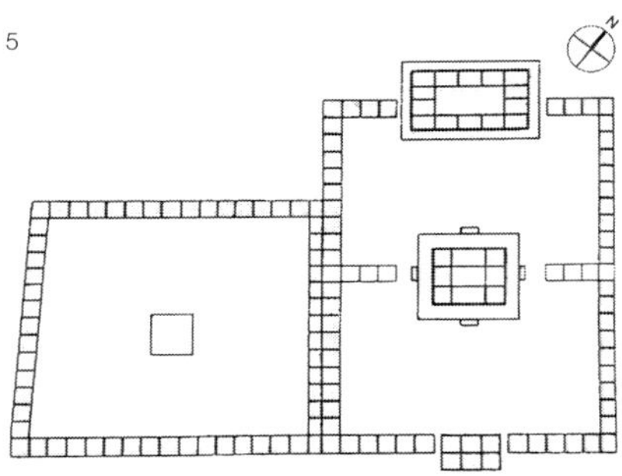

5 고선사의 비대칭 배치 도면

29) 김봉렬, 화엄사 사찰중심의 중심개념, 대한건축학회학술발표대회논문, 1988, 10, p220, 김동욱 한국건축의 역사, 기문당, 2013, p85 다이어그램 참조

원효가 만년을 머물렀던 고선사의 배치는 도면에서 보여지는 것과 같이 정형적인 교종의 배치형식과는 달리 중축성의 가람배치를 벗어나 비정형의 축과 배치를 보이고 있다. 금당의 영역과 탑의 영역이 병렬식의 비정형의 배치로 계획되었는데, 이러한 배치 형태는 원효의 입적 이후 탑과 회랑의 영역이 부가되면서 만들어졌다는 주장도 있다.[30] 그러나, 어떠한 것이 사실이던간에 교종의 형식적이고 이데올로기적인 특성의 정형적 건축 배치와는 달리 당파적으로 대립적인 입장에 있었던 원효가 머물렀던 사찰이 형식파괴의 다중심 배치와 복합성을 보인다는 것은 시사적이다. 고선사 배치의 사례는 선종 사찰의 비형식적이고 한국적 특성의 미학이 녹아들어가는 산지 사찰의 향후 변화양상을 예감하는 것이라고 볼 수 있기 때문이다.

이와 같이, 원효와 의상의 모습은 이후 우리나라의 지식인들의 초상을 상징한다. 비판적으로 보았을 때 의상은 외국에서 공부하고 귀국하여 외국의 사상과 경향을 소개하며 기득권에 친화적인 지식인 혹은 '지식 수입상' 의 인물을 상징한다. 반면 다른 하나는 원효와 같이 자생적인 방식으로 학문을 이루면서 민중과 호흡하며 '실천하는 지식인상' 을 상징한다. 의상의 귀족불교를 상징하는 교종의 배치방식에서 초기 도심 불교사찰은 기존의 탑을 중시하며 대체로 논리적인 방식으로 진입의 공식을 설정하고 기하학적인 축선상의 구성과 엄격한 회랑의 그리드를 채택했다. 반면, 원효가 창설했던 고선사는 탑이 있는 영역과 강당이 병렬형의 회랑 구성을 보이며 그 회랑마저도 자연의 지세에 따라 약간 틀어진 구성 형태를 보임으로써 구성의 엄격성에서 벗어나는 파격의 모습을 보이고 있다.

다양한 사례에서 사찰 내 여러 신앙이 복합된 공간(전각)들을 병렬적으로 배치한 것은 그만큼 불교 사찰의 건축 형식에도 다양한 시도들이 받아들여졌다는 것을 의미한다. 실제로 도시의 평지사찰과는 달리 불국사는 각 불전 영역을 지형에 맞게 단(level)을 이루어 조성했다. 즉 불전 영역들은 모두 경사를 따라 계단을

30) 김영옥, 경주 고선사지 가람의 변천에 관한 고찰, 대구사학회, 제108권, 2012, p32

통해 올라가도록 되어 있고 대웅전을 기준으로 서쪽의 극락전 영역은 한 단계 낮게, 북쪽의 비로전과 관음전 영역은 한 단계 높게 조성한 것이다.[31] 산지 지형을 적절하게 변형하면서 동시에 구심적인 다양성과 세계와의 접면(interface)를 확장하고자 한 것이다.

-선종계 사찰의 특성

우리나라 사찰건축의 구분에서 전형기와 발전기 이후에는 교종보다는 선종이 우세하게 되었다. 그 가운데 종파적인 선종의 특성상 문자가 중심이 되는 경전보다는 불립문자(不立文字)의 직관적인 돈오(頓悟)의 깨달음과 실천적인 점수(漸修)의 수행을 중시하는 분위기가 주를 이루게 되었다. 이로 인해, 극단적으로는 문자적인 경전마저도 필요가 없다고 할 정도였다. 깨달음의 본질에 직접적으로 단박에 다가가는 것이 중요하다고 생각하는 종파에게 형식적인 위계와 진입, 연계 등의 단계적 접근방식보다는 파격적인 본질적 접근이 중시되는 경향이 있었을 것이다. 특히 중심을 중시하는 화엄 사상의 경우, 교리의 영향으로 중앙에 가장 중요한 핵심 요소를 배치하며 동심원을 이루며 확장된다. 선종에서는 화엄의 사상을 따르되, 탑과 같은 부처의 직접적인 상징보다는 법왕문의 '문(門)'을 주된 상징으로 삼고 있다. '화엄계 가람구조의 특징은 가람 전체의 중심을 만들어나간다는 점이 건축 유형적인 실체가 되고 있다. 불사리를 상징하는 탑, 혹은 산문 형식의 법문, 온 우주의 근본인 비로자나불의 대적광전이라는 탑(塔), 문(門), 당(堂)의 서로 다른 형태로 나타나기는 하지만 궁극적으로는 화엄 세계의 중심을 설정하고 모든 개체의 통일을 추구하는 화엄적 세계관의 가시적인 재현체로서 가람을 구성했던 것이다.'[32] 라는 의견과 같이 본래 화엄계 교종 사찰의 특징은 부처의 상징을 중심으로 각 개체(영역)가 동일함을 깨닫게 함으로써 일즉다 다즉일의 사상을 상징하고 있다. 그럼에도 불구하고, 선종계 사찰은 최소한의 중심적 공간이라는 형식을 제외하고는 지형과 여건에 따라 다른 요소들은 유연하게 배치하고 파격적으로 변형하여 구성하는 특성을 보인다.

31) 박윤준, 정승진, 아시아 건축의 이해, 서울하우스, 2010, p114
32) 김봉렬, 화엄사 사찰중심의 중심개념, 대한건축학회학술발표대회논문, 1988, 10, p222

'선종 사찰이 불이문, 해탈문 등 산문 형식을 선호했음에 비추어 본다면 가람의 중심체를 당탑이 아닌 산문 형태를 선택했음은 충분히 이해가 간다.'[33]라는 의견대로 '문(門)'을 상징적인 중심으로 삼고 있는 것은 선종의 주요한 특성이다. 불립문자를 통해 깨달음의 문턱을 직접 빠르게 넘는 것이 돈오의 수행 행태이므로, 문은 강렬한 강도를 통해 직접적인 깨달음의 세계로 진입함을 상징하면서 해탈하고자 하는 순수한 종교적 열망이 반영된 상징적 결과물이라고 해야 할 것이다. 배치에 있어서 주요한 중심을 상징하되 직관적인 단박의 깨달음과 형식의 파괴를 동시에 상징하는 것이다. 이러한 관점에서 김홍식은 화엄사, 부석사의 건축사를 총체적으로 분석하고 두 사찰이 조선조에 이르러 비균제적으로 배열이 바뀌고 동적인 시지각 구조를 이루는 것을 '선종 미학의 결과'라고 해석했다.

선불교를 중심으로 교종을 통합하고자 했던 방식은 우리나라의 건축 경향에 있어서 어떤 영향을 끼쳤을까. 공간적인 면에서는 전형적인 기하학적 배치형식보다는 기(氣) 중심의 비형식적 요소들이 배치되면서 조화를 이루는 방향으로 영향을 끼쳤으며, 조형면에서는 전체적인 질서와 형식속에서 다양한 변주와 특이성을 보이는 방식이 자주 나타났다. 이것은 형식을 파괴하고 본질에 다가가고자 하여 변종의 건축을 추구하는 결과로 공명하며 등장했다. 형식과 문자를 초월하여 본질에 다가가고자 하는 종파에게 가람의 형식적 파괴와 변형은 자연스러운 것이었을 것이다. 여기에 산지 지형의 불리한 여건 역시 이러한 변형을 이루는데 주요한 이유가 되기도 했다. 그러나 단순한 파격만이 존재하는 것이 아니라 역설적으로 각 장면을 만들어내는 방식은 더욱 세심하게 계획되고 계속되는 조정과 변형을 통해 오히려 더욱 안정적인 구도의 조화로운 장면을 만들어내는 방법론이 정교화되었다. 여기에서 중요한 것은 그 조화로운 장면을 만들어내는데 있어서 반드시 외부의 하늘과 주변 자연과 함께 조화를 이루는 자세를 가장 중시했다는 점이다. 범아일여, 천인합일의 조화를 이루기 위해 끊임없이 조정하고 변화하는 방식의 과정적 건축이 영조된 것이다.

33) 김봉렬, 상게서, 1988, 10, p221

0214종파 형식 시대의 건축 경향

불교에서는 계학, 정학, 혜학을 삼학이라고 하며 셋 중 무엇을 강조하느냐에 따라 차이를 보이는데, 계율을 주시하면 율종, 참선을 중시하면 선종, 그리고 지혜를 중시하면 교종으로 분류된다. 각 종파는 중시하는 부분에 좀 더 중점을 두고 발전했지만 모든 종파가 결국은 계, 정, 혜 삼학을 두루 섭렵하고자 했다. 그것은 종교적 기본 구성이자 근본 구조이기에 자연스러운 현상이기도 하며 삼학의 요소가 두루 갖추어질 때 불성이 온전하게 구현될 수 있기 때문이다. 그러나 정치적 입장에 따라 왕족 및 귀족의 기득권을 유지하고자 하는 입장은 태생적으로 교종을 선호하게 마련이다. 이와는 달리 지방호족이나 민중을 기반으로 하는 정치 세력은 선종을 지원하면서 각 영역에서 다른 방식으로 불교사상과 수행방식을 변화시켰고 불교의 수행 및 세력 확장 방식을 선택했다. 지방 호족의 입장에서는 중앙권력의 간섭으로부터 벗어나고자 하는 의지가 반영되어 의도적인 파격을 원했을 것이다. 이에 따라 건축적 형식에 있어서도 차이를 보이게 되었다. 이렇게 종파에 따른 사상적 강조점이 서로 상이하지만 세 불교 종파들은 공통적으로 계, 정, 혜 삼학을 모두 따르려고 했다. 이 점에서 정혜쌍수를 외치면서 선종과 교종의 일치를 도모했던 지눌의 노력은 어찌 보면 당연한 것이었고 정치적 입장에 있어서도 당시 분열된 국론과 힘을 통합하고자 했던 노력이기도 했다.

동북아 불교에서는 율종보다는 선종과 교종이 주로 발달되어 왔다. 동북아에서는 유교 자체가 율법과 같이 엄격한 윤리학이기 때문에 율종에 대한 거부감이 있었다. 수나라와 당나라에서는 교종과 선종이 고루 발전했지만, 도시를 기반으로 하는 교종의 도심 사찰은 '회창법란'으로 인해 한꺼번에 교세를 잃어버리고 도심의 불교 조직들이 정리되었다. 이후, 자연스럽게 불교계의 중심은 난(회창법란)을 피한 산지 사찰이 중심이 되는 선종(禪宗)으로 옮겨가게 된다. 난립하던 당시 사찰들을 몇 개로 정리하고 승려를 환속시켰던 이 사건으로 인해 도심 사찰은 그 명맥을 잃게 된다. 따라서 오늘날 산지 사찰의 공간구성 특성이 일반적인 불교 건축을 대표하는 것으로 생각되는 이유가 여기로부터 시작되었다.

신라의 삼국통일은 삼국의 특성을 하나의 통일된 한반도 국가로서의 지리적 통합뿐만 아니라 건축, 및 조형 예술 전반의 미적 의식의 통일된 기준을 만들게 되었다는 측면에도 큰 영향을 끼쳤다. 개별성보다는 조화로운 혼합과 통합성을 중시했던 우리나라의 미적 특성은 이러한 이질적인 것의 통합적인 복합체가 되도록 하는 것에 그 중요성이 있다. 안압지는 통일신라가 성립된 이후, 백제, 고구려의 최고 기술자들이 당시의 미적 의식과 예술 및 기술을 집약시켜 만든 최고의 문화적 산물이자 통일의 상징물이었다. 김봉렬은 이것이 한국 건축과 미학의 원형이 형성되기 시작한 최초의 예가 되었다고 강조한다.[34]

화엄 사상을 중심으로 하는 사찰에서 전각에 비로자나불이 모셔지면 전체 배치상 강한 축선의 원리를 적용하는 경향을 보인다. 비로자나불은 육신이 아닌 법신(진리)으로서, 연화장의 세계에서 살면서 중생이 간절하게 희구하는 바에 따라 때와 장소를 가리지 않고 가변적으로 나타나는 부처이다. 따라서 대적광전에 비로자나불이 모셔진 화엄 사찰은 대적광전의 영역을 중심으로 하여 부가적으로 새로운 영역을 덧붙여 형성시키면서 미륵 신상의 동서축과 화엄 신앙의 남북축을 직교배치하는 경향을 보인다. 이후에는 엄격한 계율과 중축성을 구성의 원리로 하는 미륵계 사찰의 전통이 확대된다. 특히 의상의 화엄 사상은 신앙적으로는 아미타불의 극락정토 신앙과 결합했다. 의상이 당나라에서 유학하고 귀국 후 왕실의 후원을 받으며 전국 각 지역에 사찰을 건립하던 시기까지 각 지역에서는 여전히 샤머니즘, 토테미즘의 미신적인 영향이 강하게 자리잡고 있었다. 화엄사찰의 설립의 의미는 기존 지역의 샤머니즘과 토테미즘이 왕실불교의 교세 안에 극락정토라는 영역성으로 전환된다는 것과 함께 지방호족의 권력이 중앙권력에 복속된다는 의미를 함께 상징하는 것이다. 이처럼 전체가 하나이고, 하나가 전체임을 강조하는 화엄 사상은 국력을 통일하고자 했던 통일신라의 니즈에 적합한 사유였다.

34) 김봉렬, 김봉렬의 한국건축 이야기1_시대를 담는 그릇, 돌베개, 2006, p70

–극락 정토신앙과 사찰 공간구조

통일신라부터 고려전기까지는 극락 정토신앙이 융성했던 시기였다. '이 시기에 영건된 부석사와 불국사에는 정토경전에 근거해 극락세계의 이상적인 형상이 충실히 재현된다. 그러나 후대로 갈수록 다양한 신앙체계들이 회통됨에 따라 교리적 규범은 약화되고 자율적인 변화를 겪게 된다.'[35] 기독교로 생각하면 천국과 같은 '극락정토'를 중시하는 불교 신앙은 사후 극락정토에 들어가고자 하는 소망이 강력하게 반영되기 때문에 현세에서 극락정토를 목격하며 상상할 수 있는 가상의 시지각적 환경구성과 공간적 영역성이 중시될 수밖에 없었다.

'극락전 일곽으로 표상되는 정토의 영역은 분원형, 직교형 등의 방법을 통해 타 불전 영역에 부가, 회통된다. 그러나 경전적 의미의 규범은 해체됐다 하더라고 극락정토 신앙이 내포한 핵심개념들은 모든 사찰건축이 추구한 이상향의 근저를 이루어왔던 것 또한 부인할 수 없다. 그 실체는 평탄, 광명, 장엄한 오감의 세계이고 궁극적으로는 청정도장에 대한 염원이다.'[36] 라는 의견과 같이 극락 정토신앙은 기존의 대적광전이나 본존불이 안치된 금당의 중심영역과는 별개로 중심적인 불전 주변에 부가적으로 덧붙여지고 연계되는 배치형식을 보인다. 중심영역의 한 켠에 극락정토라는 이상향을 상징하기 위해 기독교의 천국과 같이 혹은 도교의 신선이 사는 장소와 같이 다양한 시각적 장치들을 동원하여 꾸며주었다. 이러한 영역들은 당대를 사는 사람들의 이상향에 대한 이미지와 공간감이 현시되도록 한 것이었다. 한편으로는 이러한 특성은 본격적으로 불교가 도교적 세계관을 끌어들여 포교에 활용하고 융합되는 과정으로 볼 수 있다. 극락 정토신앙은 이렇게 이상향에 대한 현시(顯示)의 니즈를 적절하게 만족시키기 위한 방편으로 발달된 것이었다.

–미륵신앙 계열의 사찰 공간구조

미륵신앙 계열의 사찰들은 강력한 중축성을 가지고 있다. 다시 오실 구원의 미륵

35) 김봉렬, 이광노, 극락정토 신앙과 정토계 사찰의 가람구조, 대한건축학회 논문집, 1988, 8, p72
36) 상게서, p72

부처를 기다리는 신앙은 시간적으로는 미래로의 방향성이 강하게 부각되어야 할 것이다. 미륵대원은 그러한 중축성이 가장 강한 사찰 중 하나이다. 초기 화엄계 사찰은 중심형이 주를 이루고 있으며, 극락정토 신앙은 현실에서 부가적인 극락의 영역을 강조하기 위해 영역성을 강조하며, 미륵신앙의 경우에는 재림신앙이므로 시간을 상징하는 중축성이 매우 중요한 요소가 되었다. '법주사나 금산사, 은진미륵으로 유명한 논산의 관촉사, 중원의 미륵대원 등 대표적인 미륵사찰들은 하나의 축을 기준으로 불전-탑-석등 등의 구조물을 일렬로 배치한다. 여기에는 건물로 둘러싸인 중정이 나타나지 않는다. 미륵신앙과 중축성의 질서와의 교리적 관계를 경전에서 발견할 수는 없다. 단지 미륵신앙은 엄격한 계율과 수행을 요구하고 있으며 초기 계율학에서는 미륵 상생신앙을 중요한 대상으로 삼았음을 지적할 수 있다.' [37] 라는 의견과 같이 미륵신앙은 다시 오실 것이라 믿는 미륵부처의 재림을 염원하며 강력한 시간성을 기리는 배치구도로 발전했다. 특히 미륵신앙은 수직적 이미지가 강하다. 마치 오벨리스크와 같은 랜드마크적인 수직적 요소는 그 영역을 강한 시각축으로 장악한다. 미륵불이 세상에 재림하여 구원해주기를 기다리는 염원이 수직적 불상과 수직적 금당의 형태로 나타나기 때문이다. 이처럼 미륵신앙 계열의 사찰들은 강력한 중축성을 가지고 있다. 다시 오실 구원의 미륵부처를 기다리는 신앙은 시간적으로 미래의 방향성의 시각적 축이 중요한 건축적 요소가 될 것이다. 것이다. 미륵대원은 그러한 축성이 가장 강한 사찰 중 하나이다. 거기에는 고려 후반기에 극도의 사회의 부조리와 민중의 수탈 외세의 침입 등으로 민중의 생활이 피폐해지고 사회불안 등이 겹치면서 가중된 민중의 수난의 상황과 염원이 상당부분 반영된 것이었다.

불교 도입 초기, 화엄 신앙은 중앙의 기득권 세력이 강력한 중앙정부 체계의 통치를 가져오고자 시도했던 이데올로기로서 작용했다. 이후 안정기에는 기득권을 중심으로 현세의 풍요를 누리면서 동시에 내세의 풍요를 기원했던 극락정토신앙으로 발전했다. 이후 미륵 신앙계열을 통해 일반 백성들에게까지 종교적 열정

37) 김봉렬, 김봉렬의 한국건축 이야기3_이땅에 새겨진 정신, 돌베개, 2006, p181

을 고루 전파시켰고, 이후, 각종 전란 및 불교의 폐단이 만연하면서 민중 중심의 기복적, 현실극복의 염원이 공간구성 및 배치에 투사되며 변화되었다. 이처럼 한국 불교사찰은 각 시기별 상황과 니즈에 따라 배치와 공간구조 및 경관이 달라지는 것을 확인할 수 있다. 다른 한편, 이러한 변화는 불교의 도교화가 이루어지는 선불교의 토착화의 과정으로 볼 수도 있다.

0215후기 도시형 사찰의 건축경향과 의미

조선 시대의 사찰 건설 부분에 있어서 주요한 변화 중 하나는 분업식 공포 제작방식의 변화이다. 조선 시대 사찰이나 궁궐의 공포는 화려한 쇠혀의 외부 장식으로 인해 정갈한 느낌의 주심포 양식의 사찰 분위기보다 좀 더 화려한 모습을 띠었다. 그 외 내부의 우물천장 및 장식과 화려한 문양의 창호 등이 좀 더 정교하고 광범위하게 사용되어 전반적으로 고려 시대에 비해 좀 더 표현적으로 변모했다. 그것은 궁궐건축이나 대규모 전각 건축에 있어서도 공통적으로 나타나는 부분이다. 제작방식에 있어서 가장 큰 변화는 공포가 포작 위에 배치될 때 분업으로 작업되어 올려지게 되었다는 점이다. 이때 기둥과 연결된 보가 있고 그 위 평방 위에 차례차례 올려져서 주심포와 비교했을 때 비교적 빠른 시간에 지붕구조를 구축할 수 있었다. 이를 가능케 하기 위해 전반적인 당시 건축 산업구조는 가내 수공업에서 공장제 수공업 방식과 유사하게 바뀌었다고 할 수 있을 것이다.

숭유억불 정책이 실시된 조선 시대에도 불교는 사대부의 기세에 눌려 축소되었지만 소멸되지는 않았다. 불교가 억압을 당했다지만 그것은 단지 표면적인 현상이고 밑바닥에는 여전히 불교가 살아있었다. 그러나 후기에 들어 각 종파는 '왕실의 관리' 라는 명목으로 강제 통합당하여 하나의 종파로 통합되었고, 승려의 자격과 숫자가 자격시험을 통해 중앙정부에서 관리하면서 위세는 위축되었다. 강력한 이데올로기를 펼친 유학자의 나라에서 불교를 소멸시키지 못했던 이유는 무엇이었을까. 거기에는 근본적으로 성리학 자체가 유, 불, 도의 동북아 사상이 통합적으로 융합된 학문이었고 오랜 세월 민중들의 삶의 기본적인 신앙으로 기저에 자리 잡아 이어지고 있었기 때문이었다. 조선 시대의 불교는 여전히 일반 백성은 물론 지도층, 심지어 왕까지도 의지하며 극락왕생을 기원하는 종교로서 유지되고 있었다. 물론 사대부의 눈치를 보아야 했지만, 왕은 적절하게 사대부의 기세를 누르기 위해 견제와 균형을 위한 정치의 대안으로써 불교를 존속시켜 견제의 도구로 사용한 측면도 있었다.

이러한 시대적 상황에서 임진왜란 이후, 조선 후기에 이르게 되면, 각 종파들이 통합되고 교종, 선종, 밀교 등의 다양한 교리체계가 하나로 수용되면서 건축공간구성에 있어서도 통합적인 운용이 불가피하게 되었다. 그 대표적인 사례가 통도사이다. 통도사는 신라 시대부터 존속되어왔던 한국의 주요 사찰로 원시신앙, 교종의 계율, 선종, 정토, 미륵, 도교적 신앙까지도 모두 포용하며 종합되었고 다양한 신앙의 체계들이 배치에서 나타나고 있다. 통도사는 고대 삼국시대로부터 현재에 이르기까지 각 시기별 불교의 교리와 사상의 특성에 따라 확장, 증축되며 현재의 모습에 이르게 되었다. 따라서 통도사는 현재의 모습만으로 단편적으로 어떤 종파적 공간구조의 특성이 있다고 말하기는 힘든 측면이 있다. 신라 시대의 교리와 사상 등의 역사와 변천 등이 종합되어 공존하고 있는 사례이기 때문이다. '지금까지 알려진 대로 통도사의 건축은 상로전(대웅전 일곽)-중로전(대광명전 일곽)-하로전(영산전 일곽)의 삼로전제로 구성되어 있다. 이는 사찰 운영 시스템이기도 하지만 근본적으로는 다양한 교리체계와 신앙의 대상들을 하나의 사찰 안에 수용하려는 건축적 방법론이기도 하다. 집합적 관계에서 본다면 통도사를 이루고 있는 기초적 구성 요소들인 각 전각(殿閣)은 모두가 개별적으로 고유한 성격과 가치를 갖는 완결체들이다.'[38]라는 의견처럼, 불교의 구성요소들이 만들어 내는 배치원리는 장이론(field theory)에서 각자의 요소들이 요소들과의 투쟁과 자리다툼을 통해 스스로 자리를 잡아가는 방식과 유사하고 또한 시대별 사상들이 중복, 겹침, 조정을 통해 현재의 모습을 형성했기 때문이다. 통도사의 확장, 변형은

38) 김봉렬, 상게서, 2006, p160

여전히 현재진행형이다. 이는 한국 사찰건축에서 겪었던 다양한 국난과 격변의 어려움 가운데 불사가 훼손되거나 새로운 종파를 수용하고 계속해서 보완해나가면서 보여지는 조정과 조절의 역사의 총합을 보여주고 있다. 통도사는 그 자체가 하나의 한국적 건축의 조절과정의 상징적 집적체라고 할 수 있다.

조선 시대에는 숭유억불 정책으로 인해 도심에서의 사찰이 극도로 줄어들었고 승과의 시험제와 관리에 의해 다양한 교파가 확장될 수 있는 여건이 전혀 아니었다. 이로 인해 교파는 선종 계열의 조계종으로 한정되고 통합되어 오늘에 이르고 있다. 이러한 시대적 상황에서 불교 건축은 대규모 야외법회를 위한 장대한 외부 공간 대신에 승려들의 개인적 수행과 소규모 예불에 적합한 통합적이고 폐쇄적인 공간구성으로 변화되었다. 또한 전각들도 소규모 실내 예불이 가능하도록 실내 공간을 확충하는 방향으로 발전해갔다.'[39] 당시의 숭유억불의 외적 변수에 따른 자구책이 도심 사찰의 원당사찰(대방)으로서, 공간구성과 표현으로 독특하게 등장하게 된 것이다. 그것은 한국인 특유의 발 빠르고 유연한 대처방식이라고 할 수 있겠다.

—대방(大房)과 근대적 복합성의 발아

조선 후기에는 고려 시대와 달리 억불정책의 영향으로 종파가 통합, 관리되고 있었기에 교리상으로 선불교를 중심으로 통합되어 있었고 선불교의 특성상 승려들은 산속의 사찰에서 은둔하며 수행에 집중했다. 이 시기에는 국가 중심의 대규모의 법회가 사라지고 은둔하는 승려들을 중심으로 불심이 깊은 민간인들과 함께 소규모 예불이 중심이 되었다. 이러한 사회상과 함께 조선 후기에 이르러 불교를 지원했던 상류사회도 점차 불교에 대한 지원을 끊게 되었다. 민중들의 지원이 중심이 되어 유지되던 불교계는 신분제가 와해되면서 급속도로 약화되었다. 점차 경제력이 있는 중농층이 양반화 되었고 불교와 거리를 두면서 불교계는 더욱 어려워졌다. 기존의 불교 사찰의 건축 형식으로는 생존이 어려워지게 된 것이다. 도

39) 김동욱, 조선시대 건축의 이해, 서울대학교출판문화원, 1999, p8

6

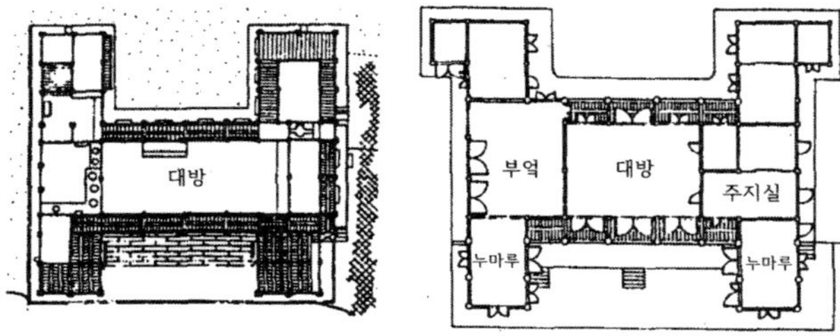

심에서는 이러한 사회상과 니즈에 따라 건축공간에 있어서도 대규모 야외집회보다는 폐쇄적이면서 기능이 채 분화되고 복합화되어 있는 통합적 평면의 소규모 원당 사찰유형이 등장했다. 앞서 살펴본 것과 같이 소규모 예불과 실내생활과 상징성을 동시에 갖추는 도시형 사찰들이 등장했던 것이다. 인법당과 함께 주택형 사찰(원당 사찰의 대방 유형)은 19세기 이후 이러한 사회적 상황에서 자구책으로 나타난 새로운 불교 건축유형이 되었다. 요사와 법당을 같은 건물 안에 복합화하는 형식이 등장한 것이다. 인법당은 암자 규모의 사찰에서 주로 채택했으며 거처하는 방에 불상이 함께 봉안되어 생활과 종교 행위가 함께 수행된다. 한편 도심에서 대방(大房)은 조선 시대에 주요 도시에서 당시 주택의 세부 요소가 적용되면서 불교 건축의 특성이 결합되어 복합화되는 유형으로서 생성되었다. 19세기 이후 도시에는 '대방(大房)' 이라는 건축유형이 등장한다. 대방의 유형은 기능 및 유형의 복합화와 함께 다기능으로 변화할 수 있는 변종의 건축의 대표적인 사례라고 할 수 있다.

'대방(大房)은 한 지붕 아래 복합적인 기능을 수용한 점이 독특하다. 염불을 하는 큰방에 승방 기능과 부엌을 갖추고 주변 경치를 감상할 수 있는 돌출한 누마루까지 두어 조선 시대 건축이 추구한 제반 요소들이 거의 다 모인 셈이다. 그리고 그것이 전체적으로 주택풍의 건축으로 마무리되었다.'[40]라고 언급한 것처럼 대방은 높은 지가(地價)의 상황으로 인해 기능과 프로그램이 집약화되어야 하는 도시

6 흥천사와 흥국사 대방의 평면구성 (김봉렬 도면 참고)

40) 김동욱, 한국 건축의 역사, 기문당, 2013, p349

상황에서 복합적인 니즈에 맞추어 사찰건축이 발빠르게 대응하는 가운데 등장했다. 외형에 있어서 같은 유형의 건축물로 구성하지만 다른 프로그램을 적용하는 가운데 프로그램이 창의적으로 복합화되는 사례이다. 서울 홍천사 대방 평면도를 살펴보자. 예불을 할 수 있는 큰 방을 중심으로 한쪽에 큰 부엌을 두고 반대쪽은 승려들의 생활 공간을 두는 복합적 평면을 확인할 수 있는데, 이러한 유형은 19세기 도시 외곽 염불 위주 사찰의 공통된 모습이다. '대방은 주로 도시 주변의 영세한 사찰에서 지어졌다. 그 신도층은 도시 주변의 서민층이었다고 믿어진다. 염불 위주의 신앙 형태가 그것을 뒷받침한다. 대방에서는 신도들이 염불하고 함께 식사하고 스님들과 정신적 교제를 하였다.'[41] 오늘날 여러 사람들이 모여 다양한 기능들이 한 공간의 영역에서 복합적으로 이루어지는 한국적 특성들은 '대방(大房)' 이라는 단어에서도 그러한 모습의 근원을 유추할 수 있다. 당시 '염불당' 이라고도 불리는 대방의 프로그램 구성은 가운데 넓은 공간, 좌우의 승방과 큰 부엌 그리고 누마루 등이 복합화되어 양반 상류 주택의 프로그램 구성과 유사했다. 이처럼 각 기능이 독립적으로 존재하는 다양한 전각들이 가람배치를 이루면서 복합화되어 있는 기존 사찰 체계에서 분화하여 하나의 건물 자체 내에서 다양한 기능들이 포함되며 내부공간으로 복합화되는 방식은 불교의 쇠퇴와 함께 민중의 차원에서 점차 다원화되며 발전하는 니즈에 발 빠르게 건축이 적응하는 시대상을 반영하는 것이다. '큰 방' 이라는 뜻과 큰 방안에서 다양한 행위가 일어나고 영역

7

7 흥천사 대방전경

41) 김동욱, 한국 건축의 역사, 기문당, 2013, p349

이 나뉘고 복합화된다는 측면에서 오늘날 한국의 '~방' 문화가 만연한 일면을 보게 된다. 오늘날 찜질방, 노래방 등 '~방' 이라는 다양한 형태의 엔터테인먼트를 위한 공간의 기능들이 방을 중심으로 하여 기능을 이루고 있는 것도 이러한 복합적 유형의 특성이 반영된 것으로 해석할 수도 있다.

'대방채의 기능은 중심공간인 큰방, 부엌과 부대 공간, 주지실과 승방, 그리고 접객 및 휴식을 위한 누마루의 4부분으로 구성된다. 큰 방은 인법당과 같이 6칸 이상의 커다란 방에 불단을 설치하고 불상을 모신다. 부엌과 부대 공간은 취사와 식사 배선을 위한 시설들로 큰방 옆에 부설된다. 주지실은 큰방을 중심으로 부엌과는 반대쪽에 위치한다. 주지실은 한쪽으로 큰방에 붙어있어 쉽게 여러 행사를 주관할 수 있으며, 다른 쪽으로는 돌출된 누마루와 붙어있다. 주지실의 나머지 다른 한쪽은 사찰의 사무실이나 보조 승려의 승방과 붙어있어서 사찰행위의 많은 부분을 관리하기 편한 위치에 주지실이 놓인다.' 42) 원당 사찰은 소수의 승려가 운영하며 지도층 부녀자들의 개인적인 기원을 전문적으로 예불을 드리고 반대급부로 경제적 지원을 받는 사회적 관계를 형성했었다는 점에서 과거로 회귀한 것이라는 의견이 있다. 그러나 각 불전의 기능과 성격이 명확했던 대규모 사찰과는 달리 소규모 사찰의 공간에서 다양한 행위와 통제가 유연하게 이루어졌다는 점에서 근대적인 특성과 한국적 건축공간 특유의 자율성 및 유연한 복합성이 좀 더 긍정적으로 발현된 것이라고도 볼 수 있다.

'대방채는 큰방을 중심으로 양쪽에 부엌과 주지실을 일렬로 배열하여 기본골격을 이루며, 여기에 누마루와 부대 공간이 부가되어 ㄷ자형, ㄱ자형, ㅏ자형, 工자형 등 다양한 형태로 변형된다. 모든 대방채에는 누마루가 설치되는데, ㄷ자형이나 工자형 대방에는 양쪽에 하나씩 한 쌍의 누마루가 부설된다. 이 경우, 주지실 쪽의 누마루는 주지의 접객용이지만 반대쪽의 누마루는 부엌에 부설되어 식사용 또는 승려들의 휴식공간으로 쓰인다.' 43) 이처럼 대방채는 여러 가지 기능이

42) 김봉렬, 근세기 불교사찰의 건축계획과 구성요소 연구, 대한건축학회 논문집, 1988, 8, 63-72
43) 흥천사 실측조사보고서, 서울특별시 1988, p85

합리적으로 통합되었다는 점에서 근대성이 발아한 것으로 평가되기도 한다.

조선 후기 대방의 건축유형이 새롭게 정립되었다는 사실 자체가 엄격한 유교 국가에서 여전히 불교가 명맥을 유지하고 있었다는 특이한 사실을 증명하는 것이다. 억불정책을 강력하게 펼쳤던 엄정한 유교 국가에서 일반 백성뿐만 아니라 지도층에서도 불교를 통해 구원을 기원하는 사람들이 꾸준히 존재했다는 사실을 말해주고 있는 것이다. 그것은 유, 불, 도가 통합된 성리학(주자학)의 특성의 일부이기도 하고, 오랜 기간 불교의 영향력이 민중의 저류에 계속해서 막강한 영향력을 끼친 이유 때문이기도 하다. 또한 종교라는 기복적 특성과 일부 점술적 특성 역시 지도층의 불안한 심리를 극복할 수 있는 방안으로써 애용되었다. 따라서 원당 사찰은 지도층의 부녀자들이 일반 백성의 시선과 떨어진 공간에서 예불을 드릴 수 있도록 주불전과는 다른 공간(대방)이 필요했고, 그러한 니즈에 맞춘 사찰형식이 형성된 것이다. 따라서 이러한 원당 사찰과 대방은 전국적인 건축유형이 아닌 한양과 수도권에 일부 존재했으며 권력의 후원을 위해 권력의 위치와 지근 거리에 분포하는 것이 특징이다. 또한 대방 유형은 수도권 일대 반가(班家)의 유형인 고패집(혹은 ㄱ자집)의 구조를 원형으로 삼고 있다. 대방채의 건축적 특성은 수도권 반가에서 보이는 건축적 특성이 고스란히 드러나고 있다. 궁궐에서 직접 보낸 목수와 장인들이 구축하기도 하고 반가를 구축하던 수도권 일대의 장인들이 작업하였기에 유사한 공간 형식에서 적절하게 필요기능이 유연하게 접목된 것이기 때문이다.

8

8 영산암 진입과 내부

또 하나의 중요한 사례로, 영산암이 있다. 영산암은 봉정사 옆 산지 구릉에 위치한 암자로서 조선 후기의 불교 건축의 중요한 유산이다. 이 암자는 조선 시대 양반 가옥의 특성을 보이면서도 동시에 불교의 프로그램을 담으면서 경사지 지형에 성공적으로 순응하였다. 영산암은 마치 뫼비우스의 띠와 같이 내외부가 순환하는 구성을 보이고 있다. 영산암의 경우 뫼비우스의 띠와도 같이 연결되며 앞과 뒤, 위와 아래로 중심성을 띠고 있다. '이지당도 그렇고 영산암도 그렇고 분명히 여기에는 19세기를 지배하는 하나의 조형적인 흐름이 담겨 있다. 그것은 18세기 중반까지 달성했던 조선 시대 전형적인 예술과는 다른 표현이다. 여기에는 의도적으로 대칭을 깨뜨리고 중심을 흐트러뜨리는 공간의 움직임이 있다. 그것이 결과적으로 건축에 새로운 율동을 부여한다. 이 힘의 원천은 역시 신분제의 붕괴로 상징되는 사회 변화라고 짐작된다. 양반에 의해 또 성리학에 의해 모든 사회 규범이 통제되던 조선사회의 가치관이 19세기에 와서 무너지고 새로운 의식구조가 폭넓게 확산된 결과라고 하겠다.'[44]라고 평가한 것처럼, 새로운 유형이었던 대방이나 영산암과 같은 암자 유형의 불교 건축은 조선 후기의 시대적 변화에 따라 새롭게 등장한 사례들이 되고 있다. 영산암은 자연의 순응만큼이나 시대적, 경제적, 사회적 변화에 카멜레온처럼 적응하며 상대적으로 작은 규모의 사찰임에도 기능의 복합화와 기능의 충족이 훌륭하게 성취된 사례라고 할 수 있다.

특히 영산암의 사례는 한국 주거건축이 추구하는 긍정적이고 특징적인 요소

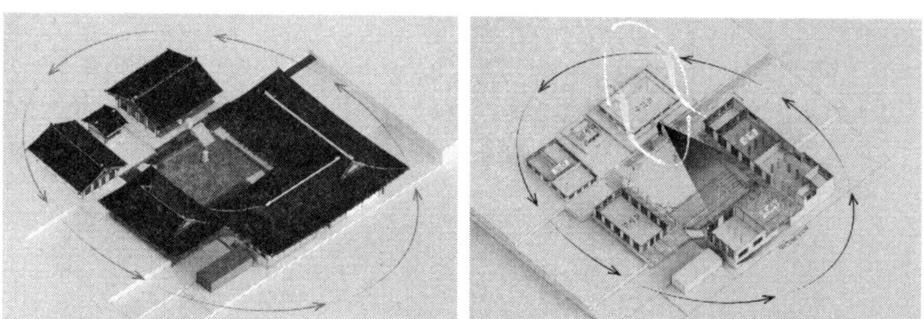

9

9 영산암의 각 채별 리듬의 집합과 순환성

44) 김동욱, 한국 건축의 역사, 기문당, 2013, p348

들이 충실히 반영되어 한국건축의 다양한 유전자가 고루 녹아 들어가 있는 공간 구조를 보이고 있다. 특히 산지 지형에 순응하여 유기적으로 배치되어 있는 것이 특징이다. 전체적으로 앞쪽에서는 2층의 건축물이고 산지 지형으로 올라가면 1층의 공간이 유기적으로 서로 연계되고 소통되면서 내, 외부를 연결하여 마치 뫼비우스의 띠를 연상시키는 공간을 만들고 있다. 내부는 자연스럽게 2층 레벨에서 1층 레벨로, 다시 2층 레벨로 오가면서 연계되며 하나의 공간으로 인식되면서 다시 다른 공간영역으로 인식되도록 만드는 비결정의 회색 공간으로 계획되어 있다. 격식있는 불교 건축이 한국 풍토에 적합하게 현지화되며 적절한 규모로 진화한 것이다.

-소결

불교 건축은 삼국시대부터 조선 시대에 이르기까지 외부로부터 도입되어 그 시기의 격식있는 건축물의 건축문화를 선도하였고 이후 공간론과 조형, 구조에 있어서 한국적 토착화를 이루는데 상당 부분 중요한 역할을 수행했다. 사찰건축도 종교건축으로서 과정적 시나리오의 문법적 완성과 체계적 단지화, 건축화 및 산지 지형의 적용에 있어서 한국 건축의 토착적 유전자를 실험했고 토착화에 있어서 주도적인 역할을 한 것이다. 그 외에도 다음의 특성들을 발견할 수 있다.

불교의 마음을 중시하는 특성과 이후 성리학에서 분기한 심학의 영향으로 인해 한국 사찰건축에서는 전형적인 건축군의 시각의 축보다는 마음의 축을 중시하는 경향을 보였다. 마음의 축이 적용된 사찰은 공간의 켜로 깊이를 만드는 켜의 중첩의 공간구성 방법론을 만들어냈다. 불교 건축의 세밀한 장면의 조정기법들은 결국 이후, 일반 귀족 혹은 민가에 있어서도 유사한 방식으로 3차원적 장면의 조정과 감각의 세밀한 조정을 만들어가는 방식에 깊은 영향을 끼쳤다. 한옥에는 이러한 동북아 사상의 영향과 긴 시간 동안의 자연과의 연계방식의 DNA가 녹아 들어가 있는 것이다. 이를 강화하기 위해 한국 건축과 한옥에서는 '감응(感應)의 건축' 을 중시했는데 그것은 칠관법을 통한 다차원의 경험(몸 전체의 감각)을 종합하여 가촉적, 몸 감각적 풍경을 중시했다. 또한 세심한 공간영역의 구분과 다채로운 레벨을 적용하여 바닥이 지배하는 공간이 유기적으로 흐르도록 계획했다. 이렇게 되는 이유에는 한옥이 온돌을 덥히기 위해 연료를 때야 하는 아궁이가 있는 부엌이 있어야 하며 부엌은 방보다 낮은 레벨에 지어져야 하므로 필연적으로 건축물은 비대칭(온돌로 인해)이 될 수밖에 없다. 한옥은 중심, 위계의 의도적 파괴를 통해 섬세한 지면의 변화를 유도하면서 바닥의 지면을 점령하여 신체의 섬세한 감각, 감응을 추구(좌식생활)하는 경향에 영향을 끼쳤다. 이를 통해 사용자는 내부의 공간은 반 외부공간인 대청과 누마루, 쪽마루 등을 통해 유기적으로 움직이도록 유지되며 건축의 안과 밖을 부유하는 유동적인 분산된 주체가 형성됨을 느낄 수 있다. 따라서 한옥에는 고정된 시점의 뷰가 되는 주된 파사드의 개념이 없다. 시각적인 면에 있어서 한옥의 특징은 달리 이야기하면, 고정된 시점에서 전체를 인식할 수 없다는 것이다. 그것은 안에서 밖을 바라보며 세계와 하나가 되고자 하는 특성으로부터 영향을 받은 이유 때문이다.

한국의 사찰은 중국, 일본의 사찰에 비해서 비대칭적 공간구조가 강하다. 물론 마음의 수양을 추구하는 불교의 중심을 생각했을 때 건축군의 내부에 마음의 축은 항상 존재한다. 산지 사찰에서는 특정한 인공요소가 없이 점진적인 상승을 통해 대웅전 본존불에 이르기까지 그 이동 경로상에 다양한 목표물이 설정되어 기대감을 상승시키면서 자연스러운 흐름을 유도한다. 그 과정에서 부석사의 경우처럼 긴장과 이완의 시지각적 경험을 유도할 수 있는 장면들을 배치한다.

한국 사찰건축에서는 영역별로 공간이 나누어져 있음에도 공간이 연속적으로 흐르는 경험을 하게 된다. 산지 지형이 많은 한국의 특성상 주로 산등성이에 배치되면서 아름다운 주변 경관을 가장 잘 조망할 수 있는 위치와 방향에 건축물을 배치하게 된다. 특히 누각은 경내 공간의 영역을 한정하며 영역성을 표시하는 상징적 역할을 하면서도 동시에 그 영역에서 외부 경관을 가장 잘 바라볼 수 있도록 배치하며, 전체 요소들의 배치는 내부에서 외부로의 마음의 축을 설정하여 주요 축선이 달라지게 계획한다. 이때 산지 사찰에서는 차경(借景)의 개념을 적용하여 공간과 영역을 나누게 된다. 이 때 담장은 나누는 역할에만 충실하고 주변의 경치를 자연스럽게 들여올 수 있도록 하기 위해, 낮추어 계획한다. 낮은 담장은 영역과 공간을 나누고 있지만 지형차에 의해 동시에 외부에 열려있는 느낌이어서 내부에서는 개방적인 분위기를 형성한다. 또한 내부에서도 프레임화 된 주위의 자연경관을 유연하게 즐길 수 있는 창호 및 내부 구성을 보인다. 한옥은 이처럼 연속성이 이루어질 수 있도록 폐쇄성과 개방성이 가변적으로 이루어진다. 이를 위해 한국사찰은 대청마루를 중심으로 하여 칸(間) 사이의 들창과 미닫이문의 개방성으로 인해 개방성과 폐쇄성이 동시에 이루어질 수 있는 공간구조를 보이고 있다.

한국의 사찰과 주택은 처음 계획단계에서부터 마당을 중심으로 하여 기본 건축유형을 둘러싸며 배치한다. 그러나 주변을 에워싸는 중정 마당이 생성되더라도 완전히 막혀 있지 않고 다음 영역으로 틔워져 있다. 그러나 에워싸는 공간의 처마들이 겹치면서 마당을 둘러싸는 역할과 하부의 그늘진 부분으로 인해 내부에서 에워싼 느낌이 충분히 형성되도록 계획되어 있다. 대청마루는 다른 대청마루로 연결되고 순환되며 쪽마루에 의해 처마 밑의 각 내부공간으로 연결되며 비를 맞지 않고 각 공간의 영역들을 넘나들 수 있도록 계획되어 있다.

'집을 자연에 순응하는 자세로 앉힌다.'는 개념은 지형의 형성 자체가 기의 흐름이 굳어진 것이라고 생각했던 동양인에게 자연스러운 방식이었을 것이다. 집을 기의 흐름에 거슬리지 않는 방식으로 자연에 순응하여 앉힌다는 개념은 서양의 그것과는 매우 다른 사고방식이다. 서양의 경우, 집을 굳건하게 세워 그 주위에서 시각적으로 돋보이게 만드는데, 그것은 결과적으로 주변을 장악하고자 했던 방향성을 보이기 때문에 동양과는 매우 다른 접근 방법이라고 할 수 있다. 서양의 건축은 직물로 짜서 구축하듯이 논리의 구축과 사유의 구축을 중시하는 서양의 사고방식과 긴밀한 관련성을 맺고 있다.

인도의 범아일여 사상은 건축에 적용하자면, 자연을 바라보는(짜는) 방식으로 정의 내릴 수 있고 그것은 달리 이야기해서 생활과 환경을 복합시켜 거주와 장소를 만들어내는 자연의 관계망을 만들어내는 작업이라고 할 수 있다. 그것은 단순히 서양 건축의 시각적 형태 중심이 아닌 주변 관계의 조직망을 만들어내는 작업으로 정의할 수 있을 것이다. 이를 위해 사찰건축뿐만 아니라 한옥의 경우 느슨한 열린 기하학을 적용하여 구축하면서도 동시에 변형(해학적 요소)을 가미하여 덜 조직하면서도 동시에 다른 상황의 조직이 가능한 생성의 기하학을 만들어내고 있다. 한국건축은 전체 환경과의 질서와 관계를 중요시한다. 동시에 ㅁ자 건축물의 모서리는 열려있는 경우가 많으며 느슨한 열린 기하학을 가진 위요공간을 만들어낸다. 특히 누각은 앞을 닫으면서 동시에 여는 역할(삼국의 건축에서 가장 독특한 면)을 하며 전체 건축군은 주변 지형과 자연에 순응하고 땅의 질서와 타협하며 조화를 이룬다.

한국의 사찰건축에서 공간 조형 원리와 태도와 관련하여 중요한 부분은 자기유사성의 구조와 변형이다. 한국 건축에는 전체와 부분이 자기유사성을 가지면서 동시에 변형되거나 급변하는 부분이 존재한다. 그것은 마치 프랙탈 이론의 자기유사성과 비슷한 경향을 보이고 있으며 동시에 완전한 폐쇄성이 극복되는 공간들이 펼쳐진다. 거기에는 중정 공간이 의도적으로 틔워있거나 자기유사성의 중정 구조가 축을 달리 하는 급변의 구성이 발견된다. 1권에서 살펴보았듯이, 그것은 마치 프랙탈 이론과 급변론이 조화를 이루면서 자기유사성을 만드는 것과 유사하다. 이러한 구성은 다양하지만 변화를 만들어 거시적인 시각에서 보았을 때 자기유사성을 보인다. 각 채 사이에서는 사이 공간에서 유기적 아름다움과 함께 공간감과 차경을 끌어들인다. 그것은 비대칭의 요소들이 균형을 이루는 방식으로 프랙탈의 조화와 균형을 이루는 것과 유사하다고 볼 수 있다. 범아일여의 세계관과 프랙탈은 이러한 측면에서 유사성이 있다.

초기 불교에서는 인도의 논리적 가람과 숭배대상을 위한 예배형식의 규범적 특성에서 점차 형식을 만들어가면서 전형적인 탑 혹은 금당 중심의 축의 설정과 회랑으로 구성되는 도심 평지사찰의 가람 구성을 보이다가 점차 산지로 사찰이 옮겨지면서 종심적인 과정적, 체험적 건축 시나리오가 이루어지고, 이와 함께 연속된 각 장면들의 세심한 조정을 통해 단계별로 마음속의 긴장과 이완이 반복되며 감정이 고조되다가 최종적으로 절정에 이르게 된다. 불교 건축은 현지에서 토착화되면서 점차 회랑보다는 주변 산세와 외적 조건을 반영하고 시지각의 조화를 이루기 위해 세밀하게 조정되고 본질적인 종교적 절정의 깨달음으로 인도하는 효과들을 발전시켰다. 이러한 방식의 사찰구성과 장면의 구성방법론은 자연과 경관의 연계, 자연과 공간의 연계를 세분하여 조정하는 건축적 장치가 발전한 것이고 그것이 선종의 미학으로 발전했다. 선불교의 탈 형식과 직관의 중시의 경향은 마음과 관련된 3차원적인 직관의 통합의 공간적 조정의 특성이 발전한 것이며 이후, 이러한 건축적 방법론들은 일정부분 한옥의 순환성에 영향을 주었다. 오늘날 보여지는 한옥의 특성은 불교의 건축적 실험과 경험이 응축되고 축소되어 등장한 것으로 평가할 수 있다. 한국의 사찰 건축은 외부의 자연(기)과 연계된 회색공간의 체험을 유도하는 건축적 실험을 통해 마음으로 통합하여 인식하는 방법론을 발전시켰고 '흐름과 더함의 공간' 의 건축방법론을 정립했으며, 주체의 이동에 따라 부유하는 흐름의 장면으로 응축되어 표현하는 건축문화에 크게 영향을 끼친 것이다. 이러한 특성은 동북아에 불교가 도입된 후 발전하고 교종에서 선종으로 변화되면서 토착적 요소들이 적용되면서 나타났는데, 토착화되면서 도교와의 공존과 경쟁, 상호 영향을 주고받으면서 그러한 구성과 기법들이 융합되고 발전되었던 것이다. 이제 본격적으로 불교 건축의 주요 개념과 건축적 연계지점에 대해서 살펴보기로 하자.

불교 공(空)사상과 무자성(無自性)의 건축개념

0216 무자성(無自性)의 공(空) 사상과 회색 공간

공(空)하다는 것은 아무것도 고정되는 실체 없이 계속해서 외적 변수의 상황에 따라 변화되는 관계의 허망함(자성이 없음)을 의미한다. 관계의 변화에 따라 현상이 변화하는 것은 건축에 있어서는 프로그램들의 접합으로 인해 발생하는 생성과 순환과 소멸의 개념을 포함하여 생각해볼 수 있다. 세계의 운행의 법칙과 진여의 빛은 같은 것이라고 했을 때, 사계절의 운행과 생성, 순환, 소멸 등 자연의 운행과 운명은 동일한 것임을 깨닫게 된다. 불교에서 비어있음은 공허함을 의미하며, 그것은 우리 내부의 공적영지의 분위기를 의미한다. 우리의 마음은 인간의 신체와 작용하며 발생하는 것이며, 자연이라는 외적 변수에 반응하여 만들어지는 감응(感應)이다. 감응이라는 단어 자체가 외적 변수에 반응하여 만들어지는 개인의 느낌이라는 의미이기에 마음의 수양을 위한 건축은 결국 순환성과 소멸성에 적합하고 그것에 감응하는 건축이라는 등식이 성립할 수 있을 것이다. 일체유심조(一切唯心造) 즉, 모든 것이 마음이 만드는 것일 뿐, 그것 바깥에는 아무것도 없다는 것임을 생각했을 때 일시적인 관계에서 만들어지는 것은 공한 것이며 순환하고 소멸하는 운명이 자연의 순리임을 깨달아야 한다. 집착에서 벗어나고자 하는 것이 불교적 특성이며, 자연의 순리대로 삼가며 정진해야 하는 도덕적 당위성을 실천하고자 하는 것이 성리학의 주요한 특성이다.

나가르주나의 공사상은 논리성을 중심으로 논파하지만 결국 모든 것은 연기(緣起, 인연에 의해 연결되어 일어남)되어 일시적으로 드러나는 현상일 뿐, 결론적으로 모든 것은 공(空)하다는 개념이다. 동북아에 불교의 '공(空)'의 교리가 전파되고 나서 공의 사상은 도가의 무위(無爲) 개념과 경쟁 혹은 결합되며 발전한다. 도교에서는 무위와 비물질의 개념이 더욱 발전한다. 도교에서는 이러한 공의 개념과 관련하여 시공을 초월하는 '도(道)' 라는 개념으로 인해 시공간에 대한 관심이 적어지고 반대로 도의 펼쳐짐에 따라 만들어지는 자연에 대한 관심은 높아졌으며 비물질 상태의 개념을 중요하게 취급하게 되었다. 도가에서는 무위라는 개념을 통해 물질 상태를 버리고 비물질 상태를 취함으로써 물질 상태가 더 크게 이롭게 될 수 있다는 단계적 논리 구도를 언급한다. 다시 말해 물질의 집착을 초월하면 더욱 큰 깨달음의 도의 개념에 다가갈 수 있는 것으로 본다. 이처럼 불교나 도교 역시 '공(空)의 개념' 과 비물질적 개념의 형성에 있어서 기본적인 토대를 공유하고 있다.

도교에서는 세상의 모든 것은 관계에 의해서 생멸하기 때문에 양이 음으로, 다시 음이 양으로 순환되어 서로 뒤바뀔 수 있는 세상 만물의 법칙을 중시한다. 양속에 음이 그리고 음속에 양이 내포되어 운행하고 순환하는 것이 바로 만물 속에 내재 되어 있는 도(道)의 속성이라고 본 것이다. 이런 측면에서 "자연은 남는 것을 줄여서 부족한 것에 보충한다. 자연은 최소의 수단으로 최대의 목적을 지향한다."(노자 77장) 라는 개념은 오늘날 엔트로피 개념에서 서로 상호 보충하는 개념과 연계될 수 있다. 이렇게 노자의 사상에 있어서 득과 실은 항상 균형 상태로 존재한다. 부족함으로부터 그것을 보충하는 성장 과정은 물리적 형태에 내재적인 운동을 유도한다. 공하다는 것은 이처럼 양면적인 특성을 갖는다. 건축과 관련해서는 음적인 요소가 양적인 요소에 의해서 활성화되고 묘하게 시너지를 이룰 수 있는 방안을 생각해 볼 수 있다. 프로그램의 병치 현상을 심도 있게 탐구한 버나드 츄미는 그러한 요소를 그의 저서 『이벤트 시티』에서 활성화 방법론으로 제시했다. 그는 프로그램과 조닝에 의한 명확한 실의 개념을 초월할 수 있는 건축구축 방법론을 실험했다. 츄미는 이벤트에 의해 생성되는 일시적인 관계성에 따라 유연하게 대응하는 공간을 생각했다. 그는 다양한 행위의 공간이 창발되었다가 소멸되는 적당하게 느슨한 공간의 막과 구조, 그리고 포용성을 구비한 회색 공간을 추구했고, 이를 통해 오히려 명확한 기능의 공간보다 시너지를 높이고자 한 것이다.

일단 공(空)하다고 하는 건축의 '비어있음(void)'은 그 비어있음을 만들기 위해, 필요한 외부의 고체성을 전제로 한다. 따라서 비어있음과 채워져 있음은 둘이 아니라 본래 하나라는 개념으로 생각해볼 수 있을 것이다. 서로 반대가 아니라 서로가 존재하기 위해 하나로서 상호작용하게 된다는 것을 이해한다면, 매스의 형성 자체에서 이미 보이드의 내부공간과 비어있음(기능, 쓰임새)을 함께 고려해서 조형해야 함을 우리는 알고 있다. 외형의 매스는 유익성이 있고 내부의 보이드(무-존재)는 실용성이 있다고 노자는 주장한다. 노자의 벽과 공간의 비유는 그것을 정확하게 지시하고 있다. 보이드라는 무-존재(non-being)의 개념은 마치 움직이는 생명체와 같이 조형의 방향성과 과정에 따라 생물체처럼 움직이게 되는 것이다. 그것은 유기적인 총체를 지시한다. 이처럼 불교의 가장 중요한 부분인 공사상은 노자의 역설적인 사유와 공유되는 지점이 존재한다.

보이지 않는다고 해서 없는 것이 아니고 또 있다고 해서 그것이 전적으로 존재한다고 생각할 수도 없으며, 관계의 결합에 의해서 생성되고 또 소멸된다는 잠재성의 사유는 본래 동북아 사유에 있어서 중요한 특성 중 하나이다. 건축에 있어서 잠재성은 어떻게 바라볼 수 있을까? 건축과 관련하여 생각하면 노자는 직접적으로 평면도에서 검은 벽을 그리지만 실제로 방의 쓰임새는 아무것도 그려져 있지 않은 흰색 부분임을 강조한다. 그것은 물질의 집착에서 벗어났을 때 비로소 물질의 유용함을 얻을 수 있다는 역설을 보여준다. 그러나 노자는 단순히 공간만을 중시하는 것이 아니라 두 가지 요소의 상생과 기다림, 그리고 협력을 통해서 좀 더 수준 높은 단계로 나아갈 수 있음을 강조하고 있다. 새롭게 정의된 벽은 그 이면에서 더 다양하고 더 큰 공간을 사용할 수 있음을 의미한다. 새로운 구성방식의 벽체 계획은 새로운 공간의 의미와 새로운 공간구조를 만들어낼 수 있는 잠재성을 내포하고 있다.

나가르주나의 중관 불교에서 공사상 중에 주요하게 언급되는 색즉시공 공즉시색(色卽是空 空卽是色)의 개념이 있다. 공(空)의 개념은 형태가 있는 것도 또 그렇다고 형태가 아예 없는 것도 아니라는 것이며 관계의 생멸에 따라 연기에 의해서 생겨났다가 다시 무(無)로 돌아가거나 의미가 사라지는 현상을 의미한다. 따라서 공간과 관련해서는 어떠한 프로그램과의 관계나 구성방식에 의해 공간이 생성되었다가 어떤 시기나 방식으로 인해 그 기능이 사라지는 유연한 공간구조를 생각해 볼 수 있다. 또한 의미의 생성과 소멸과 관련하여 건축과 연계된 부분을 고민할 수 있을 것이다. 건축이지만 드러나지 않고 뚜렷한 기능이 없으면서도 동시에 유연하게 다용도의 공간으로 쓰일 수 있는 건축을 추구하는 것이 한국 불교 건축의 특징 중 하나이다.

좋고 나쁨 등 세상 만물의 대립적인 요소들은 집착의 원인이 된다. 이분법에 따라 가치평가 기준을 세우고 평가하고 좋은 것만을 취하고자 하는 행태는 쉽사리 집착으로 이어지는데, '집착' 은 구분으로부터 시작된다. 그러한 구분은 결국 고통이 된다. 비바람과 태풍, 눈 등이 바닷물로부터 시작되어 화학적 작용으로 비가 되어 땅에 내리고 다시 바다로 흘러들어 바닷물이 되는 그 모든 것이 사실 '물' 의 순환이라는 한 가지 요소였음을 안다면 모든 것이 공(空)하다는 것을 깨닫게 될 것이다. '색계란 물질적인 것이 모두 심묘정호(深妙精好)하면 이를 색계(色界)라 한다. 이에 비하여 무색계는 색상을 초월한 세계를 말하며 이는 물질을 초월한 공의 세계이며 식심(識心)만 존재하고 심묘한 선정에 든 세계를 말한다. 곧 색상을 초월한 무색계의 표현을 목적으로 한다는 것이다.' 45) 라는 의견과 같이 열반은 세상의 모든 대립구도가 사라진 상태이고 분별이 사라져 집착으로부터 만들어진 고통으로부터 해방된 상태이다. '색즉시공 공즉시색(色卽是空 空卽是色)' 이라는 유명한 불교의 문구는 결국 이러한 깨달음으로 인도한다.

45) 홍윤식, 만다라, 대원사, 1992, p39

노자의 개념과 같이 자유는 곧 규범과 목적의 불일치가 해소되고 극복된 상태를 의미한다. 건축으로 생각해보면 건축물의 유형과 프로그램의 고정 불변의 특성들이 만들어내는 규범들로부터 자유로울 수 있어야 한다는 것이다. 노장사상에는 많은 역설이 존재하는 것처럼, 유형에 있어서도 마찬가지이다. 유형을 벗어나기 위해서는 오히려 유형에 대해서 잘 알고 있어야 한다는 역설이 성립한다. 자신이 속한 지역의 건축유형의 장, 단점을 외부의 시각으로 대상화시켜 객관적으로 바라보았을 때 비로소 기존 유형의 단점을 극복하고 장점을 취합하여 동시대적인 특성들을 가미할 수 있는 새로운 가능성이 생긴다. 바람직한 동시대 건축은 유형에서 벗어나는 새로움을 창조하면서 동시에 기존 유형과 조화를 이루고 기존의 콘텍스트와 적절한 긴장감을 유지하면서 자신의 정체성을 확보해야 한다. 그런 방식으로 유형에서 벗어날 때 새로운 '역사'를 만들어나갈 수 있다. 동시대 건축을 계획할 때 단순히 기존의 유형의 틀에 얽매이면 기존 콘텍스트라는 박제화 된 기존 유형에 포섭되어 갇히게 되는 것이다. 유형을 존중하되 그것으로부터 자유로울 수 있어야 한다. 그런 의미에서 유형은 결국 '역사' 그 자체라고 할 수 있다. 건축의 형태와 관련해서는 전통 건축의 이형의 개념과 유사한 면모를 지닌다. '이형은 사물을 대할 때 마음에 형성되는 형체를 떠난다는 의미이다. 한국건축의 빈 공간은 사물의 본성을 파악하고 그 쓰임새를 정의할 때 형체에 집착하지 않는다는 의미이다.'[46] 라는 언급과 같이, 결국 무엇으로부터 자유로워지기 위해서는 그 자체에 정통해야 비로소 벗어날 수 있다는 역설적인 의미를 되새겨 볼 필요가 있다.

또 무자성의 특성은 반외부, 혹은 반내부의 애매모호한 동북아 건축의 특성과 연계하여 언급할 수 있다. 동북아 건축은 처마가 깊은 지붕을 사용하고, 외부로 시원하게 열리는 창과 은은한 반사광을 이용하여 불리한 채광을 보완한다. 이럴 때 내외부의 경계가 불명확한 반 외부 공간의 영역이 채광의 정도에 따라 분위기가 달라지게 된다. 건축학자 코야마는 다음과 같이 '지코인(慈光院)의 쇼인(書院)

46) 임석재, 한국전통건축과 동양사상, 북하우스, 2005, p85

10

에 앉아 있는 우리들이 방안에 있는 것은 분명하다. 그러나 이 경우 '방'은 어디에서 시작된다고 생각해야 할까? 안과 밖을 구분 짓는 선은 어디에 그어지는 것일까? 다다미와 툇마루 경계인 문지방 선일까, 아니면 툇마루의 끝 선일까, 또는 나란히 서있는 기둥의 선일까?'[47]라고 언급하며 빛과 그림자에 따라 실내의 농담과 분위기가 달라지는 동북아 건축의 영역과 경계의 영역에 대한 생각을 내보이고 있다. 그는 '방의 구석까지 도달한 빛은 약하고 어슴푸레 하지만 무엇이라고 표현할 수 없을 정도로 미묘하다. 벽의 마감도 최종적으로 이 빛의 효과에 참여한다. 거친 모래벽의 표면에 깔린 볏짚도 이 어슴푸레 한 빛에 공명하고 있다.'고 표현한다. 한국건축의 처마와 처마가 맞닿아 있으면서 만들어내는 반 외부 영역, 툇마루 영역의 연결 동선들이 실내 공간과 함께 만들어내는 내외부의 회색 공간, 불확정성의 공간을 만들어낸다.

승효상은 어반 보이드(urban void)라는 키워드를 내세워 한국적인 건축 구성방식과 도시로 확장하는 개념으로 사용해왔다. 이 개념은 전통 건축에서 마당 공간과 같이 비어있지만 여러가지 작업의 기능이 일어나고 쓰임새가 있으며, 대기의 순환에 있어서도 중요한 역할을 하는 흙 마당의 역할이 도시에도 적용할 수 있음에 주목하고 있다. 그는 도시에 있어서 한 건축물의 외부 공간이 '도시의 마당'이 되어 도시적인 차원의 마당이 되는 것을 생각했다. 그는 비어있음이 기능이 있으며 다양한 형태의 기능으로 쓰일 수 있다는 개념을 주장하며 꾸준하게 그 내용을

10 지코인의 반외부공간과 빛의 반사광의 개념

47) 히사오 코야마, 건축의장 12강, 김광현 역, 도서출판 국제, 2008, p111

개념에 적용해왔다. 그러한 개념은 도심에 위치하는 비교적 규모가 크고 높은 건축물의 계획의 경우에도 적용하고 있다. 그는 건축물 내부의 외기에 면한 보이드 공간을 단면에서 계획해줌으로써 외부로 확장시키고자 한다. 그러나 그러한 개념이 실제로 전통 공간의 보이드의 개념에서 도시의 보이드로 확장되고 있는가에 대해서는 새로운 시도가 계속해서 나와야 할 것으로 보인다. 이러한 공간적 니즈는 계속 존재할 것인데, 세계건축에서 보여지는 보편적인 중정 혹은 소규모 광장의 보이드 공간과 그의 공간이 한국적 마당의 공간과 기의 흐름 및 쓰임새와 다른 것처럼 차별화가 될 수 있는 한국적 어반 보이드의 개념이 계속해서 실험될 필요가 있다.

임석재는 한옥 공간의 순환성 특성을 첫째, 전체구성의 가변성과 둘째, 내외부의 무차별성과 셋째, 창과 문의 크기 위치가 다른 특성과 넷째, 창과 문의 열림이 다양한 것 그리고 다섯째, 칸(間)의 전체 윤곽 및 이것을 짜는 골격이 비 육신적이라는 개념으로 정의하고 있다.[48] 이처럼 한옥은 가변적이고 내 외부 순환적이고 풍토와 쓰임새(기능)에 맞추어 변화할 수 있는 방안을 구현하는 방향으로 진화했다. 대청과 쪽마루 그리고 누마루로 연결되는 회색의 반 외부 공간은 마당과 처마 밑 반 외부 공간을 연계하며 동선을 순환시킨다. 회색의 공간은 외부도 내부도 아닌 공간으로, 외기의 순환은 자유롭고 일정부분 인공적인 공간 내에 위치하는 위요의 느낌을 제공한다. 하늘로 열려 외부의 기를 느끼면서 내부의 느낌이 나도록 내부의 동선을 순환시키며 연결하는 것이다. 벽이 있는 듯하지만, 반 외부에서 외부로 자연스럽게 연계되고 내외부의 차별을 없앤다. 다시 말해 경계가 애매모호한 회색 공간을 만드는 것이다. 다른 측면으로 바라보면, 그러한 회색 공간은 외부의 기가 내부로 자연스럽게 유입되어 거주하는 인간이 기의 흐름(기후)을 충분히 느끼고 즐길 수 있는 공간을 지향한다. 전통 건축에서 외부의 기(氣)는 심지어 내부에서조차 얇은 창호지 한 장만으로 막혀 있을 뿐이다. 그 창호지 역시 빛을 은은하게 투과함으로써 외부의 변화에 민감하도록 계획한다. 셋째와 넷째의

48) 임석재, 한국전통건축과 동양사상, 북하우스, 2005,, p41~60

개념에서 구조와 무관한 자유로운 입면은 다양한 기능과 표현을 가능하게 하는 역할을 한다. 벽과 벽 사이의 융통성, 비움과 비움을 포함하는 개념은 불교의 원융무애를 의미하며 그것은 색즉시공, 공즉시색의 공사상과 연계된다. 기본적인 구조 이외에 공간을 한정하는 요소들은 가변적이고 변칙적이기까지 한 개폐 장치들이 결합되어 형식에 얽매이지 않는 매스와 공간을 만들어내며 연기에 의한 공사상을 실현하고 있다.

'중국 철학인 유교와 도교는 개별적 자성을 가진 인간을 우주와 광대하게 관계 맺는 형식을 지향했지만, 불교는 본래 무자성으로 자성을 인정하지 않았다. 자성을 가지지 않음으로 모든 대상을 차별없이 수용하여 이미 확장된 인간과 우주를 과거, 현재, 미래가 응축된 변화하는 현재속에만 있게 하여 시공간을 초월한 무한한 자유를 추구하였다.'[49]라는 의견과 같이 무한한 자유를 추구하는 공간과 같은 무형의 공의 공간으로 무자성의 공간을 추구한 것이다. 불교의 무자성의 개념은 앞서 언급한 대로 도교의 허와 실의 역설적 개념과 매우 유사한 공통분모를 가지고 있다. 그러한 공통분모가 불교를 도입하는데 큰 걸림돌이 없이 스며들 수 있게 만든 부분이라고 할 수 있다. 무자성(無自性)의 특성이 드러나는 한국적 건축의 특성은 불확정성의 경계와 공간의 중첩이 발생하는 방식으로 나타난다. 구릉에 위치하는 지형적 특성으로 인해 성절토를 최소화하기 위해서는 다양한 레벨의 판의 지형이 생길 수밖에 없고 자연스럽게 낮은 담으로 형성되는 영역들은 각 영역에서 연속적, 상호투시적. 전체적 통합의 공간적 특성을 보이도록 구축되어 왔다. 한국 건축의 미로와 같은 내, 외부의 동선들이 만들어내는 공간은 그 자체로 고정된 기능이 명확하지 않은 삶의 터전(생활 장소)을 만들고 있다. 한옥은 중앙의 마당을 중심으로 각 공간이 연계되어 있고 동시에 외부에 연결되어 있으므로 내, 외부가 불명확한 회색 공간이 발생하게 된다. 마당에 면한 벽체는 마치 내부의 벽과 같이 인식되게 마련이다. 따라서 한국 건축은 인테리어의 개념이 그다지 강하지 않다. 안과 밖이 교차하고 가변적인 경계 공간이 만들어지면서 질의 변화

49) 김개천, 명묵의 건축, 컬처그라퍼, 2011, p77

가 나타나고 가변적인 기능의 유연성이 획득된다. 선조들은 한옥의 마당에서 혼인식이나 장례식을 진행했는데, 이때 이 공간은 외부이지만 하늘을 천정으로, 벽체가 내부벽으로 인식되는 '외부의 내부화'가 이루어지게 된다. 이러한 회색공간은 공적 공간과 사적 공간이 구분되지 않고 중첩된다. 한국건축에는 의경(意境)이란 용어가 자주 사용되는데, 실제로 이 단어는 '불교에서 사용되는 말로 '의'는 마음속에서 진행되는 주관적 사유 활동이며, 경은 마음이 의지하는 바깥 사물을 가리킨다. 마음의 움직임 밖으로 드러나는 경계라고 할 수 있을 것이다.'[50]

이러한 묘한 경계는 존재와 비존재를 포함하여 감각으로 파악이 불가능한 상태가 어우러진 결과로서, 개념에 있어서 도교의 개념과 공통분모가 있다. 노자는 허공의 유용성을 언급했고 그것은 음양의 대대 이론과 관계 지향의 경계의 특성을 보여준다. 불확정적인 경계 공간이 보이는 주요 특성에는 공간의 상호 관입과 투명성으로 공간의 중첩으로 인식되는, 분산된 유동적 주체에 의해 형성된다. 반외부의 회색 공간은 기가 모이고 흩어지는 대기의 흐름을 원활히 받아들이는 공간으로 간주한다. 마당은 단순히 네모난 공간이 아니라 소우주의 상징으로서 하나로 통합되고 연결되는 지점이다. 그것은 분산된 주체의 여러 시점들이 중첩되어 있는 시공간의 조직을 의미하면서 우주, 자연, 현실 사이에 존재하는 연계된 공간으로 인식된다.

1권에서 언급한 바와 같이, 한국건축의 가장 특이한 유형은 누각 및 정자로서, 공간이 외부로 확장되며 안팎이 연결되고, 감응되는 가운데 기의 순환을 직접적으로 느낄 수 있는 장치로 기능한다. 그것은 프레임으로 내부화된 자연이 아닌 안과 밖의 공간적 경계를 넘어 자연을 끌어들이는 것이다. 그것은 그 자체로 존재감을 드러내지 않으며 자연에서 배경으로 관계를 맺는다. 또 자연의 일부로서 공존하며 풍경으로 녹아 들어간다. 누각 및 정자 건축에서는 안에서 밖을 보고 바깥 공간 안으로 흡수함으로써 경계가 모호해지는 특성이 있으며, 유동적 경계와 켜

50) 오태석, 시공간의 인문학, 역락, 2021, p331

11

의 중첩, 입체적 조망이 가능해진다. 여기에서 처마는 단순히 지붕이 아니라 비, 빛 차단 처마 빛 조절하는 가운데 마당과 면하는 회색의 경계 공간을 창조하고 연결시키며 툇마루는 단순 통로가 아니라 다목적 공공공간으로 작용하기도 한다. 그것은 사적, 공적 공간의 모호한 경계 공간이자 자연과 실내의 연결이자 경계 공간이다.

김개천은 부석사 안양루를 다음과 같이 표현한다. '평범한 것 같으나 피안의 모습도 함께 가지는 안양루는 시각적 대상에서 멀어진 건축으로, 고유의 존재성은 사라지고 포착할 수 있는 것은 아무것도 없는 듯이 존재하는 명백한 선(禪)적 건축이다.' 51) 이러한 평가처럼, 한국 건축의 누각은 자신이 드러나고자 하는 욕망을 버리고 자연의 일부로서 사라지면서 자신의, 기능 즉 자연과 하나가 되는 기능만 올곧이 남게 되어 존재하는 것이다.

공사상을 건축과 관련하여 생각해보면 명확한 조닝(zonning)과 실(室)의 명칭 개념의 허망함으로 치환하여 생각해볼 수 있다. 느슨한 공간의 구획과 가변적 공간의 사용 및 기능의 복합화 등은 오늘날 현대 건축에서 '비결정성(불확정성)' 등의 키워드와 연계될 수 있다. 동시대 건축에서 비결정성(indeterminacy)이 매우 중요한 키워드로 논의되어 왔듯이, 프로그램, 공간, 이벤트에 있어서 결정된 조닝이 아닌 비결정의 프로그램, 기능, 순환 등이 외적 변수의 조합에 따라 다른 기운의

11 부석사 안양루의 무자성의 공간개념

51) 김개천, 명묵의 건축, 컬처그라퍼, 2011, p88

공간이 될 수 있는 비결정성의 공간이 주목받고 있다. 한옥의 마당, 순환성, 회색 공간 등은 그 쓰임새와 프로그램, 이벤트 등이 비결정성의 공간임을 충분히 인지할 수 있을 것이다. 그러면서도 그 공간은 매우 단정하고 또한 검박하다. 검박하다는 표현의 의미는 기능과 표현의 쓰임새에 있어서 더도 말고 덜도 말고 적확한 공간의 쓰임새로 만들어져 있다는 의미이다. 결정할 수 없음은 더 많은 잠재성을 포함하며 새로운 것으로 분기될 수 있는 운동을 가능하게 해준다. 비어있음의 역설을 통해 더욱 역동적인 무언가를 만들어 낼 수 있는 것이다. 그런 점에서 공사상과 관련이 있는 비결정성의 회색 공간은 비어있고 죽어 있는 것이 아니라 오히려 역설적으로 생성과 순환의 운동성과 살아있음의 생명력을 만들어낼 수 있다.

사실, 이러한 특성이 나타나는 주요한 이유는 한국의 풍토적 조건에 대응하여 구축하는 과정에서 나온 것이다. 한국의 주거는 매서운 혹한기의 북풍(편서풍)을 막기 위해 북쪽에 창을 적게 내고 열효율을 높이기 위해 천정을 낮게 하면서 온돌을 적용한다. 온돌을 적용했기 때문에 주택은 비대칭의 구조가 될 수밖에 없고 바닥의 높이가 올라가면서 다양한 레벨의 바닥이 생길 수밖에 없다. 또 산지 구릉지형에 건축하는 경우가 많아 자연스럽게 대지 역시 다양한 레벨로 구성될 수밖에 없다. 또한 온돌로 인해 좌식공간이 주가 되기 때문에 실내생활을 하기 위해서는 필연적으로 신발을 벗고 출입하는 주 출입구가 생길 수밖에 없다. 따라서 각 채에 이동할 때마다 신발을 신고 벗는 것이 불편해지기 때문에 각 채는 가깝게 모일 수밖에 없게 되고 반 외부의 연결 동선이 생기게 되며, 이를 위해 마당을 중심으로 유기적으로 연결될 수밖에 없다.[52] 이것이 연결과 내외부의 비결정성의 특성이 생기게 된 현실적인 이유이다. 또한 한국 기후에서 혹서기의 더운 여름을 나기 위해 주거에서는 원활한 통풍이 매우 중요하다. 마당의 대류현상을 적극적으로 이용하는 이유가 거기에 있다. 따라서 외부 공간과 원활한 통풍을 위한 창호가 중요하게 된다. 여름철 혹서기와 집중호우에 대응하기 위해 깊은 지붕과 창호지 시스템이 비와 채광에 대응하는 방법론으로 고안되어 사용된 것이다. 이러한

52) 전봉희, 나무, 돌, 그리고 한국 건축 문명, 21세기북스, 2021, p219~221내용 요약

특성은 각 채들의 집합적 군집의 특성을 통하여 내부 연결의 순환, 비결정성(불확정성)의 회색 공간 등이 중요한 키워드로 작용하게 되는 결과를 만들었다. 이 모든 개념들은 도교와의 공통분모이자, 불교의 무자성의 개념과 연계되는 한국건축의 주요한 특성을 만들어내는 요인이 되었다.

0217 생성과 순환성의 건축

공사상, 마음의 건축과 순환성 혹은 소멸성의 개념과 관련하여 어떠한 관계를 설정하여 동시대성을 만족시키는 건축을 성취할 수 있을 것인가? 이기적 자의식에 의해 가려져서 볼 수 없는 진여와 같은 부분과 대응되는 건축적 특성은 무엇이며 어떻게 드러내고 조직하여 진여와 같은 공간의 구축을 성취할 수 있을 것인가? 동북아 사유와 관련되는 개념으로 보았을 때, 우리는 회색 공간의 중첩적 공간들을 결합시키면서 전체로 펼치며 확장시키는 방법론과 주변 자연과의 적절한 침투와 조화, 관조가 가능한 공간을 계획했을 때 그 가능성이 확장될 수 있을 것이다. 동시에 본질적인 건축에서 볼 수 있는 담백하면서 기능적인 공간과 표현, 또 많은 것을 담고 다양한 기능을 때에 따라 넉넉히 품을 수 있는 검박(儉朴)한 공간 및 표현 등을 연계하는 방법론을 생각해 볼 수 있을 것이다. 그것은 동시에 다양한 기능과 이벤트들을 넉넉하게 포용할 수 있는 회색 공간 혹은 비결정성의 공간으로서 함께 기능할 수 있는 공간이어야 할 것이다. 그 공간은 일체유심조의 태도와 유사한 공간 즉, 자신이 구성하는 세계를 스스로 만들어나가는 자신의 공간이 될 것이다.

'칼 구스타프 융의 경우, 세계 공통, 인류 공통으로 각 문화와 구조에는 상대적인 요소들이 공존하고 서로를 기다리며 엮어져 있음을 구조주의적 관점으로 밝혔다. 남성성 안의 여성성인 아니마와 여성성 안의 남성성인 아니무스의 개념을 중시한 것이다. 마치 양속의 음, 음속의 양이 서로를 대대하며 순환하고 엮여 있음으로써 전체를 이루는 구조를 깨닫게 된 것이다.' [53] 그의 의견과 같이 상대적이고 이질적인 것이 공존하고 대대하면서 운행하는 순환의 구조의 중요성을 인정

53) 한자경, 마음은 이미 마음을 알고 있다: 공적영지, 김영사, 2018, p35

하게 된 것이다.

서양의 사유와는 달리 동양의 사유는 순환적이다. 무언가를 순환시키기 위해서는 중심을 잡아야 한다. 그래서 동양인들은 중심을 잡는 생활 태도인 중도(中道), 중용(中庸)의 자세를 중시한다. 봄, 여름, 가을, 겨울로 대표되는 계절의 변화와 순환은 생성과 변화 그리고 소멸(겨울)을 상징한다. 그러나 소멸은 동시에 새로운 생명의 탄생을 내포하고 있다. 겨울이 극에 이를 때 그 속에 새로운 봄의 씨앗이 웅크리고 있다가 비로소 자라난다. 그래서 동양의 사유는 생명의 창발과 변화만큼이나 소멸성 역시 중요한 개념이다. 소멸 속에 새로운 생명이 내포되어 있다고 생각하기 때문이다. 쿠마 켄고는 동양적 사유를 현대화하여 서양적 관점의 건축관과는 다른 면모를 보이는데, 그 가운데 그의 중요한 개념으로 '소멸성'을 들 수 있다. 그는 건축과 인간은 환경과 개별적으로 존재하는 것이 아니라 하나여야 하며, 자신의 건축의 궁극적인 목표가 '건축을 지우는 것'이라고 말한다.[54] 쿠마 켄고의 작품에서 표현된 건축공간에서는 동양사상의 자연관이 주로 나타난다. 그는 자연과 대립하지 않고 순응하며, 최대한 자연을 수용하여 자연과 하나가 되는 천인합일(天人合一)의 사상을 주된 개념으로 삼고 있다. 그는 자연과 합일하고자 하는 동양적 가치를 최우선으로 내세우고 있다. 그의 작업은 단순히 자연 재료를 적용하는데 그치지 않고 주변과의 조화 및 동시대적인 가치를 함께 접목하여 현대화하려는 노력을 통해 동양적 건축의 가치를 다시 생각하도록 만든다는 점에서 살펴볼 필요가 있다.

고대로부터 유, 불, 도의 사상들이 통합적으로 운용되면서 시기별로 중점적인 사상의 특성이 달리 나타났던 동북아 사상사를 살펴보면 시기별 특징이 존재하지만, 전체적으한국 시설별, 사상별 특성이 동일하게 나타나는 부분이 있는데, 대표적인 것이 유기적인 순환성의 특성이다. 한국 사찰 건축과 한옥은 중앙의 중정 혹은 마당을 중심으로 하여 전체적으로 자유롭게 순환하는 특성을 보인다. 여

54) Botond Bognar, Material Immaterial, Princeton Architectural Press, 2009, pp.12-15

기에는 불교의 사사무애의 회통(回通) 혹은 원융(圓融)의 사상인 '원통(圓通)' 의 개념이 녹아 들어가 있다. 중국에서는 실제로 이러한 사상을 적용하기 위해서 하늘을 상징하는 원형의 지붕을 만들기도 했다. 그러나 한국에서는 이보다 좀 더 추상적인 방식으로 집안 내부와 전체 공간을 자유롭게 회통할 수 있는 원통의 구조를 상징적으로 만들었다. 동시에 선조들은 공간을 실용적으로 만들어 사상을 반영하면서도 임기응변이 강한 실용적인 공간구성을 만들어냈다. 이러한 순환성은 다양한 동선의 수용 및 변형을 만들어낼 수 있었다. 임석재는 이를 호모 루덴스와 같이 감성을 치료하는 놀이 기능까지도 가지고 있다고 주장한다.[55] 이와 관련해서 한옥에서는 기둥을 제외한 창문과 문을 자유롭게 여닫으면서 개폐를 조절하는 공간구조를 보이고 있고 동선의 출입은 무한대로 늘어나게 된다. 개폐를 조절하고 동선이 늘어나면서 각 공간은 다용도의 유연성이 생기게 된다. 이러한 무상성이 도교와 불교의 무상, 무자성의 개념의 특성과 연결될 수 있다. 도교의 무상성은 일정한 고정된 가치나 상황이 없이 자연이 끊임없이 변화하는 것을 이야기하는 것으로, 양속에 음이 음속에 양이 움직임을 만들어내며 순환하는 동북아인들의 사상과 중심을 중시하는 시각을 반영하는 것이다.

동양 사상의 순환성의 사유와 관련하여 현대 건축에 접목하고자 시도했던 흐름의 중요한 건축 사례로서, 일본의 '메타볼리즘 운동' 을 들 수 있다. 동북아 사상과 건축에서 순환성과 유기체성의 특성이 중요한 만큼 현대 건축의 특성을 접목하여 동양적 가치를 실험했던 메타볼리즘의 취지와 특성을 살펴보는 것은 동북아 사유와 건축의 본질에 다가가는데 도움이 될 수 있다. '메타볼리즘 운동' 은 '신진대사' 를 의미하는 생물학적 용어로, 1960년대 일본의 실험적인 건축가 집단을 지칭하는 용어이다. 이들은 모더니즘에서 나타난 이성의 폭력성에 대한 반발이라는 부분에서 팀 텐, 아키그램 등 동시대의 서양의 진보적인 그룹들과 궤를 같이한다. 그러나 일본 전통건축의 영향으로 건축을 생태적인 관점에서 바라본다는 부분에서 차이를 보인다.

55) 임석재, 지혜롭고 행복한 집 한옥, 인물과 사상사, 2013, p126

메타볼리즘은 '현대적 요구와 전통적 뿌리의 합일체' 라는 모토로 일본건축의 모더니즘을 극복할 수 있는 해답을 내어놓았다고 주장한다. 그러나 그들은 생명체의 생태적 측면을 일차원적으로 적용하고 기계적 시스템의 증식에 치우친 계획으로 진행되면서 정작 인간을 배려하고 자연을 고려한 인간-자연-건축 간의 관계를 단절시켰다.[56] 메타볼리즘의 접근이 모더니즘에 강하게 영향을 받은 일본 엘리트 건축가들이 주도했던 이유 때문이다. 메타볼리즘 건축에서는 부분별로 확장하거나 교체하거나 보수하고 더 나아가서는 자연스레 소멸할 수 있도록 하는 건축을 추구한다. 이런 생태적인 순환의 개념은 자연스럽게 생성 및 소멸의 개념으로 발전한다. 이 시기의 메타볼리즘은 주로 생성의 원리와 구축의 가능성을 실험했고, 이후 이에 강한 영향을 받은 쿠마 켄고는 주로 소멸성을 중심으로 사유한다. 메타볼리즘을 대표하는 건축가 키쇼 쿠로가와(Kisho Kurogawa)의 '나카긴 캡슐 타워(1972)' 는 메타볼리즘의 상징적인 건축물로, 생물의 세포의 이미지를 형상화한 캡슐을 모듈로 무한히 성장하고, 또 보수가 용이한 건축을 추구했다.

메타볼리즘에서 말하는 '순환성' 에서 가장 궁극적인 단계는 소멸이다. 소멸은 '사라짐' 만을 의미하는 것이 아니라 '재생' 을 암시하는 단계로 순환에서 마지막이자 시작의 전(前) 단계라고 할 수 있다. 그러나 1960~70년대 메타볼리즘의 순환성은 '성장 가능성' 에 초점을 맞춘 순환성이었다. 이들의 '소멸' 은 개별 공간 단위들의 노후화나 파손을 의미한다. 노후화되고 파손된 개별 공간 단위들은 새로운 공간 단위로 대체하면서 '재생' 된다는 개념이다. 메타볼리즘의 순환성은 주로 성장성에 초점을 두었고 과학기술, 시공기술 등을 이용하여 무한 성장하는 것을 추구했다. 메타볼리즘의 시기는 구조주의적 관점의 팽창 혹은 거대한 도시 스케일의 구조물들이 확장하는 성향의 실험적 건축이 등장하여 영향을 주던 시기였다. 단위 공간이 플러그인되어 끊임없이 확장 재생산되는 것을 중시했는데, 특히 신진대사 등이 그러한 중요한 개념 중 하나였다.

56) 전해주, 김동진, 일본 현대건축의 생성적 공간구현 특성, 한국실내디자인학회논문집 제23권 4호 통권 105호, 2014, p.75

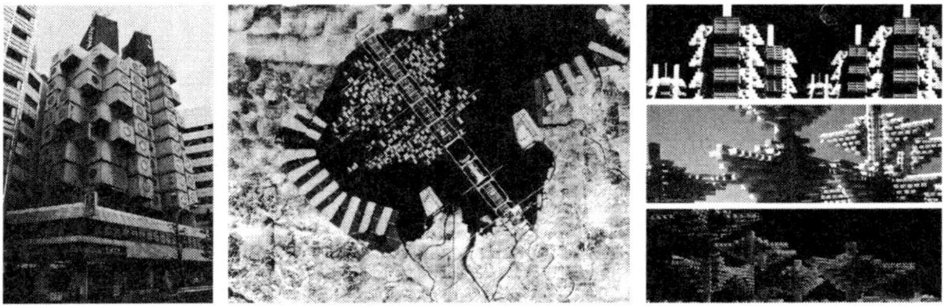

12

쿠로카와 키쇼는 전통 목구조의 부분이 수평, 수직으로 확장하는 개념의 공중도시를 선보였다. 그러나 당시 이러한 대규모의 건축을 실현하기에는 기술의 수준이 확보되지 않았으며 거대구조물이 도시 전체를 덮는 부분에 있어서 현실적인 어려움과 콘텍스트와의 조화 측면에서 비현실적이었기 때문에 이상적인 실험계획으로 남게 되었다. 또한 모더니즘의 연장선상에서 크게 벗어나지 못했다는 한계도 있다. 기술의 발전에 따른 낭만적 기술주의의 비전속에서 그들이 추구한 생명성은 유기적 생성과 확장에 초점을 둔 것이었기 때문이었을 것이다.

이들에게 영향을 받았지만 좀 더 현실적이고 세심한 쿠마 켄고는 앞서 언급된 4단계 중 '소멸' 에 초점을 맞춤으로써 메타볼리즘의 한계를 극복하고자 했다. 그는 메타볼리즘 세대의 건축이 너무 큰 단위의 순환이기에 생태적이지 않다고 언급하고 있다. 그는 메타볼리스트들이 말하는 생성은 세포의 단위가 아닌 장기의 단위이며, 장기를 자연스레 교체하는 생물은 없다고 비유한다. 건축물이 생명체와 같은 생태적 순환성을 가지려면, 순환의 대상이 부분적 쇠퇴, 재생이 가능한 작은 단위여야 한다고 주장한다.[57] 이에 쿠마 켄고는 축소하고 소멸하는 것에 초점을 맞추어 공간을 구성하는 요소들을 단위화하여 소멸 가능성을 마련함으로써 순환성을 실현하려 했다.

쿠마 켄고의 '순환성' 에 대한 생각이 가장 뚜렷하게 나타나는 작품은 Water

12 메타볼리즘의 생성의 기하학

57) 쿠마 켄고, 임태희 역, 작은 건축, 안그라픽스, 2014, p116

13

Branch House로, 비록 파빌리온(Pavilion) 정도의 단계에 머물렀지만 쿠마 켄고의 철학을 잘 보여주는 사례이다. 공간을 이루는 개별 부재들은 'Bio-degradable Polyester' 라는 자연 분해가 가능한 PET소재로 이루어져 있다. 물질을 담는 용기로 사용된 이후에 건축 재료로 재활용될 수 있으며 건축 부재로써 사용되어 수명이 다하면 자연에서 분해된다. 이처럼 쿠마 켄고의 개념에서 순환성은 천인합일을 주요한 개념이며 소재에서는 자연과의 조화를 통해 인간과 자연을 유기적으로 연계하고자 하는 실험에서 드러나고 있다.

쿠마 켄고는 콘크리트의 보편성에 대해 강하게 비판한다. 한국 콘크리트의 라멘 및 철골 철근콘크리트(SRC) 구조가 중심이 되는 모더니즘 건축은 지역에 구애받지 않는 재료와 구축방식이 되었다. 지역에 내재 된 오랜 지역성의 지혜와 재료 물성과 단절되는 경향이 있다.[58] 라고 보았다. 또 그는 '지난 100년 동안 우리는 건축과 도시를 건설하기 위한 재료의 사용에 대해 생각하고 탐구하는 임무를 완전히 무시해 왔다. 콘크리트 이외의 재료로 건축을 만드는데 필요한 기술과 기법은 쇠퇴했고 100년 동안 잊혀졌다. 단순한 기술 격차보다 더 나쁜 것은 우리가 쌓아온 가장 중요한 것들의 손실인 기억의 집합적인 실패다. 치매 환자처럼 20세기 사람들은 물질과 기술에 대한 기억을 잃어버렸다. 건축은 오직 콘크리트에만 관심이 있었고, 모든 것을 잃어버렸다.' [59]라고 주장하며 '소멸' 의 중요성을 강조

13 쿠마 켄고의 약한건축의 특성 Nakagawa-Machi Bato Hiroshige Museum

58) 쿠마 켄고, 임태희 역, 자연스러운 건축, 안그라픽스, 2010, p10
59) The Japan Architects JA 109, Shinkenchiku-sa, 2018, p7

했으며 '일상생활의 식민지화' 에 대해서 경고한다.[60] 그는 콘크리트의 조형 및 텍토닉의 자유로움과 분위기를 내기 위한 치장에 있어서 구축 용이성이 이러한 결과를 만들었다고 비판한다. 콘크리트의 가장 큰 문제는 비연속적인 시간의 구축물을 만드는 것이며 동시에 건축을 표상으로 여기게 하는 강한 조형성이 것이 문제라고 본 것이다.

〈표1. 쿠마 켄고와 메타볼리즘의 공통점과 차이점〉

구분	메타볼리즘	쿠마 겐코
공통	생태적 관점(생성-성장-쇠퇴-소멸)에서의 건축	
순환성에서의 초점	성장, 재생	쇠퇴, 소멸
순환성의 단위	단위 공간의 모듈화 '성장 가능성'	구성요소들의 단위화 '소멸 가능성'
시, 공간적 맥락	새로운 시대를 위한, 새로운 공간 개척	지역이 가지는 장소성, 역사성에 기반
전통의 수용	정신적인 계승을 기반으로 새로운 전통의 생산	현대사회의 요구를 만족하기 위한 재해석

쿠마 켄고는 장소는 곧 자연을 의미한다고 말한다.[61] 장소와 긴밀한 관계를 형성하여 지역과의 유기체적 결합을 추구하는 지역주의적 시각에 좀 더 가깝다고 할 수 있다. 장소와 건축을 '존재' 로서 대하기 위해서는 건축을 어떻게 생산할지에 대해 생각해야 한다. 장소를 재료로 하고, 그 장소에 적합한 방법으로 건축을 생산하지 않으면 안 된다. 생산은 장소와 표상을 하나로 엮어낸다. 장소는 단순한 자연경관이 아니다. 장소는 각양각색의 소재이며, 소재를 중심으로 전개되는 생활이다. 생산이라는 행위를 통해서 소재와 생활과 표상이 하나로 꿰어지는 것이다. 그 결과로 자연스러운 건축이 태어난다.[62]

'순환성' 은 동양적인 사유의 특성이자 동북아적인 가치를 만들어내는데 주요한 키워드가 될 수 있다. 서양의 이원론적인 가치의 실현보다는 신의 속성의 내재적 가치를 현실의 반영하는 부분에 있어서 근본적인 차이가 될 수 있기 때문이다. 자연과의 조화는 서양, 동양 공통으로 추구되는 부분이다. 그러나 조화를 이루는 가운데 양 속에 음의 요소가 포함되고 반대로도 포함되면서 그것이 중앙을

60) 주거에 있어서 전통적으로 내려오는 일상생활의 소중한 원초적 감각들이 자본의 순환과 기술의 특성에 종속되며 사라지는 현상을 의미한다.

61) 쿠마 켄고, 상게서, 2010, p18

62) 쿠마 켄고, 임태희 역, 자연스러운 건축, 안그라픽스, 2010, p24

중심으로 하여 순환하는 사유의 개념은 동양 사상에서 주로 보이는 특성이기 때문이다. 동양에서는 상호 대대와 상호 보완의 가치를 중시하며 서로 상극을 피하고 상생할 수 있는 방안을 적극적으로 드러내는 방안을 찾을 수 있다. 일본의 메타볼리즘은 서구의 모더니즘의 가능성과 폐해를 경험하면서 동시에 새로운 대안을 찾기 위한 움직임이었다. 쿠마 겐고의 노력은 메타볼리즘의 순환성과 생성에 이어 소멸성의 가치를 건축에 적용하는데 있어서 현대적 건축의 특성을 반영하는 건축가로서 우리에게 시사점을 던지고 있다.

또 한 명의 순환성의 개념을 강조하는 건축가는 세실 발몽이다. 세실 발몽은 스리랑카 출신의 영국 엔지니어로, 대학까지 스리랑카에서 수학한 배경이 있기 때문에 인도 사상에 영향을 받았을 것이라는 것은 의심의 여지가 없다. 그는 '요소(element) 이론'을 중심으로 하여 세상의 운행과 순환 그리고 조형과 구조의 형성과 순환의 특성을 밝히고 있다. 그의 세계관과 공학적 구조 방법론은 오늘날 후기구조주의의 영향에 있는 프랙탈 이론에 많은 영향을 받은 것이지만 근본적인 세계관의 관점은 인도의 전통사상과 유사한 측면을 공유하고 있다. 그는 복잡성, 비선형 조직, 창발 이론에서 도출된 구조에 집중하여 연구와 실무를 병행해왔다.

그의 사상의 관점은 인도의 베다 사상으로부터 영향을 받아 범아일여(梵我一如)와 순환에 대해서 자주 언급한다. 인도에서는 세계를 구성하는 요소로서, 지

14

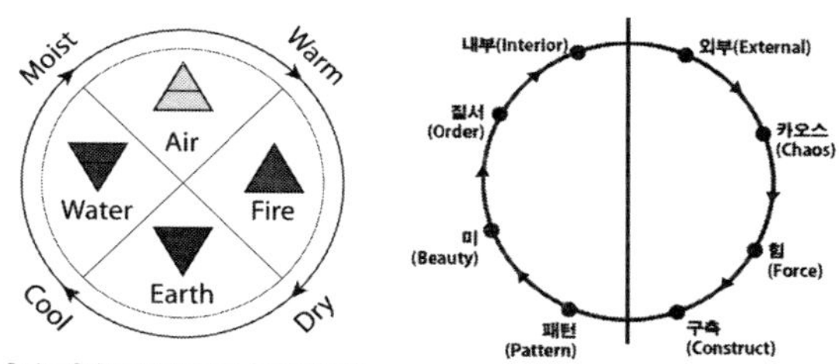

14 4원소의 순환과 발몽의 순환구조

(地), 수(水), 화(火), 풍(風)의 네 가지 요소가 흙→물→공기→불(다시 흙으로 순환)의 순서로 순환하는 구조를 제시했다. 그는 비정형의 원동력을 생각했을 때, 무언가의 구성체는 패턴을 만들게 되고 구축을 이루게 되면서 다공성(porosity)이 생성된다고 보았다. 작은 요소들이 모이면서 복잡한 상황과 형상을 만들어내게 되고 다른 패턴을 만들어내면서 분기되는 요소들이 생성된다는 것이다.

그의 저서 『Element』에서 발몽은 무형에서 유형으로, 다시 유형에서 무형으로 순환되는 요소들에 대해서 다음과 같이 정의하고 있다. 그가 언급한 순환구조의 '원형 고리(the ring)' 개념을 살펴보면, 그는 아름다움을 선악을 초월하여 구축물에서 나오는 것으로 파악하고 있으며 디자인의 과정원리를 이러한 순환구조에서 찾아볼 수 있다고 생각한다. '이 다이어그램에서 구체적이고 물리적인 측면(physical)은 외부(exterior)에서 발생하는 요소들이다. '나' 라는 주체의 외부에는 거대하고 광대한 요소들이 존재한다. 광활하게 펼쳐진 요소들은 카오스처럼 보이지만 거기에는 일정한 법칙이 존재하고 그것들이 모여 하나의 힘(force)을 형성하고 일정한 격변의 에너지가 연속적인 흐름을 만들어내서 무언가의 형상을 만들어낸다.' 고 생각한다.[63]

좌측 하부의 패턴은 일정 요소가 군집했을 때 만들어내는 패턴(우리의 인식 포함)이 미와 질서의 과정을 통해 외부로 드러나게 되며 그것은 카오스적인 상황에서 군집되어, 힘(force)을 드러내면서 물리적 구축의 방향으로 나아간다. 구축되고 나면 다시 그 구축 요소들은 하나의 더 큰 세계 속의 입자나 요소가 되어 동일한 과정들이 반복적으로 구축되면서 펼쳐지게 된다.[64] 이처럼 생성이라는 개념과 순환성이라는 개념은 상호 분리될 수 없는 개념이며 중앙을 중심으로 순환하면서 자연스럽게 생성과 소멸의 과정을 반복하는 것으로 보았다. 따라서 무언가 만들어내는 생성만이 아니라 소멸의 개념도 동등하게 중요하다.

63) Balmond, Cecil, Element, 2007, p153
64) 임기택, 후기구조주의와 건축이론, 시공문화사, 2016, p89

또 하나의 사례로 노은주, 임형남의 '프라즈나(반야)의 집'은 불교적 명상에 심취한 클라이언트를 위해 지은 집으로, 동북아 사유의 순환성의 개념을 현대적으로 번안한 작품이다.[65] 순환성의 생각을 담고 있는 그들의 작품설명을 들어보도록 하자.

'시작과 끝은 맞붙어 있다. 윤회의 동선처럼 집을 관통하는 선을 그었다. 오각형의 땅 경계에 가깝게 둘러싸며 방들을 놓았다. 그 가운데는 마당을 만들고 그 마당은 감나무를 향해 열리게 만들었다. 그리고 방들과 마당과 테라스는 계속 이어진다. 마당을 중심으로 동심원이 그려지고, 그 동심원에는 내부와 외부가 꿰어 있다. 시작과 끝이 이어져 있고 내부와 외부가 이어져 있는 것이다. 집의 주요 공간과 감나무 사이에는 나무로 지은 한 사람이 겨우 몸을 누일만한 작은 명상의 공간을 두었다. 그리고 집의 이름을 프라즈나의 집이라고 지었다.'[66]

그들의 설명과 같이 우주와 소통하는 소우주로서의 마당을 중심으로 동심원이 생성되고 내, 외부가 소통되어 기의 흐름이 원활하게 되고 작은 명상의 공간이 접하여 있다. 시작과 끝은 맞붙어서 순환하는 동선으로 연결되어 있고 심지어 외부와 내부가 연결된다. 조선 시대 한옥에서 성취했던 동북아 가치의 부분을 현대

15

15 프라즈나의 집의 순환성(가온건축제공/사진 김용관)

65) 프라즈나(prajna)는 불교개념 중 반야를 지칭하며 인간이 진실한 생명을 깨달았을 때 나타나는 근원적인 지혜를 의미한다.

66) 노은주, 임형남, 집을 위한 인문학, 인물과 사상사, 2019, p165

적으로 번안하고 전통 건축의 개념을 적용하여 동시대 건축을 성취한 것이다. 생성과 순환은 동북아 사상과 건축에 있어서 계속해서 생각해보아야 할 가치이며, 임형남, 노은주의 글과 같은 고려 요소들이 현대적 한옥의 '순환성' 의 중요한 고려요소가 될 수 있을 것이다.

0218 소멸성의 건축

보통 건축가들은 영원히 존속하는 건축과 공간을 꿈꾼다. 그러기 위해서는 영속적인 구축방법론과 공간을 상상하기 마련이다. 재료에 있어서도 오랜 시간 존속할 수 있는 재료와 구법을 생각할 것이다. 유명해지고 싶은 욕망과 작품을 남기고자 하는 욕망에 사로잡힌 오늘날의 건축가들에게 한세대가 사용하고 소멸될 것을 꿈꾸며 작업하는 것은 힘든 일일 수 있다. 그러나 동북아의 건축은 한 두 세대가 사용하면 사용 연한이 다 된 것으로 간주하여 허물고 다시 짓는 것을 당연시했다. 사람의 출생과 죽음이라는 사이클에 맞추어 건축도 자연과 같이 생성과 소멸을 함께 하는 것이 자연스럽다고 본 것이다.

1권에서 동북아 목재 건축의 특성을 살펴본 바와 같이, 존재 지향적인 서양 건축과 달리 동북아 건축경향을 살펴보면, 집은 왕조가 바뀌면 궁궐을 새로 지었듯이, 일반 백성들도 몇 세대가 사용하면 또 다시 새로운 세대의 외적 특성과 쓰임새에 따라 다시 짓는 것이 일반적이었다. 생성시키면서 동시에 소멸성을 함께 고려한 것이다. 변화와 소멸, 다시 생성하는 순환과정을 자연의 일부로서 자연스럽게 받아들이는 것이다. 강한 구조, 변하지 않는 구조, 오래 지속되는 구조를 지향해서 오랜 기간 존재감을 뽐내며 서있는 서양의 건축문화로 인해, 근, 현대 건축물은 지속가능하지 않은 방식과 환경에 무리가 가는 방식으로 구축되어왔다. 오히려 서양의 건축은 현대적인 재료, 구법 등으로 구축되고 쓰임새가 다하고 해체되면 자연의 상태로 해체, 소멸되는데 오랜 시간이 필요하거나 더 심각한 상황으로는, 막대한 환경적 부담으로 남는 심각한 문제를 낳게 하는 것이다. 특히, 지구 생태계를 위협하는 기후변화 및 각종 자연의 흐름을 거스르는데 건축이 큰 부분으로 자리매김하고 있다.

동북아 건축에서는 서양과는 달리 목재를 주로 사용했다. 목재 건축은 서양의 석재건축과는 달리 일반적으로 오랜 기간 사용할 수 없고, 오래 사용한다고 하더라도 대략 삼대 정도가 사용하면 어떤 형태로든 보수를 해야 하거나 새로 짓는 것을 당연하게 생각하여 그에 맞추어 주거건축물을 허물고 새로 구축했다. 한 가족의 세대(삼대)가 그 생을 다하고 소멸하게 되면 그 세대가 살았던 거주공간인 건축물도 소멸의 상태로 돌아가는 것을 자연스럽게 생각한 것이다. 관계의 소멸에 따른 건축의 소멸은 이후 자세히 설명할 것인데, 생멸의 순환을 주요한 가치로 삼았던 동북아 사상과 그 궤를 같이 하는 것이었다.

이러한 관점에서 쿠마 켄고는 동북아 건축의 전통적 시각의 연장선상에서 서양의 방식보다는 동양의 순환적 세계관, 지속 가능한 세계관이 반영된 건축을 추구하고 있다. 동북아 사상과 건축의 담론상 그의 건축 담론을 살펴보는 것은 의미가 있을 것이다. 동북아 현대 건축에서 쿠마 켄고의 건축은 단순히 자연 재료를 직접적으로 사용하는 일차원적인 자연주의가 아닌 주변환경과의 조화를 통해 인간과 자연을 유기적으로 연결해주는 매개체로써 건축을 추구하는 우수한 사례로 볼 수 있다. 주변 자연환경을 인간에 맞추어 조절하기보다는 인간과 건축을 주변 자연환경에 적응시켜야 한다고 그는 주장한다. 시각적인 면에서 켄고는 환경과 인간을 접합시키는 존재로서의 건축을 지향한다. 그는 이를 위해 '시각적 소거'의 개념을 사용하여 주변 환경과 일체화되어 건축물의 존재가 돋보이지 않게 하는 개념을 사용한다. 주변 콘텍스트에 순응한다는 면에서는 인류 공통의 지역주의 건축과 현상적 경험을 통해 건축적 경험을 추구한다는 점에서 현상학적인 관심의 건축 경향과 궤를 같이 한다. 그러나 그의 건축은 결국 소멸성의 건축을 추구한다는 점에서 서양의 건축과는 근본적인 사유의 차이를 보인다. 그의 저서의 이름처럼 '약한 건축', '작은 건축', '소멸의 건축'을 추구하는 것이다. 동양에서는 건축물도 이승에 있을 때 일시적으로 머무는 곳으로 생각했다. 그래서 언젠가는 자연으로 돌아갈, 비영구적이고 한시적인 건축에 더 가치를 두었다.[67] 이와 같이 동양의 건축은 순환성과 함께 생성과 소멸을 함께 사유한 문화이며 그에 따라 집의 가치를 영구적인 것보다는 삶의 순환과 함께 사용되다가 적절한 순간에 자연으로 흩어질 수 있는 것으로 보았다.

〈표2. 쿠마 켄고의 건축언어와 표현특성〉 68)

구분	특징	표현 효과
시각적 소거	주변 환경과의 일체화 추구	공간과 현상을 통한 건축의 존재 추구
재료의 입자화	공간을 구성하는 물질들을 입자화	내 · 외부 공간의 상호 교류를 유도
의존을 통한 자립성	입자화된 약한 개체들의 상호 의존을 통한 자립 추구	삭막한 도시에서 자연을 은유하여 존재 추구

쿠마 켄고의 또 다른 주된 표현 특성으로는 '재료의 입자화'와 '자립성'이 있다. '재료의 입자화'와 '의존을 통한 자립성'은 콘크리트 일변도의 건축에 반(反)하는 그의 생각을 실현하게 하기 위한 자연적인 재료를 활용하는 방법이다. 약한 재료들이 서로 의존하여 자립하는 구조를 만드는 것은 보는 이에게 감동을 준다고 설명한다.[69] 특히 지도리 구조'는 3개의 목재를 한 지점에서 엮는 일본 전통 건축구법으로, 쿠마 켄고는 이를 응용하여 다양한 프로젝트에서 활용한다. 그는 4개의 목재를 한 지점에서 엮는 방법으로 발전시켜 스타벅스 다자이후(2011)', '써니힐스(2013)'에서 활용한다. 이러한 방법론은 입자화' 된 자연 재료를 통해 내 · 외부 공간의 상호 교류를 실현한다는 측면에서 마치 프랙탈의 기본 입자가 확장되면서 전체적인 구조를 만들어나가고 그중 일부가 급변하면서 특이점을 만들어 형태의 변이를 만들어내는 현상과 유사한 지점을 공유한다. 그것이 전체적인 시점에서 보았을 때 자기유사성을 가지는 자연의 특성을 상기시킨다. 그것은 또한 한옥이나 전통사찰에서 보이는 자기유사성과 변이의 배치개념을 생각나게 한다. 또 이 개념은 후기구조주의의 주요한 개념이기도 하여 동시대성을 반영하

67) 이상현, 한국 건축의 정체성, 미메시스, 2018, p488
68) 이재원, 쿠마 켄고의 건축구축방법론에서 소멸성에 관한 연구, 부경대학교 건축학과, 2019, p20(지도교수 임기택)
69) 쿠마 켄고, 임태희 역, 작은 건축, 안그라픽스, 2014, p89

고 있는 것이기도 하다.

소멸의 개념은 자연스럽게 건축물이 그 수명을 다했을 때 자연과 이질적인 폐기물로 변하는 것이 아니라 자연의 일부로서 자연스럽게 흡수되는 것이며 시각적으로는 존재 그 자체가 주변 환경에서 돋보이지 않고 일부가 되는 것을 말한다. 켄고는 '시각적 소거', '재료의 입자화', '의존을 통한 자립성', 등을 통해서 본인의 건축적 언어들을 표현한다.

대나무는 수분이 빠진 이후에 쪼개져 강도를 잃기 때문에 건축물에서 구조체로 이용되기보다는 입면의 장식으로 사용되는 재료였다. 그러나 쿠마 켄고는 구조체로 쓰인다면 대나무의 유연하면서도 강한 이미지가 보는 이들에게도 전해질 것이라는 생각을 하게 된다. 대나무 속을 파내고 CFT(Concrete Filled Tube)기술을 응용하여 대나무 내부에 콘크리트를 타설하였다. 천인합일과 공존의 건축을 추구하는 켄고는 방부터 만들어서 전체의 모양을 잡아나가는 방식으로 구축한다. 이 점에서 방의 사회와 방의 공동체를 추구하며 존재의미를 생각한 칸과 연계되는 지점이다. 그의 건축은 계속적인 증축을 통해 확장하는 특성을 보인다.

수명이 다했을 때 자연에 이질적인 폐기물이 되는 것이 아니라 자연스럽게 흡수되는 것, 그러한 존재이자 주변 환경에서 돋보이지 않고 일부가 되는 것을 말

〈표3. 일본 전통건축의 표현특성〉 70)

구분	표현방식	특성
무의장성	-장식이 극도로 절제된 간결하고 청순한 표현 -본연의 물성의 재료를 제한적으로 사용	-완결되지 않은 분위기 -스키야 양식
부재의 경량화	-크고 유동성이 있는 개구부를 형성 -선적 요소를 이용하여 면을 구성	-가변성 있는 공간 -가벼운 외관
내외부의 모호한 경계	-반외부 공간의 형성을 통해 내외부의 소통	-상호공간들간의 적극적인 침투를 유발 -인식으로 형성되는 약한 경계
부분을 통한 전체의 형성	-부분의 양태에 따라 전체의 형태가 결정됨. -필요에 의한 증축	-비대칭적 공간 -유기체와 같이 성장하고 쇠퇴하는 건물

70) 이재원(임기택 지도교수), 상게서, p26

한다. 그것은 인지의 소멸로 그의 독특한 방식이다. 쿠마 켄고는 현대에 만연한 콘크리트 건축이 인간과 단절된 존재가 되었다는 시각으로 환경과 인간을 접합시키는 존재로서의 건축을 지향한다.71)

"저의 궁극적인 목표는 건축물을 '삭제(erase)' 하는 것입니다. 왜냐하면 저는 건물이 주변 환경과 하나가 되어야 한다고 믿기 때문입니다."72) 라고 그는 언급한다. 또 건축을 지우는 것은 구축되어 있는 건축물들을 소거해나가는 개념이라기보다는 건축이 가지는 존재감을 낮추어 구축하는 것에 가깝다고 볼 수 있다. 건축의 존재감이 낮아질수록 인간과 환경이 더욱 직접적이고 긴밀하게 관계를 맺을 수 있다고 말한다.73)

그는 주변 환경과의 연계방식, 공간을 구성하는 방식, 재료를 표현하는 방식으로 소멸성을 구축한다. 주변 환경과의 소멸성에 있어서 켄고는 첫째, 시각적 소거(외관 소거, 인지 약화), 둘째, 위계의 소거(무형의 존재감 소거) 그리고 셋째, 역사적 맥락의 수용(기존환경, 콘텍스트 조화)을 통해 그의 소멸성의 개념을 현대적으로 재해석하여 표현하고자 한다. 이른바 지역주의 건축이 추구하는 방향성을 그 역시 추구하고 있는 것이다.

공간구성방식의 소멸성 구축은 첫째, 다층적 경계의 공간(다공성의 경계, 상호침투)과 둘째, 부분에서 전체로의 구성(부재를 단위화, 조립 및 해체가 가능한 공간구조 단위화 공간형성)을 제시하고 있으며 셋째, 자연을 은유하는 공간(사용자의 행태에 따른 공간의 잠재력 중심)으로 하는 공간을 제시하는 방법론을 사용하고 있다. 재료 표현 방식의 소멸성에는 자연의 자율 조절 역량이 상실되지 않는 선에서 재료를 허용하는 방식을 사용하는데, 이를 해결하기 위해 첫째, 시간성을 내포하는 재료의 사용(쇠퇴와 소멸에 순응하는 재료 사용)하며 둘째, 지역성을 표현하는 재료의 사용(해당 지역의 재료와 구법 사용)을 추구하고 셋째, 입자화 된

71) 쿠마 켄고, 임태희 역, 약한 건축, 안그라픽스, 2010, p35
72) Botond Bognar, 상게서, 2009, p8
73) Botond Bognar, 상게서, 2009, p8

부재의 결합방식(작고 약한 재료의 구축 혹은 큰 재료와 구조의 분절을 통한 구축)을 사용하고 있다.

영원불멸의 이데아와 실재 세계를 사유했던 서양의 사유와는 달리, 신의 속성이 사물에 내재하고 있는 가운데 생성, 순환, 소멸, 다시 생성의 자연 순환법칙에 순응하고자 했던 동북아인들에게는 생성만큼이나 소멸의 개념 역시 자연적이고 일반적인 생각으로 받아들여져 왔다. 따라서 건축의 수명 역시 몇 세대가 사용한 이후에는 자연으로 되돌아가는 것이 당연한 것으로 생각했다. 이에 따라 선조들은 영원불멸의 건축보다는 실용적으로 사용하고 일정 시간이 되면 소멸되어 자연으로 돌아갈 수 있는 건축을 바람직한 것으로 보았다. 결국, 동북아 건축은 시대의 흐름과 외적 변수에 따라 일정 기간을 사용하면 자연스럽게 소멸할 수 있는 것으로 생각했고, 그에 따라 건축재료 구법 역시 상대적으로 손쉬운 목재 결구 구조를 사용하게 된 것이다. 영원불멸의 지속성과 영속적 가치의 건축을 추구했던 서양 건축문화에 영향을 받은 근, 현대의 영향권 하에 있는 우리는 '주목받으며 영속하는 건축' 을 욕망해왔다. 향후 우리는 동북아 사상의 중요한 가치이자 불교사상의 '소멸성' 의 개념을 좀 더 창조적으로 숙고해야 할 것이다. 쿠마 켄고는 동북아 사유의 연장선상에서 소멸성에 대해서 자신의 생각을 발전시켜 나갔으며, 동북아 사상 및 건축적 번안에 대해서 동시대성을 성공적으로 성취한다는 점에서 참고할 가치가 있다.

마음의 세계의 구성과 불립문자 개념의 건축적용

0219 선불교 사상의 영향과 불립문자의 건축적 적용

선불교는 문자적인 경전의 가르침보다는 한순간의 깨달음으로 단박에 진여의 공적영지의 수준과 영역으로 도달하는 것을 중시한다. 그 이후, 계속되는 수행을 통해 진여의 불성의 경지에 머무를 수 있는 해탈의 상태를 유지하고자 한다. 따라서 논리적이고 체계적인 문자적 가르침보다는 불립문자의 이심전심과 같은 직관적인 깨달음을 추구했다. 건축에 있어서도 그러한 방식은 전형적인 건축의 형식을 탈피하는 선종 미학의 공간구조와 경관을 생성했다. 이러한 개념의 연장선상에서 오늘날 불립문자의 개념을 건축적으로 적용함에 있어서 해체철학의 개념을 살펴볼 필요가 있다.

세상의 철학은 크게 구성주의 철학과 해체주의 철학으로 구분할 수 있다. 구성주의 철학은 인간의 지성과 의지의 노력으로 세상의 진리를 구성하여 세상의 문제를 이해하고 해결하려는 경향이 강한 사상이고, 해체주의 철학은 자연에 내재해 있는 자연의 이치에 순응하여 살아가면 자연스럽게 세상은 구제된다는 생각이다. 구성철학은 인간의 이성을 신뢰하고 이를 통해 구성하는 지식과 양심을 가치있고 존엄한 것으로 상정한다. 따라서 해체주의는 구성적인 주체와의 분절적 관계를 분석하고자 하는 방향과는 달리, 각 요소와의 관계에서 고정적 관념의 해체를 추구한다. 그래서 '해체주의'는 주체와 객체의 각 관계에 있어서 허망함을 깨닫고 고정적인 것을 벗어나고자 시도한다. 해체주의 사유는 인도의 불교사상과 동북아 사유의 도교사상과 많은 공통분모를 가지고 있다. 데리다의 해체주의에서 '차연(差延, différance)'의 개념은 차이(difference)와 지연(delay)의 개념이 합쳐져 있는 개념을 표현하기 위해 데리다가 새롭게 만든 단어로서, 해체주의 사유의 본질을 이야기해준다. 해체주의는 명백하게 주체와 객체와의 차이가 있는 것으로 생각하지 않는다. 주체와 객체의 관계에서 언어를 통한 소통은 결국 그 과정에서 끊임없이 지연과 차이를 만들어낼 수밖에 없기 때문에 주체와 객체의 차이와 지연이라는 그 관계속에서 무언가 유령처럼 흔적이 계속해서 만들어진다는 개념이다. 그래서 데리다는 이러한 문제점이 있는 소통(글쓰기)의 방식을 근본적으로 다시 생각해보자고 주장한다.

건축과 관련하여, 근대 시기의 명확한 기능의 한정과 실의 한정, 그리고 명확한 조닝(zoning)을 통해 주체의 계획과 실제를 한정하고자 하는 의지는 구성주의적인 태도의 건축이라고 할 수 있다. 해체주의적 방식의 건축은 주체와 객체의 전통적인 구성 관계의 해체를 추구한다. 달리 말해, 프로그램의 해체, 조닝의 해체, 비결정성, 회색 공간과 같이 흔적이 활성화되는 계획을 선호한다. 그러나 여기에서 중요한 것은 동북아 건축 그 가운데 한국 건축의 두드러지는 특징이 좀 더 자연과의 합일, 혹은 자연의 생기(生氣)의 침투와 연계, 혹은 자연에 대한 관조가 용이한 구조와 경관이 주가 되면서 부가적인 기능을 동시에 만족시키고자 했다는 점에 있다. 동북아적인 공간구성 및 경관의 주요 목적 중 하나가 자연과의 원활한 연계와 소통 그리고 자연과 닮은 건축인 것이다. 프로그램의 해체, 조닝의 해체, 비결정성, 회색 공간의 흔적이 발생하는 방식은 결국 자연의 흐름과 연계되는 것이다. 또한 표현 방식은 검박한 구조의 표현이면서 동시에 단정함을 추구한다는 점이 중요하다. 서양에서 구성주의적 표현의 경향은 합리적이고 기능적인 그리드 체계이고 이와 대립적인 분위기의 건축은 표현적이고 낭만적인데 반해, 동북아 건축에서는 해체주의적 경향의 사유와 유사한 점이 있다고 하더라도 구조와 표현 자체는 단정함을 잃지 않는다는 점이 중요하다. 또 자연의 흐름과 같이 엄정하고 윤리적인 느낌의 경관을 갖는 경우가 많다. 자연의 지극히 성실함과 운행이 그러하기 때문이다. 생기의 흐름과 공명하는 건축은 바로 이 지점에 그 해답이 놓여있다고 보아야 할 것이다.

—마음 수양(무의식과 욕망)과 불립문자의 건축

불교는 결국 마음의 수양을 통해 번뇌로부터 벗어나서 해탈에 이르는 것을 목표로 하며 이를 위해 실천적 수양 즉, 참선을 중심으로 수행한다. 불교의 수행은 번뇌의 얽매임으로부터 집착을 끊어내어 마음을 비우고 해탈로 나아가는 과정이다. 이것을 건축으로 이야기하면 '좌망(坐忘)의 경계' 를 만들어내는 것을 추구하는 것으로 생각할 수 있다. '심재의 의경(意境)이 좌망(坐忘)이다. 좌망은 물질적, 공리적, 감각적 작용에서 벗어나 늘 변화하는 상태를 유지하는 경계를 의미한다. 그것은 심재에 도달함으로써 물질이 한정하는 육체적 속박에서 벗어나고 공리가 한정하는 형식적 강요에서 벗어나 감각이 한정하는 의식적 다툼에서 벗어난 마음의 경계를 의미한다. 그것은 얽매임에서 탈피하여 고정을 깨고 변화할 준비가 되어 있는 경계이다. 이런 경계는 비움에 의해 가능하다. 비움으로써 가변성과 무형성을 확보한 경계이다.' [74]라고 언급한 것과 같이 마음에서의 구성은 경계를 넘어서는 통합이 이루어지는 세계를 구성하는 것이다. 한옥의 순환성이 그런 것처럼, 회색과 같이 모호한 경계의 공간에서는 외부의 기(氣)가 자유롭게 드나들면서 기능과 프로그램 역시 넘나들고 융합된다. 이러한 공간을 경험하는 주체는 한 번에 시각적으로 모든 것을 파악하는 서양 건축의 특성과는 달리 각 공간을 두루 경험하면서 통합적 인식을 수행하고 판단하게 만든다는 점에서 '마음의 종합' 이 이루어지게 된다. 그 과정에서 인간은 한 번에 파악되는 인상이 아닌 부분 부분을 통합적으로 인식하고 복잡한 연산 과정을 거치며 종합하게 된다. 특히 한국 건축은 산지 지형에 적합하게 배치되는 가운데 일정부분 엄격한 위계와 질서를 벗어난다. 그러면서 각 지점의 장면은 주변 자연과 건축물과 외부 공간과 경관(자연)과 구조물들을 시각적으로 세밀하게 조화시킴으로써 마음속의 종합을 꾀하도록 하는 방법론이 정교화되었다. 또한 한 번에 장면을 만드는 것이 아니라 계속해서 덧붙이고 조정하면서 장면들을 더욱 조화롭게 만든다. 무의식과 욕망을 수용하면서도

74) 임석재, 한국전통건축과 동양사상, 북하우스, 2005, p85

동시에 자연의 흐름을 인식하고 그것에 순응하도록 하는 복합체를 구축한다는 차원에서 한국 불교사찰과 한옥의 특성은 동북아 건축에 있어서 특별한 아이덴티티를 형성하고 있다.

집착에서 발생하는 번뇌나 나쁜 기억 혹은 나쁜 습관들은 고스란히 제8식 아뢰야식에 저장되어 훈습(熏習)된다. 우리의 나쁜 습관 혹은 좋은 습관은 모두가 이렇게 아뢰야식에 저장되어 있다. 좋은 습관에 의한 좋은 인연, 관계, 성공의 기운 등은 계속해서 좋은 방향으로 이끌게 된다. 반대로 이기적인 자의식에 의해 나쁜 습관이나 나쁜 관계, 언행 등은 아뢰야식에 쌓이게 되고 순간순간 아뢰야식에 고스란히 저장되어 있다가 어느 순간 특정 변수와 만나면서 화학작용을 하듯 튀어나와 좋지 않은 관계의 결과를 만들어내어 번뇌와 고통에 빠지게 된다. 유식불교의 8식인 아뢰야식과 건축은 어떻게 연계될 수 있을 것인가. 현대 건축에서 욕망과 무의식의 자연스러운 발현을 긍정하는 해체주의와 욕망의 표현을 중시하는 건축 담론들과 연계되는 부분이 있으나 서구에서는 그러한 욕망의 표현과 무의식을 긍정하고 적절하게 드러내는 방법론을 사용해왔다. 이와는 달리 동양에서는 그것과의 관계의 허망함을 부각하여 깨닫게 하여 자신의 내재적 진여를 바라볼 수 있도록 유도하는 침묵의 공간과 자신의 내면을 부각할 수 있는 내향적인 공간 및 그에 맞는 분위기를 지향하는 건축의 특성을 발전시켜왔다.

일반적으로 사람들의 마음은 무언가를 있는 것으로 오인해 그것을 고정된 실체로서 인식하고 집착하여 묶어두려고 한다. 그러나 결국 그것은 관계의 변화가 생기면 허망하게 소멸되는 것이므로 집착하는 마음을 비우고 소멸한다는 것을 온전하게 받아들임으로써 그것의 지배로부터 벗어나는 방법을 추구해야 한다. 건축으로 치환하여 생각하면, 일단 건축의 공간과 프로그램을 고정적이라고 생각하는 것으로부터 벗어나야 할 것이다. 이후, 회색 공간에서 다양한 프로그램과 기능 그리고 외부의 기를 받아들이는 건축적 구성, 가변성, 연기성(緣起性)을 실현할 수 있는 방법론은 무엇일 것인가를 생각해 볼 필요가 있다. 현대 건축 담론에서는 기(氣)의 수용과 관련하여 이러한 프로그램 및 기능의 가변성과 함께 내외부의 경계의 모호함과 감각적 인식이라는 측면에서 몸 감각적, 촉각적, 인지적 종합을 불러일으킬 수 있는 공간을 어떻게 성취할 수 있는가를 생각해볼 필요가 있다.

바로크 건축에서는 인간의 상상력을 현실에서 구축하고 구현하고자 했다. 이를 위해 바로크 건축은 한 시점에서 파동치고 펼쳐지는 감각의 시각적 경험을 통합시켰다. 이를 통해 바라보는 주체가 그것을 전체적 시점에서 통합시켜 조화롭게 인지하는 방식을 중시하며 전체적이면서 동시에 통합적 시각을 제공한다. 이 지점이 바로 유동하는 위상의 파동이 드러나는 순간이다. 그러나 바로크 건축은 기존 르네상스 건축에서 더 나아갔지만, 세계를 대상화하여 이상적인 세계를 현실에서 이원론적으로 구현했다는 점에서 서양적인 특징의 연장선상에 있다. 동북아 건축에서의 차이는 부석사의 경우를 보았을 때 그 특징이 드러난다. 부석사는 외부 자연과의 관계를 고려한 다양한 축과 시각을 통합하여 전체적인 조화와 파동의 변화를 내부가 아닌 반 외부 공간에서 즐길 수 있다는 점에서 근본적인 차이가 있다. 즉, 거대한 건축물의 내부에서 그것을 느끼는 것이 아니라, 자연이라는 세계와 연계되는 반 외부 공간과의 '관계'를 통해 그러한 감정을 느끼게 되며 동시에 자연과 조화를 이루게 한다는 점이 중요하다. 이로써 조화를 이루는 대상이 자연이며 그것과의 관계를 중시하면서 바로크적인 특성을 인지하도록 한다. 이 점이 서양 건축과의 커다란 차이점이라고 볼 수 있을 것이다.

선불교의 불립문자(不立文字)의 개념은 진실로 깊은 진리는 말이나 글을 사용하여 전할 수 없다는 의미이다. 또는 진리는 언어의 문자를 초월해 있다는 것을 나타내는 표현으로도 사용된다. 그것은 세계의 진리나 사람들 사이의 진정한 소통에 있어서 단순히 문자만을 매개로 해서는 온전히 전달할 수 없다는 것으로, 선불교에서는 '언어 문자의 형식에 집착하지 않고 마음에서 마음으로 법을 전하고 깨닫는' 것을 중시하기 때문이다. 그래서 선불교에서는 이심전심(以心傳心)의 수단을 중시했다. 다시 말해 문자(경전의 문구이나 스승의 말씀)는 깨달음의 방편 혹은 수단일 뿐, 진리의 깨달음은 문자를 떠나 곧바로 인간의 마음을 꿰뚫어서 본성을 보아야 한다고 강조한다. 이러한 방식은 지연과 차이가 발생하지 않고 강렬도를 중심으로 단박에 본질에 도달하고 의미가 전달된다. 건축에서도 이렇게 지연과 차이가 발생하지 않으면서 단박에 본질에 도달하고 의미가 전달되고 기능이 수행될 수 있는 방법론은 무엇일까?

불교의 본질을 표현하는데 다음의 문장이 잘 인용된다. '인간의 마음을 꿰뚫어서 본성을 본다면 부처가 될 것이다.'(不立文字 敎外別傳 直指人心 見性成佛) 결국, 진리의 본체는 가시적이고 판독 가능한 체계가 아닌 초월적이고 고차원의 감각을 이용해서 절대적 경지를 깨달아야 하며 이러한 부분을 중요하게 취급한 것도 이런 맥락에서 이해할 수 있다. 선가(禪家)에서 '할(喝)' 이나 '방(棒)' 을 써서 제자를 깨우친다거나 이심전심(以心傳心)으로 전해진다고 생각하여 독특한 교육방식을 사용했던 것은 선불교의 가장 독창적인 방식이며 동북아 고유의 직관적 방식이 발전한 것이다.

특정 명칭을 통해 공간이 조닝(zoning)되고 명칭에 따라 실이 구획되는 방식을 벗어나게 된다면 다른 차원의 직관적이고 독립적인 방식의 건축 방법론이 생성될 수 있을 것이다. 결국, 현대 건축공간에서, 개별실과 프로그램의 구획과 운행은 시간에 따라 다양하게 조합되면서 느슨하게 사용되지만 동시에 기능이 명백하게 수행될 수 있도록 조절이 가능하게 만들고 있다. 이른바 비결정(불확정성)의 공간으로 볼 수 있다. 여기에서 노자가 이야기하는 건축적 역설의 개념들과 연계된다. '매스는 공간(void)를 위한 것이고 그 반대가 아니라는 것을 알게 되면 "매스"의 고형체성을 줄이는 것이 공간의 잠재적인 다양성을 풍부하게 한다는 것을 깨닫게 될 것이다.' 75) 라는 언급처럼 이중적이면서 동시에 존재하는 양가성을 포용

75) Amos Ih Tiao Chang, 건축공간과 노자사상, 윤장섭 역, 기문당 1984, p37

하면서 공간에 적용할 수 있을 때 불립문자와 같은 특성을 건축공간에 적용하며 건축공간의 본질에 다가갈 수 있을 것이다. 또한 무-존재(non-being)의 개념은 인간성에 있어서 개별적인 종류의 한없는 다원성을 암시하는 것 외에도 물리적이고 심리적인 것들이 동등하게 생명력이 있다는 것을 암시한다. 그 까닭은 자연이 유기적인 총체이므로 그 안에서의 용어와 구분은 일시적일 뿐 진정한 것이 아니기 때문이다. 서로의 처지와 상황이 한순간에 역설적으로 뒤바뀔 수 있는 것이 세상의 오묘한 법칙이다. 노자의 사유는 이러한 자연의 법칙에 대해서 사유한다. '사물의 존재는 유익성이 있고 무-존재는 실용성이 있다.'라는 문장에서 건축과 관련하여 도면을 그릴 때 벽의 선을 긋지만 실제로 사용하고자 하는 것은 하얀 공간을 사용하고자 한다는 측면에서 흰색의 공간은 '무-존재'를 의미하고 실용성이 있다는 것을 의미한다.

건축과 관련하여 불립문자와 건축의 연계방법론을 생각해보도록 하자. 건축 직능은 선과 조닝의 영역만으로 표현되거나 그리는 방식을 초월하는 업역이다. 불립문자는 문자를 사용하지 않고 진여인 아트만의 본질에 다가갈 수 있는 방법론을 추구한다. 건축에서 불립문자로서의 개념은 어떻게 드러날 수 있을 것인가. 건축을 구축하는데 뚜렷한 건축적 방법론이 없이도 본질에 다가갈 수 있는 공간을 만들어 낼 수 있을까? 건축은 도면과 모형으로써 건축을 표현하고 자신의 생각을 드러낸다. 이러한 공통적인 약속과 표현방법론을 초월하여 다른 방식으로 어떻게 새롭게 건축을 표현하고 구축할 수 있을 것인가? 문자적 표현을 벗어나는 궁극의 건축을 우리는 만들어낼 수 있을 것인가? 최소한의 구축적인 방식으로 지어진 건축공간이 다양한 프로그램과 기능을 수용하면서도 동시에 소멸하거나 쉽게 공의 상태로 돌아갈 수 있는 방법은 어떻게 성취될 수 있을 것인가? 그 방법론은 무엇이며 전통적인 방법론을 벗어나면 어떻게 표현할 수 있을 것인가? 그 해답은 전통적인 조닝의 프로그램을 해체하면서 동시에 의외로 어울리지 않을 것 같은 프로그램들을 병치(juxtaposition)시킴으로써 새로운 프로그램의 시너지를 성취하고 잠재성을 현실화시킬 수 있는 방안을 생각해 볼 수 있을 것이다. 그 가운데 우리는 새로운 시너지를 이룰 수 있도록 잠재성을 현실화시키고 다시 그것이 공(空)의 상태로 유연하게 변화할 수 있는 공간구조와 유연성을 갖춘 건축을 어떻게 발현시킬 수 있을 것인지에 대해서 논의해야 할 것이다.

버나드 츄미는 '맨하탄 트랜스스크립트'에서 해체주의 담론에 영향을 받아 새로운 소통방식을 실험했다. 이 작업은 도면도 다이어그램도 투시도도 아니지만, 그것들을 모두 포함하고 있고, 그것보다도 더 강력하게 무의식 이면의 요소들, 억압되고, 배제되고 소외된 것들을 온전하게 드러내는 건축 구축방식을 선보였다. 간격들 사이에서 새로운 프로그램과 연결조건들을 배치함으로써 새로운 이벤트들이 창발될 수 있는 구조들을 제시하는 작업이다. 잠재성의 드러남, 욕망의 드러남이 원활하게 이루어질 수 있는 공간구조, 3차원적 장면의 세밀한 설정, 과정의 시나리오 조정 등이 발생하도록 했다. 이러한 소통방식, 텍토닉은 종심적 불교 건축의 과정과 미세한 장면들의 조정과 유사한 지점을 공유하고 있다.

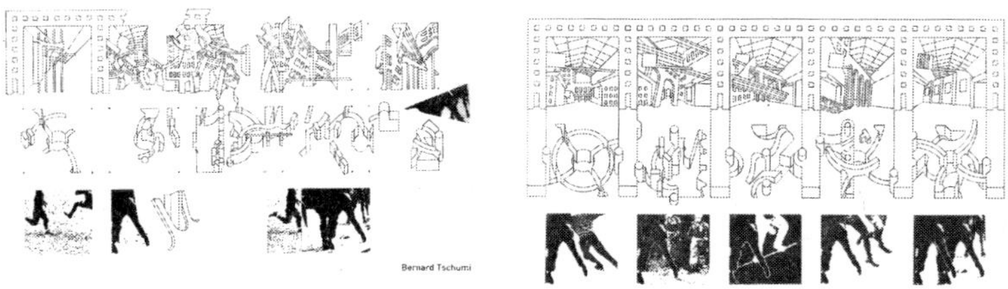

16

데리다는 '미래 완료적인 글쓰기'라는 대안을 제시한다. 기존의 언어구조는 말하거나 쓰는 그 순간 온전하게 소통되기 힘들고 무언가 지연되고 차이가 발생하면서 이면에 소통되지 못하고 남겨지며 배제된 것, 억압된 것, 소외된 것들이 지연되고 차이가 발생하기 때문이다. 따라서 미래완료적 글쓰기는 현재의 소통방식을 초월하여 새로운 글쓰기의 방식을 제시해야 한다는 입장이다. 예를 들어

16 버나드 츄미 맨하탄 트랜스스크립트

보도록 하자. 내가 소통하기 위해서 움직이는 콘베이어 벨트에 무언가를 놓게 되면(말하게 되면) 이미 콘베이어 벨트의 흐름에 따라 한참 뒤로 가 버린 상태가 된다. 이미 글쓰기가 이

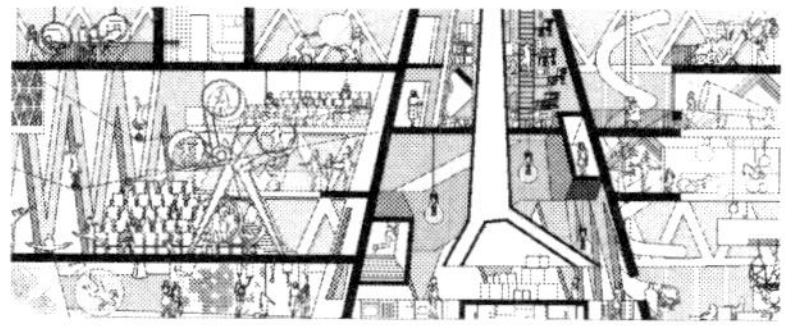

17

루어지는 순간 차이와 지연이 생긴 것이다. 그러나 미래 완료 글쓰기는 내가 말하거나 글쓰기를 하는 순간에 미리 움직이는 콘베이어 벨트 앞쪽에 놓아서 말하는 그 순간에 정확하게 뜻과 시간과 의미가 동시에 맞추어져 소통할 수 있는 새로운 글쓰기의 방법론을 실험하겠다는 생각이다. 그러한 직관적, 직접적인 소통방식과 깨달음의 방식이 바로 불립문자의 소통방식과 유사한 지점을 공유하고 있다.

또 하나 예를 들어보자. MVRDV는 문자 혹은 건축적 치수와 언어를 사용하지 않고 건축을 표현할 수 있는 방법론을 실험하기도 했다. 이러한 태도는 건축에서 굳이 도면을 통해서 건축을 수행해야 하는가에 대한 실질적인 실험이라고 해야 할 것이다. 건축은 선과 도면으로 업무가 수행된다. 즉, 언어와 마찬가지로 타인과 소통하며 구축하기 위한 사회적 약속인 선과 도면을 생산해야 한다. 그러나 선불교의 불립문자 개념과 마찬가지로 근본적인 소통과 개념의 전파에서 문자와 언어의 근본적인 한계가 있을 수밖에 없다. 무언가의 생각을 가지고 선을 한번 긋는 행위나 모형을 만들기 위해 생각과 의도를 가지고 하나의 조각을 잘라내는 경우에도 그 생각과 표현에는 근본적인 표현의 한계가 존재할 수밖에 없을 것이다. 문장을 쓰는 그 순간 진정한 의미의 소통이 지연되거나 차이가 발생할 수밖에 없다는 데리다의 해체 개념과 그 극복방안과 같이, 생각과 의도가 불확정적인 영역에서 시차를 달리 하더라도, 동시에 접속하여 의미의 전달이 온전하게 동시에 이루어질 수 있는 건축은 어떻게 성취되어야 할 것인가를 생각해보아야 할 것이다.

불교적인 개념이 적용되는 무자성의 건축은 어떠한 모습일까? 모든 것이 인

17 mvrdv, House of Culture and Movement 단면

연에 의해서 잠시 생겨났다가 사라지는 인생과 사건의 무상함의 특성을 건축은 어떻게 담을 수 있을까? 한국 건축은 무심한 듯 드러나지 않고 자연의 일부로 조화롭게 존재하면서 뚜렷한 기능으로 작용하기보다는 그 순간, 그 공간을 이용하는 사람들이 행복하게 이용하다가 때가 되면 또 다른 기능으로 유연하게 이용되고 특정 순간이 지나게 되면 사람이 흩어지고 기능이 사라진다. 그러다가 훗날 기능이 다하게 되면, 그 건축물이 해체되거나 분해되어 자연의 일부로서 쉽게 소멸될 수 있는 건축을 추구했다. 이처럼 무심한 건축을 추구했을 때 그 건축물은 동양적 사유, 동북아 사유, 특히 불교의 자연의 일부로서 무자성의 건축적 특성을 구현했다고 할 수 있을 것이다. 이러한 건축의 태도는 서양의 대상화된 사유와 문화에 영향을 받아 건축을 계획하는 것과 건축가의 욕망의 실현물로서 혹은 건축주의 욕망의 실현물로서 생각하거나 오랜 시간 존재감을 뽐내면서 주위를 장악하며 뽐내듯 서 있는 욕망의 건축물을 구축하는 것과는 사뭇 다른 접근방식이 될 것이다. 이 지점이 바로 동북아적인 가치의 건축을 다시 숙고해 볼 필요가 있는 부분이다.

0220 종심적 과정 건축과 마음의 3차원 장면 시퀀스 구축론

불교사상의 핵심을 시각적으로 잘 이해하기 위해 다음의 사례를 살펴보자. 다음은 비디오 아티스트 백남준의 작품 '부처' 이다. 스님은 좌선을 하면서 TV모니터의 자신의 좌선 모습을 마주하며 수행을 하고 있다. 이 작품은 당시 문명의 이기를 통해 자기 자신을 바라본다는 설정의 작품 주제이다. 이것은 세상 만물을 보여주는 TV속의 모습을 보며 수행하는 것 자체도 자기의 참 자아(아트만)로 다가갈 수 있음을 상징적으로 잘 보여주는 것이라고 할 수 있다. 자신의 진정한 자아의 내면을 바라보며 깨닫게 되

18

18 백남준 작품_부처

면 전체 우주와 하나가 되는 경지에 이를 수 있다는 범아일여(梵我一如)의 정신 자체를 잘 이해하고 표현한 작품이다. 여기에서 TV라는 문명의 이기 자체는 세상 만물의 이치와 그것의 본질이 결국 참 자아인 아트만과 같은 것임을 깨닫게 해주고, 수행하는데 도움을 주는 고마운 도구일 뿐이다. 그것 자체가 진리이자 수행 그 자체일 수는 없다. 건축도 마찬가지이다. 불교사찰 뿐만 아니라 조선 시대 선비의 집은 세계와 자신의 참 자아가 결국 하나임을 깨닫고 자연과 하나가 되면서 지극히 성실하고 정확하게 운행하는 세계의 이치와 하나가 되는 것을 추구하는데 도움을 주는 존재이다. 성리학에서는 격물일치의 경지를 중심으로 통치의 영역까지 확장시켰다. 조선시대 사대부들은 항상 몸가짐을 정결하게 하면서 자신을 닦아 세계와 하나의 경지가 되는 수행의 파트너(도구)로서 자신의 수양에 도움을 줄 수 있는 건축의 역할을 중요시했다. 자신을 올바르게 세우고자 하는 의지를 실현시킬 수 있고 자연의 운행과 함께 자신을 일체화시키는 것을 도와주는 존재는 매우 중요하게 여겨질 것이다. 사대부들에게 건축은 자신의 기초적인 쉘터가 되고 삶을 영위할 수 있도록 하면서 동시에 삶의 가치를 실현시켜주는 '존재' 의미가 되었기 때문이다.

장면 시퀀스를 통해 마음의 종합을 꾀하는 한국 건축의 특성과 유사한 동북아 회화의 표현방식에서 마음의 종합을 통해 표현하는 공통부분을 확인해보도록 하자. 이는 동북아 문화권에서 공유되는 부분이다.

19

동북아 회화는 서양의 구체적이고 투시도적인 방식의 회화와는 다른 특징이 두 가지가 있다. 첫째는 기(氣)를 표현하는 빈 공백의 여백이며 다른 한 가지는 다차원의 시점이 통합되어 있다는 점이다.

19 한국화의 분위기, 정선 인왕제색도

첫 번째 기의 공백은 사물이 배치된 당시의 '분위기'를 느낄 수 있다. 그것은 날씨와 공기, 냄새 등 화가의 기억과 그 풍경의 분위기를 여백을 통해 느끼도록 도움을 준다. 두 번째는 다차원의 시점인데, 한국의 산수화 혹은 풍경화는 서양화에서 그리는 화가의 주체적인 시선을 중심으로 하는 투시도적인 회화와는 전혀 다르다. 동양화의 시선에서는 화가가 기억하는 부분, 부분들이 동시에 표현되므로 부분, 부분의 시선과 투시의 투시점이 묘하게 차이가 나며 시선들이 영역마다 다른 시점의 방향성이 교차하게 된다. 즉, 일종의 '시차(parallax)'가 발생한다. 따라서 동양화는 논리적으로 그 그림을 투시도 시점이 맞지 않는다는 관점으로 보면 감상하는데 어려움이 있다. 동양화를 보는 관객은 화폭에 참여하면서 전체적인 감각으로 화가가 느끼고 기억하는 방식으로 당시의 분위기를 함께 느끼고 거닐어야 한다. 이것은 동북아인들 특유의 시각에 따른 세계(자연)와 관계를 맺는 방법론(시각)이라고 해야 할 것이다. 관법(觀法)은 결국 세계를 바라보는 시선(응시)과 철학의 문제로 귀결된다. 조선 회화에는 칠관법이라는 독특한 화법이 존재한다. 하나의 그림에 적게는 3개에서 7개 이상의 시선이 함께 공존하는 것이다. 그것은 기와 관련하여 통합적 관점의 다양한 시각을 종합하는 방법론이며 화가가 표현하고자 하는 당시의 분위기를 감지하는데 인식과 지각의 신체적 경험의 종합을 성취할 수 있는 독특한 방법론이다. 그것은 시각적인 감각을 넘어 각종 감각과 기억, 무의식의 분위기를 종합하여 기존의 시각적 감각을 초월한다. 이처럼 칠관법의 산수화는 다차원의 감각을 함께 통합하여 기의 상태인 분위기를 그리는 방법론이라고 할 수 있다.

건축에서는 산수화의 분위기를 만드는 기운(氣)과 관법(觀法)에 따라 이를 응용하여, 여러 방향의 통합 방법론으로 응용가능하며, 관법에 따른 마음의 통합 방법론이 역시 응용 가능성이 있다. 서양에서 건축물은 그 건물을 바라보는 주체의 시각으로 그 지역을 장악하며 하나의 주도적이고 위풍당당한 오브제로 당당하게 서 있게 된다. 따라서 장악하는 그 영역에서의 가장 중요한 시각적 면인 파사드가 존재하게 된다. 그러나 동북아 건축에서는 건축의 군집(群集)으로 그 인상이 만들어지며, 개별 건물의 파사드의 개념이 존재하지 않는다. 밖에서 바라보는 시각보다는 그 건물을 사용하는 사람들이 내부에서 외부를 바라보는 시각(감응)의 방향성이 중요하기 때문이다. 이러한 형식 자체가 자신이 인식하는 세계가 중요하고 그것이 전체 세계와 연결된다는 불교의 세계관과 관련되기 때문에 하나의 건축물의 군집은 하나의 '소우주'를 상징한다고 본다. 그래서 그 소우주에서 바깥 대우주를 바라보는 관점이 중요하다. 결국 동양권에서 소우주와 대우주는 같은 존재이기 때문이다. 다시 말해, 우리나라 한옥이나 사찰에서 미묘하게 변화하는 그리드 체계나 축의 변화는 모두가 내부에서 외부의 주요한 경치와의 관계, 산세와의 관계를 고려하여 가장 훌륭한 경관, 자연을 즐길 수 있는 경관, 그리고 사시사철을 온전하게 느낄 수 있는 경관과 축을 고려하여 짓는 것을 주요한 원칙으로 생각하여 계획된 경과이다. 바라보는 방식과 마음의 통합 방법론은 동시대 건축에 있어서 새로운 방법에 대한 잠재적 현실화의 가능성을 새롭게 숙고하게 만든다.

불교 건축은 길과 여정의 건축 공간구성으로 요약될 수 있다. 인생길 자체가 하나의 과정으로 여겨질 수 있을 것이고, 그것은 달리 말하면 나(진여, 아트만)를 찾아가는 여정이며, 나를 찾게 되면 그것은 전체 세계를 이해하게 된다는 사유인, 인도 베다 시대의 범아일여의 사상을 실현시키는 것이다. 불교는 베다의 권위를 의도적으로 타파하고자 하여 세계와 참 자아를 일치시켜 윤회의 틀을 벗어나 해탈하고자 하는 사상을 거부하고 자신의 깨달음으로 해탈이 가능함을 역설한다. 그러나 큰 틀에서 불교의 깨달음과 해탈 역시 윤회와 해탈의 사유 및 범아일여의 자기장 안에 있다고 할 수 있으며 그로부터 다양한 영향을 받고 있다. 실제로 불교사상의 많은 부분이 베다의 철학부분인 '우파니샤드'로부터 온 것이다. 건축에 있어서 길과 여정은 다른 말로 하면 단계성을 의미하며 공간이 단계적 과정으로 구성된다는 것을 의미한다. 구릉 산지에 대부분 위치하는 한국의 사찰은 단계적 점증(상승)을 통해 본존불이 안치된 대웅전까지 이르는 과정을 극적으로 구성하고 있다. 범아일여의 사상에서 나(아트만)와 세계의 진리인 부처가 하나라는 것을 깨닫기 위해 부처에게로 나아가는 것은 종착점이자 다시 해탈을 통해 세상에 나아가 세상을 구원하고 대중들을 해탈시키고자 하는 실천에 있어서는 시작점이기도 하다. 그것은 인생에 대한 유추이기도 하고 인연(因緣) 생기(生起)의 관계가 복합화되어 창발되는 우주의 운행을 상징하는 것이기도 하다. 이것은 다시 이렇게 언급할 수 있다. '우주와 현실 사이에 우열의 차별이 없는 동등한 상태이다. 우주에서 현실을 향함과 동시에 현실에서 우주를 향하는 쌍방향의 작용이 동시에 일어나는 단계이다. 개별 전각 하나 하나가 곧 사찰 전체요 사찰 전체가 모든 전각 하나하나인 상태이다. 전체와 부분이 같아지는 상즉상입의 상태이다.'[76] 라고 표현하듯이 전체와 부분, 부분과 전체라는 생각이 다층적인 방식으로 사찰건축에도 적용된 것이다. 불교에서 언급되는 오온(五蘊)의 개념은 색수상행식(色受想行識) 등의 번뇌를 일으키는 미혹의 요소들을 의미한다. 이 세상의 만물의 요소들이 쌓이고 쌓이면서 연기되고(관계를 맺고) 이를 통해 생기되며 고통을 생성시킨다는 것이다. 오온의 집착과 고통에서 벗어나 진여를 찾아가는 여정은 신체의 이동과 경험을 동반하며 세밀한 장면들의 전환과 흐름을 위해 3차원의 건축적 장치들이 필요하다. 한국 불교 건축의 발전과정은 이렇게 산지 구릉의 하부에서 상부로의 여정의 시나리오 상에서 세밀한 시퀀스의 장면들이 정교화된 과정이기도 하다.

'상대성의 단계는 사찰에서 전각들 사이에 다양한 관계가 일어나는 단계에 유추될 수 있다. 전각들은 개체의 한계를 벗어나 상호 무수한 관계를 만든다. 이를 바탕으로 전체적 차원에서 삼라만상에 대응된다. 무궁무진한 우주나 복잡다단한 현실 세계의 구성 원리에 대한 유추작용을 한다.'[77]는 의견처럼 사찰이라는 소우주는 영역 내의 요소들의 관계를 통한 구성을 생각할 수 있는데, 한국 사찰건축은 다양한 관계의 전각들과 중정의 중심들이 동심원을 만들면서 파동을 만들어낸다. 그것은 마치 호수에 여러 개의 조약돌을 동시다발적으로 던졌을 때 나타나는 파장의 형성과 겹침을 만들어내는 것과 유사하다. 참 자아인 아트만이 전체 세

76) 임석재, 한국전통건축과 동양사상, 북하우스, 2005, p111
77) 상게서, p104

계를 상징하는 부처(진여)를 만나 해탈하고 거기로부터 다시 시작하여 세상에 새로운 동심원의 파장을 만들어내어 전파하는 것이다. 사찰의 가람은 이러한 불교적 가르침과 개념을 건축물의 배치로써 현실화시킨 것으로 생각할 수 있다.

불교 건축의 단계성은 결국, 세상의 모든 이치가 범아일여(梵我一如)의 깨달음을 얻고자 하는 수행의 과정에서의 상징성을 획득하고자 하는 신체 이동의 경험 구조이자 경관의 상징적 표현의 결과물이다. 부분과 전체가 하나임을 인식하고 또 나의 아트만(진여)과 전체 세계가 결국은 하나라는 것을 깨닫게 된다. 이후, 해탈의 문을 넘어서는 것을 잠시 미루고, 아직 미진한 대중을 해탈하게끔 도와주고자 먼저 낮은 자세에서 지극히 타인 섬기기를 실천하는 것이다. 전체 세계의 '법의 화신' 인 부처에게 나아가는 길은 결국 나 자신의 진여(眞如)로 나아가고자 하는 것임을 깨닫게 된다. 그것을 바탕으로 수행하며 세상으로 나아가 또 다른 깨달음을 전파하겠다는 의지는 결국 종교의 전파에 있어서 본질적인 것이다. 그러한 단계성의 구축은 결국 이러한 깨달음과 전파의 순환성의 다른 이름의 구조이자 표현이자 상징으로 기능한다.

예를 들어 부석사에서 축의 변화는 서양에서 대상을 보는 주체의 일인칭 시점과는 다른 면모를 보인다. 그것은 투시도적으로 인식하는 대상화 된 오브제가 아니라 '유동하는 주체의 위상' 이라는 관점에서 이해할 수 있다. 부석사는 경사지를 다듬은 11개의 대(大) 석단으로 전체 영역이 구성되어 있으며 모두 조금씩 다른 각도로 배치되어 있다. 부석사의 긴 석축들이 다른 각도인 이유는 왜일까? 진입 방향의 축만 의식했다면 그렇게 만들지 않았을 것이다. 석축의 각도는 안에서 밖을 보는 관점에서 결정된 것으로 역시 경험 주체의 위상의 변화를 반영한다. 오늘날 건축에서 이러한 측면을 어떻게 받아들이고 응용하여 어떤 방식으로 구축할 수 있을 것인가. 전체와 부분이 결국은 하나라는 것과 깨달음의 과정이라는 것과 관련하여, 오늘날 종교적 특성의 기능적 단계성은 제거한다고 하더라도 건축물의

20

특정 기능의 수행 및 절정에 이르는 방법론은 이동과정의 문법적 시나리오성이나 건축물의 순환성을 강조하는 가운데 성취될 수 있을 것이다. 우리는 외부의 자연 혹은 자연의 끌어들임, 혹은 내부의 인공적인 자연으로의 단계적 접근을 통해 내부로부터 외부로 향하는 드라마틱한 접근과 자연과의 일체화로 응용할 수 있을 것이다. 또한 한 번에 인식하는 방식이 아니라 전체 공간을 경험하고 종합하여 직관적으로 인식할 수 있도록 세심하게 내 외부 공간의 연계와 장면 장면들을 구축하는 것을 고려해 볼 필요가 있다. 다른 한편으로는 부분의 프로그램과 전체적인 프로그램이 유기적으로 연계되면서 동시에 부분과 전체가 건축적으로 동시에 중시되며 성취될 수 있는 방안을 찾아보아야 할 것이다. 프로그램적으로는 그 건축물의 주된 기능이 사회에서 어떠한 역할을 하는지와 사회가 추구하는 이상적 방향성과 어떠한 관계를 맺으면서 일체화가 될 수 있는지에 대해서 고민하며 솔루션을 주는 방안을 생각해볼 수 있을 것이다.

한국 불교 건축은 다른 종교건축보다 더 점진적인 경험과 함께 과정적인 감정의 고조와 절정에 이르게 하는 특성이 강하다. 구릉지나 산지에 배치되는 경우가 많은 수를 차지하는 한국 건축의 특성상, 산 혹은 구릉의 초입부터 종교적 영역에 이르면서 점차 종교적 감정을 고조시키고 극대화시킬 수 있는 장치들을 배치하는 것이다. 불교 건축의 경험 여정은 세계와 참 자아와의 연계성, 본존불로

20 부석사의 여러축의 적용

나아가는 것이 참 자아(진여)를 만나는 과정이며 진리를 깨닫고 다시 세계로 나아가는 것, 깨닫고 해탈하여 다시 이타행을 하여야 하는 것, 그럼으로써 전체가 해탈하고자 하는 이타적 순환성을 구체화 한다. 오늘날 경험의 고조, 절정 및 순환의 구조와 동시대 건축의 연계지점은 어떻게 응용될 수 있을 것인가?

일정 규모 이상의 불교 건축은 본존불이 모셔져 있는 대웅전의 중심 이외에 다중심의 건축군을 형성하는 사찰들이 대부분이다. 따라서 사찰을 방문한 사람들은 여러가지 동선을 선택하여 움직일 수 있다. 움직임의 경험은 의식속에서 축적되어 전체적인 경험을 한 이후 신체적으로 종합되어 전체적인 인식으로 남게 된다. 각각의 영역의 축은 마음의 축을 만들어 전체적인 구도의 중심과 축선을 인지하게 되고 그 경험을 바탕으로 내부의 질서를 신체적으로 종합하게 된다. 이 과정에서 본존불이 안치되어 있는 대웅전에 이르는 절정을 경험하면서 통합하고 다시 구심적인 군집체에서 전체 불교사찰의 부분 부분으로 시각을 확장한 이후, 다시 주변 산세와 경관과 인식적 통합을 이루어 자신의 마음과 둘러싼 전체 세계가 하나가 되는 경험을 하게 된다. 이른바 신체의 경험을 통한 직관적인 통합의 인식을 하게 되면서 자신의 세계를 만드는 것이다.

안영배는 화엄사와 금산사, 해인사 등 한국 불교 건축에서 공통적으로 보이는 공간적 특성과 경관 및 장면적 특성을 지각의 경험과 과정의 방식으로 분석했다. 그의 관점에서 중요한 것은 한국건축의 주요한 특성이 개별적인 각 동의 건축이 중심이 되는 것이 아니라, 개별 건축물과 외부 공간 및 외부 공간의 요소들과의 관계와 장면으로 파악하고자 했다는 점에 있다. 외부의 자연경관과 위요성, 그리고 건축물과 외부 공간 및 외부 공간의 시각적 주요 요소(탑 등)들을 분석함으로써 한국건축의 장면을 조정하기 위한 세밀한 구성기법과 방법론에 질서가 존재한다는 분석의 기초를 정립했다. 그의 분석론은 일견 무질서한 것처럼 보이고 비정형으로 보이는 선종계 사찰의 가람 구성방법론이 실제로는 그 지형에서 만들

수 있는 시각적, 경험적 장면의 세심한 조정에 의해 최적의 조화로운 장면을 구성해낸 것이며 그러한 방식이 정교화된 것임을 증명하고 있다. 그는 '즉흥성' 속의 질서 개념과 계속해서 증, 개축하면서 좀 더 나은 조화로운 경관을 만들어나가기 위해 요소들을 덧붙여 나가거나 조정하는 방식을 한국건축의 주요한 특성으로 간주했다. 자연 지형에 순응하여 건축물을 앉히는 가운데 긴장과 이완의 장면들을 만들어내고, 이어서 오랜 시간 동안 그 자리에 새로운 요소들을 덧붙이거나 빼내면서 최상의 조화를 만들어나가려고 했던 것이다. 이러한 것을 그는 '흐름과 더함의 공간' 혹은 플러스 산조(더함의 특성)라는 키워드로 표현하며 한국건축의 주요한 개념으로 제시했다. 특히 그의 분석론은 당대 주요 한국 건축가들의 작업에 많은 영향을 끼쳤다. 그는 한국건축의 외부 공간을 전이 공간, 매개 공간 등으로 분석하여 과정적 건축, 장면의 구축을 통한 지각적 공간의 분석을 추구하여 한국적 공간구축 및 장면을 만드는 작품 활동을 하는데 있어서 당대 건축가들에게 많은 영향을 끼쳤다.

안영배는 전통 건축에서 주요 공간으로 진입하는 방식에는 보통 두 가지가 있다고 분석한다. '첫째는 누하 진입방식이고 둘째는 중문의 측면에서 우회하여 진입하는 방식 등이 그것인데, 누하로 진입하여 정면성을 바라보게 되면 평면적 회화구성이라고 보았으며, 후자의 경우 측면에서 보기 때문에 건축물의 경관이 입체적이고 조소적인 경관을 구성하게 되고, 주변 건축물과의 시각적 특성으로 인해 마치 부채꼴과 같이 펼쳐지듯이 전개되는 경관을 즐길 수 있다고 분석한다.[78] 특히 이러한 방식은 불교 사찰건축에서 계속해서 그 기법이 정교화되면서 발전하게 되었다. 산지 지형에서 여러 차례 중건, 개보수, 증축, 이축을 거듭하면서 세밀하게 장면과 경관과의 조화와 산지 지형과의 조화방식을 발전시켜온 것이다. 이렇게 장면의 조정방식, 과정적, 장면적 건축의 시나리오 등의 특성은 바라보는 사람의 세계를 중시하는 태도와 깊은 관련이 있다. 이러한 특성은 ' 일체유심조' 의 사상이 중심이 되는 유식 불교와 직관적인 선불교의 특성이 녹아 들어가

78) 안영배, 흐름과 더함의 공간, 다른세상, 2008, p60

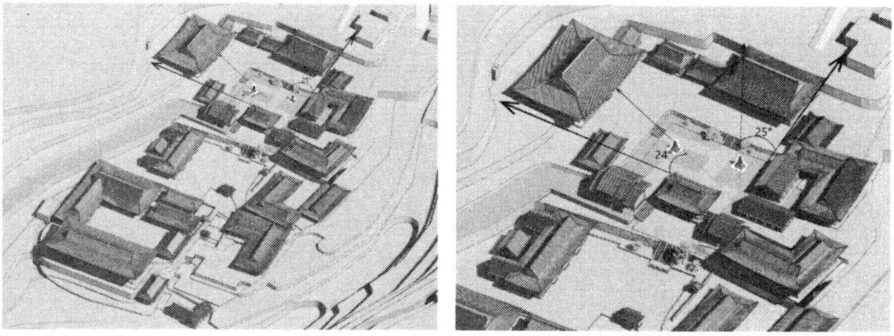

21

22

면서 만들어진 건축의 자세라고 할 수 있다. 또한 세밀하게 장면을 조정하는 방식은 건축에 있어서 영조(營造)의 개념이 계속해서 발전했던 것이다.

한국 건축은 누하 진입하여 정면성의 평면적 회화성을 채택하는 경우에도, 부석사의 경우처럼 진입로의 축선 등을 계획함에 있어서 그 지역의 멋진 뷰에 맞추어 적절하게 비트는 방식을 통해 장면의 전환을 이루게 된다. 이로써 우회 진입을 통한 전체 건축물의 가장 아름다운 조소성의 장면을 감상할 수 있는 효과를 누리게 한다. 따라서 산지 지형의 경우, 우회 진입의 수법을 통해 시각적 교정을 정교화하는 사례가 많다.

화엄사의 경우, 우회하면서 주요 건축물 주변의 건축물 및 계단식 석축과의 장면적 조화를 통해 조소적인 경관의 최적화된 안정적 장면을 만들어내고 있다. 화엄사의 경우, 조소적 경관의 안정성과 조화를 위해 각 기단 위의 건축물들이 축선들이 제각각 다르게 설정되어 있다. 넓은 평지를 만들기 위한 축대를 적용함에

21 흐름의 공간과 조소성의 장면적 전환_화엄사
22 화엄사 우측 진입의 조소성과 장면적 전환

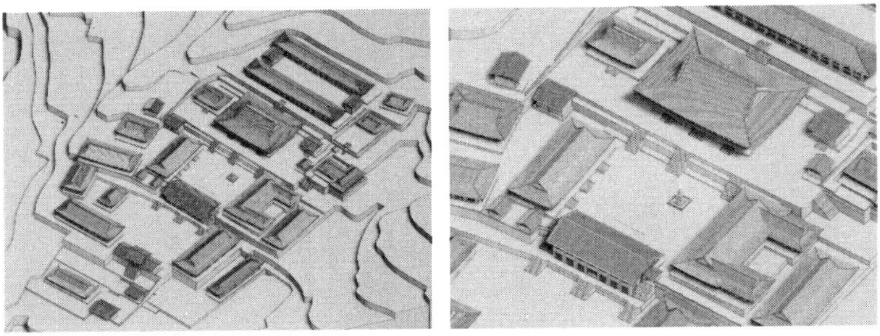

23

있어서, 안전과 시각적 위압감의 효과를 고려하여 여러 단으로 조성했다. 우회 진입하여 최종적으로 종교적 절정의 순간을 맞이하기 위해 관찰자가 주요한 탑들과 전각들이 만들어내는 가장 아름다운 소조성의 장면들을 고려하여 탑의 위치와 각 전각의 위치를 조정하는 방법론을 사용한 것이다.

해인사의 경우, 대적광전 앞의 축대는 5m나 되는 높이이지만 두 단의 높이로 분절되어 있으며 아래로부터 2:1의 비율로 되어 있어서 아래에서 볼 때, 위쪽 기단은 보이지 않으면서 상부의 건축물을 보게끔 계획되어 위압감을 줄이고 장엄성을 높이는 효과를 보인다.[79] 여기에는 두 가지 한국건축의 특성이 녹아 들어가 있다.

첫째는 산지 지형에서 각 영역에서 바라보았을 때 자연을 감상하면서 자연과 일체화될 수 있는 가장 조화로운 장면을 만들어내는 축선을 각각 설정하기 위해 칠관법의 시각적 방법론을 적용한다는 점을 들 수 있다. 다른 하나는 한 장면에서 각각의 건축물들이 만들어내는 조소성의 조화가 가장 최적화되는 장면들을 구성하기 위해 의도적으로 축의 변화와 진입로의 변화를 주는 경우가 있다. 물론, 이러한 조화는 건축물과의 조화뿐만 아니라 주변 자연 지형 및 스카이라인과의 조화도 함께 고려하여 이루어짐은 물론이다. 범아일여의 자세로 자연(세계)과 건축

23 해인사 배치와 우측 진입과 조소성의 고려

79) 안영배, 상게서, p152

과 내가 하나로 혼연일체가 되는 조형적 완벽성을 추구하는 것이다. 예를 들어 과정적 건축의 시나리오를 통해 절정의 공간인 대웅전이 위치하는 영역에 들어가기 위해 문이나 누하를 지나 맞닥뜨리는 장면에서는 조소적 조화가 가장 우수한 장면이 될 수 있도록 세밀하게 조정하는 것이다. '실제로는 약간 틀어져 있다고 하더라도 인간의 눈이 지각하는 한계로 인해, 안정적이지만 미세한 축의 변화가 느껴지지 않고 정방형의 정연한 느낌으로 느껴지게 된다는 것이다.'[80]

불교 도입 초기의 가람은 인도의 영향을 받아 동북아 3국이 거의 유사하게 도시 내 중축성을 중심으로 회랑이 둘러싸인 정형적인 평지사찰의 형식을 보인다. 우리나라의 경우, 불교 도입 초기에는 왕족 및 귀족이 중심이 되어 교조적인 교종이 중심이 되는 상황으로 인해 정형적인 건축공간의 형성이 전파되었다. 그러나 대부분의 사찰은 산지 및 구릉으로 옮겨가고 점차 각 지역에서 선불교 중심의 교리가 중시되어 토착화되었다. 그 가운데 회랑 등의 영역을 그리드 체계로 한정하는 도시 내 평지사찰 방식보다는 석축을 쌓고 주변의 지형을 적절하게 이용하면서 자연스럽게 영역을 한정하고 장면을 조정하는 방식이 정교화되었다. 여기에는 신체의 과정적 경험을 통해 상승하면서 종교적 절정의 장면을 만들어내는 방식이 사용되었다. 산지의 경사 지형에서 불전들을 앉힐 수 있는 넓은 평지를 만들기 위해서는 석축의 구성이 필수적이었다. 수직적인 석축의 단절적인 느낌을 상쇄하기 위해 계단식 석축 등이 배치되면서 진입방식과 정교한 장면적인 전환과 시각적 보정이 필수적으로 따라왔다. 이를 통해 한국 불교 건축은 영역의 한정, 단계적 진입, 상승, 절정의 경험과 장면적인 시나리오의 구성방식을 실험하며 발달하게 된 것이다. 회창법란 이후 중국에서도 일정부분 이러한 경향들이 나타나지만, 한국의 경우, 대부분 산지 구릉에 사찰이 위치하면서 장면을 중심으로 세밀하게 조정하는 한국사찰 건축의 경우가 흐름과 장면의 세밀한 조정 측면에서 훨씬 그 수준이 높은 사례들이 많다.

80) 안영배, 상게서, p71

부석사의 경우, 무량수전이 있는 주요 공간으로 진입하기 위해 안양루의 누하로 진입하면 무량수전의 전경이 펼쳐지는데, 그 장면은 완전한 정면이 아니라 약간 각도가 틀어져 있다. 이것은 장면의 드라마틱한 전개와 조소성을 강조하기 위해 철저하게 계산된 것이다. '특히 왼쪽으로 비켜 보이는 석등과 틀어진 건물 배치 때문에 진입 동선은 중앙으로 향하지 않고 자연스럽게 오른쪽으로 유도된다. 무량수전 안에 봉안된 아미타 불상이 건물 중앙에 있지 않고 서쪽에 배치되어 동쪽을 향하고 있으므로 건물 안으로 들어가려면 중앙 문이 아닌 오른쪽 문으로 출입해야 한다. 이에 따라 안양루를 지나 동선이 오른쪽으로 유도되면서 유연하게 이어지고 있는 것이다.' [81] 라는 의견과 같이, 동선과 장면의 경험을 유도하는 세밀한 계획방식이 한국 사찰건축의 중요한 특성 중 하나라고 할 수 있다. 그 종교적 절정의 진입 순간은 하늘(세계)과 주변 산세와 조소성이 가장 아름다운 건축 군집체의 장면이 최적의 조화를 이루는 장면으로 인도되는 순간인 것이다.

이러한 장면은 해인사에서도 확인할 수 있다. 석탑이 대적광전과 균형을 이루는 방식이 앞서 언급한 방식과 유사하다. '누하 지점에서 볼 때는 석탑이 대적광전과 균형을 이루고 있었는데, 대적광전이 정면으로 바라보이는 지점에서는 오른쪽으로 치우쳐 있는 것이 분명하다.' [82]라는 의견과 같이 해인사 중심공간의 장면은 누하 진입과 우회 진입의 경우를 고려하여 우측 진입에서 볼 때 균형을 이룰 수 있도록 세밀하게 조정된 것이다. 이미 해인사는 여러 차례 중건되면서 그 영역에서 가장 적합한 불전과 탑의 위치 등이 여러 차례 경험적으로 실험되고 고려되었을 것이다. 이러한 방식은 마치 신과 같은 입장에서 건축물이 한 번에 일점 투시도적으로 중심이 되어 영역을 장악하는 서양의 방식과는 다른 것이다.

이러한 방식은 한 번에 구축하고 끝나는 것이 아니라, 계속해서 최적의 해결안을 찾기 위해서 끊임없이 영조(營造)하는 것이며, 체험을 기반으로 하여 자연과 건축의 최적안을 찾아가고 만들어가는 것이다. 그것은 유식불교 및 선불교에서

81) 안영배, 상게서, p114
82) 상게서, p139

24

마음을 찾아 자기의 세계를 구축하고 자연과 일체화를 이루고자 하는 사상과 공명하는 방식이다. 이를 통해 한국의 건축은 교종 중심의 중축선이 강한 교조적 건축에서 탈피하여 다양한 공간의 변화와 체험적인 과정적 장면을 조정하는 경관을 성취할 수 있었다. 상대적으로 국난과 어려움이 많았던 국가의 역사가 오히려 공간과 건축적인 측면에 있어서 새롭게 건축적 장면들을 만들어나가며 보완되고 발전하여 건축적으로 보았을 때, 축복의 계기가 되었던 것이다.

불국사의 경우, 진입로의 세밀한 계획을 통해 주요 공간으로 연속되는 장면을 만들면서 연속감각이 전이되고 있다. 이 장면들은 시각과 조소성에 있어서 극적인 장면으로 이끌도록 계획되었다. 자하문의 공간으로 이르는 장면을 정면으로 이끌도록 했었더라면 현재와 같이 백운교와 청운교의 측면의 아름다운 자태를 감상하면서 오를 수는 없었을 것이다. 이것은 지형차를 극복하기 위한 계단의 설치와 그것의 조소성과 상승의 상징성을 한껏 부풀린 방식이라고 해야 할 것이다. 안영배는 이러한 방식을 세 단계로 나누어 표현하고 있다. '첫 번째는 멀리서 운제가 시선을 집중시키는 아이 스톱(eye stop)으로 작용하는 단계이고, 정면 파사드를 보면서 걸어오다가 범영루 앞에서 운제의 측면 모습을 가까이에서 다시 한번 보게 되는 것이 두 번째 단계이다. 마지막 세 번째는 운제 앞에서 진행 방향을 바꾸어 정면 파사드를 마주 보고 난 후, 마음을 가다듬고 위로 올라가면서 계단을 체험하는 단계이다.'[83]라는 의견대로 한국사찰의 진입 방법론은 전이의 공간을 통해 종교적 상승과 절정의 공간적 문법을 완성하는 것이다.

24 요소들의 시각보정과 조소성의 극대화 과정(해인사)

83) 상게서, p152

25

범어사의 경우, '종각 가까이 접근하면 그 옆으로 미륵전과 비로전 등 여러 전각의 모습이 계속 이어진다. 이러한 광경은 비로전 뒤쪽 높은 층단 위에 있는 일로향각과 관음전으로 이어지다가 대웅전에 이르러 절정을 맞이한다. 대웅전 밑으로는 높은 석계가 놓여 있으며, 석계 좌측으로는 심검당까지 연속되는 건축 경관이다. 종각에서 시작해 대웅전을 거쳐 심검당까지 이어지는 건축경관은 참으로 장관이다.' [84] 과정적 시퀀스를 중시하는 대표적인 사례 중 하나로 범어사의 진입과정은 경사지의 특성을 잘 이용하여 장면들을 드라마틱하게 구축했다.

불교 사찰 건축에서 공통적으로 보이는 마음의 축은 오늘날의 관점에서 한국 건축의 근본적인 유전자의 하나로서 고찰하고 적용해볼 여지가 있다. '각 건물과 건물 및 지형의 고저 차이에서 오는 외부 공간과의 켜들의 중첩으로 인해 각 영역은 공간의 두께를 가지게 된다. 그 두께는 한눈에 파악되는 것이 아니라, 전체 공간을 거닐었을 때 공감각적으로 통합하고 전체를 조합하며 느끼게 된다. 이것은 방향성과 깊이감을 주기 위한 시각적 축이 아니라 공감각을 위한 축이라고 이야기해야 할 것이다. 다른 말로 하면 마음의 축이다. 그것은 동북아 사유에서 계속해서 등장했던 마음의 수양을 위한 축들이라고 해야 할 것이다. 외부에서 보여지는 것보다 내부에서 자연을 마주하며 진여와 세계의 운행과 자신의 마음의 수양이 일체화가 되는 수행자의 마음을 추구하는 것이다. 유식 불교에서는 모든 사람들이 각자 자신의 마음을 통해 바라보는 자신만의 세계가 하나씩 존재한다고 생각한다. 일체유심조(一切有心造)를 통해 만들어내는 세계가 각자의 안경에 따라 다

25 범어사의 보제루 진입 장면 시퀀스

84) 상게서, p205

른 세계로 인식되고 창조된다는 것이다. 그런 측면에서 자신의 처한 상황하에서 세계와 하나가 되고자 하는 최적의 건축적 방법론과 장면 구성은 어떻게 해야할 것인가를 생각해 볼 필요가 있다.

대상을 바라보는 전통적인 방식인 칠관법은 다양한 시각을 종합하여 전체적인 인상을 종합하여 인식하는 것이다. 한옥은 칠관법으로 읽고 분석해야 하듯이, 한 번에 전체적인 인상은 인식을 할 수 없고 전체를 돌아보고 종합하여 그 건축을 인식해야 한다. 결과적으로 그럴 때에 큰 감동을 경험할 수 있다. 한옥은 유동적이고 분산된 시점들이 모여 종합적인 인식을 형성해야 한다. 전통 건축에서 사용했던 방식은 이처럼 각 지형 및 주변의 여건과 외적 변수를 적절하게 고려하여 새롭게 해석하여 만들어내는 것들이다.

영산암은 자그마한 암자이지만 나지막한 산등성이에 여러 채의 건축 요소들을 앉히면서 각 요소들을 연계시켜 중정에 활기찬 공간의 변화와 함께 동적인 분위기를 만들어내고 있다. 삼성각이라는, 불교와는 이질적인 요소가 연속된 건물의 흐름속에 삽입되면서 의외의 공간적 단절과 함께 리듬에 파격을 가져오고 동시에 새롭게 리듬을 만들어나가고 있다. 응진전과 염화실 사이에 비집고 들어선 듯이 삽입된 삼성각의 매스 및 스카이라인의 형태는 고요한 흐름에 파격을 주고 있다. 안영배는 '오히려 작은 규모의 삼성각으로 인해 응진전이 돋보이게 되었으며, 그 주변으로 활력있는 유동적 공간이 형성될 수 있었다. 말하자면 삼성각 건물이 이곳 주변 공간에 활력을 유발하는 촉매작용을 하게 된 것이다.'[85]라고 주장하며 삽입된 건축물로 인해 발생하는 긍정적 효과에 대해 분석하고 있다.

또한 한국건축은 차경의 기법을 통해 외부자연과의 관계에서 외부의 자연을 최대한 끌어안고자 하는 방식이 정교화되었는데, 담장의 영역을 한정하면서 레벨의 각 영역을 자연스럽게 한정(구획)하고 담장을 통해 자연경관을 집안으로 끌어

85) 안영배, 상게서, p247

26

들여 공간의 영역을 동시에 무한으로 확장하는 방법을 발전시킨 것이다. 한국건축에서 여러 채의 건축물과 중정을 이루는 공간은 외부 공간으로 트여진 누각 건축을 하나의 건물군으로 연계시키고 복합화시켜 시각적으로 자연과 일체화될 수 있도록 계획했다. 내부의 대청에 앉아서 멀리 보이는 자연풍경을 바라보면 원경으로 조망하면서, 그 사이의 중정 공간은 시각적으로 무한히 뻗어나가는 개방성의 공간이 된다. 이러한 공간은 서원 건축뿐만 아니라 불교 건축에서도 여실히 발견되는 점이다. 반면 건축공간에 둘러싸여 있는 마당의 중정은 자연풍경에 근경으로 조망되면서 공간이 대비되어 정적으로 느껴지게 된다.

0221 마음의 구축론과 선종 미학

대승불교의 유식 불교에서는 각자 사람마다 다른 아뢰야식의 공간이 존재하고 그것의 반응과 복합적인 작용에 따라 세계를 판단하고 바라보는 세계관이 달라질 수밖에 없다는 사상체계를 가지고 있다. 따라서 유식 불교에서는 각 사람마다 다른 세계를 품고 있다고 생각한다. 그런 측면에서 생각했을 때 동북아 건축에서 집을 짓는 일은 작은 세계 하나를 만드는 일로 생각하는 경향이

27

26 영산암의 각채별 리듬의 집합과 순환성
27 자연의 기의 접면과 순환성

28

강했다. 동북아에서는 건축이 집 하나만을 만드는 것이 아니라 자연속에서 함께 호흡하는 소우주를 만드는 것이고 한번 만들고 끝나는 것이 아니라 자신의 세계관에 따라 계속해서 완성해 나가는 것으로 생각했다. 끊임없이 고치고 개선하면서 자신이 보기에 적합할 때까지 계속해서 만들어나가는 것이다. 과정을 중시한다는 점에서는 앞서 언급한 과정으로서의 경험의 건축과 일정 정도 개념이 공유되는 측면이 있다.

하늘과 땅 위의 사이에 있는 인간을 의미하는 동북아의 집의 의미는 하이데거의 '세계-내-존재' 개념을 떠올리게 만든다. 쿠마 켄고는 '한국 전통 건축에서도 지붕이 그림자를 깊게 드리우는 역할을 하지만 결과적으로 강조하는 것은 지붕의 힘찬 형태다. 그림자가 아니라 지붕의 형태 자체가 주인공이다. 지붕만큼이나 인상적인 것은 지붕을 지탱해 균형을 잡아주는 기단의 확고한 존재감이다.'[86] 라고 언급한 바와 같이 한국건축은 천지인(天地人)의 개념이 확고하게 건축적으로 표현되어 자연과 연계된다. 외부 공간과의 연계는 범아일여로서의 자연과의 연계를 상징한다. 온돌을 설치하기 위해서는 필연적으로 구들을 놓기 위해 방바닥의 높이를 들어 올려야 한다. 이를 위해서는 레벨이 상당히 높아지게 마련이다. 기단과 높아진 레벨의 인공지반에 생활환경이 있다. 하늘과 맞닿아 있는 것은 깊은 지붕이다. 그 사이에 사람이 살고 있다. 하늘과 땅 사이의 인간, 그것은 천(天)-인(人)-지(地)이며 무(巫)의 한자와 같은 맥락이다. 능동적으로 신과 하나가 되고자 했던 한국의 샤먼적인 특성도 여기에서 기인한다. 이른바 능동적인 범아일여의

28 요른 웃존의 동북아건축 지붕과 기단 스케치 및 三井寺 · 館月舞台의 지붕

86) 삼성문화재단, 땅의 깨달음 한국건축, Leeum, 2015, '대지를 닮은 건축', 쿠마 켄고 글, p319

실천인 것이다.

왕수의 건축적 자세는 동북아 건축의 전통적인 태도를 함축하고 있다. 그는 건축(建築)이라는 단어보다는 영조(營造)라는 단어를 선호한다. 왕수가 생각하는 건축의 영역은 오늘날로 말하면 단순히 건축물 하나만을 구축하고 나면 끝나는 영역이 아니다. 그에게 만약 집짓기가 작은 세계를 창조하는 일이라면, 그는 그림의 테두리 안에 포함된 모든 사물이 바로 원림 건축학의 모든 내용이라고 생각한다. 그가 추구하는 건축은 단순히 건축물뿐만 아니라 이를 둘러싼 자연, 그리고 실내 인테리어 및 각종 집기 및 소품 등에 이르기까지 인간을 둘러싼 모든 디자인을 계속해서 만들어나간다는 '토탈 디자인' 의 개념이다. 하나의 건축물과 그 건축물의 외부와 연결되어 있는 콘텍스트(자연)는 별개의 대상이 아니라 하나로 연결되어 있는 몸체이며 동시에 필요한 내용들을 계속해서 만들어나가는 '과정' 이다. 자연을 최소한으로 훼손하고 조금씩 완벽한 조화를 이루어나가면서 만들어나가는 건축물은 외부와의 관계에 있어서 원림과 건축물을 영조(營造)하는 '과정' 그 자체이다. 서양의 건축, 혹은 오늘날의 상품화 된 아파트처럼 완공되어, 주어진 가운데 입주하여 틀에 맞춰진 주거 안에 순응하여 사는 것이 아니라 자신의 취향과 의도대로 계속해서 만들어나가며 변화시키는 것이다. 사람은 단순히 건물을 만드는 것만이 아니라 원림과 경관과 기능을 조화시켜나가고 사계절의 운행에 따라 경영해 나간다. 거기에는 만드는 과정뿐만 아니라 일상생활에서의 조화로운 지속성을 유지해나가는 것을 중시한다는 의미도 포함하고 있다. 그것은 조화롭고 완성된 삶을 실현해 나가는 과정이다. 당연히 시간성도 포함된다. 조화속의 부조화, 또는 부조화 속의 조화를 이루어내고자 하는 것은 대승불교의 진여문, 해탈문의 상대성과 양극단을 오가면서 실천하고자 하는 개념과 유사하며 이것을 그 집을 영조하는 사람의 조그마한 세계를 창조하는 것과 연계하여 생각해 볼 수 있다.

자신만의 세계를 만든다는 선종 미학의 관점에서 내부공간의 분위기를 크게 좌우하는 창호지의 특성을 또한 살펴볼 필요가 있다. 창호지의 투과성과 반투과성을 통한 간접적인 조명의 분위기를 만들어나가는 방식은 빛의 강약에 따라 다른 분위기를 만들어낸다. 처마의 길이에 따라 여름 햇빛이 마당 흙에 반사되면 직사광선의 강한 느낌을 상쇄시켜 은은하고 시원한 느낌을 준다. 또한 하루종일 시간에 따라 다른 분위기를 만들어낸다. 아침, 점심, 그리고 황혼녘의 분위기가 모두 다르게 느껴지는 것이다. 창호지는 이렇게 서정적 온기와 포근함을 주는 특성이 있다. 그것은 방 안의 공간을 하나의 또 다른 세계로 만드는 특성이 있다. 창호지는 또한 뚜렷한 구상의 요소들의 실루엣을 연하게 만들어 추상의 요소들로 바꾸어준다. 이는 여백과 비추는 그림자가 한 폭의 동양화를 연상케 하는 효과를 지니게 된다. 그림자의 존재를 의도적으로 받아들이는 반투과성이다. 투명성이 완전히 소멸되지 않는 따뜻한 감성의 반투명성이 바로 창호지의 장점이라고 볼 수 있다.

이처럼 불교의 세계관은 건축에 있어서의 자신이 바라보는 세계와 나를 일체화시키는 과정으로, 내재성의 사유와 공명하면서 내부에서 외부로 보면서 자연과의 일체화의 과정을 계속해서 구축하고 조화시켜나가는 것과 연계된다. 그것은 하나의 건축물이 아니라 여러 채의 건축물과 외부 공간의 켜들이 만드는 군집의 공간들을 마음의 축을 이용하여 각 시퀀스들을 통합하면서 이해하는 것이다. 불교의 세계관은 우선, 진여를 찾기 위한 침묵의 조용한 공간감과 자연과의 조화의 공간을 추구하게 만들었다. 또 정형적인 공간적 문법에서 벗어나 다양한 변용의 공간들과 조화를 이루는 조형 및 장면들을 정교화하는데 있어서 이후 건축구성에 큰 영향을 끼치게 되었다.

연기사상과 해체주의 개념의 연계부분

0222 해체주의의 차연 개념과 연기의 유사성과 차이점

'원효가 유식의 유식 사상과 반야공의 공사상을 일심의 근원과 삼공의 바다라는 기호의 물로 회통한 것은 유론과 공론, 긍정론과 부정론의 상보성으로서의 보충 대리성을 언급한 것과 다르지 않다.'[87]라는 의견과 같이 물이 해탈의 바닷물로 들어가고, 해탈의 바닷물이 다시 연기의 샘물로 나오는 순환 관계를 일심지원(一心之源)과 삼공지해의 새끼꼬기로 교직하는 방식은 세상의 다양한 차이들이 만들어내는 현상들이 사실은 하나로부터 나타나며 다르지 않은 것임을, 혹은 함께 다르지 않은 상태에서 공존하고 있는 것임을 깨닫게 한다. 마치 일심지원(一心之源)이란 씨실과 삼공지해(三空之海)라는 날실로 직물을 짜는 것과 같은 것이다. 다시 말해 서로가 다르지만 단순히 대립적인 차이가 아니며 그렇다고 완전한 하나도 아닌 차연 관계를 가지고 있다. 그것은 결국 하나의 실체에서 계속 변화하는 공허한 것임을 깨닫게 한다. 색즉시공 공즉시색(色卽是空 空卽是色)의 개념 역시 이러한 세상의 법칙임을 상징하는 말이다.'

'일심(一心) ┌ 이중긍정 二重肯定(양각陽刻) — 이중부정二重否定(양각陽刻) ┐ 삼공(三空)
└ 이중부정二重否定(음각陰刻) — 이중긍정二重肯定(음각陰刻) ┘

'서로 어긋나는 두 가지가 씨실과 날실이 되어서 짜깁기나 천을 짜는 텍스트이자, 무대이며 위치이기도 하다. 즉, 일심은 진여문과 생멸문이 각각 차이가 나면서도 서로 대립하여 충돌하지 않고 두 문이 폐쇄적인 자기동일성이나 배척성도 지니지 않으며, 차이 속에서 계속하여 서로 회통하며 접목하는 관계를 만들면서 주고받는 작용이 일어나고 한 묶음으로 엮이는 행위와 같다. 진여문과 생멸문은

87) 김형효, 마음나그네, 소나무, 2010, p94

진여 세계와 생멸 세계가 자기 것으로 가득 찬 충색의 존재가 아니라 서로 교역하고 보충대리되며 대입되는 흔적과 문자의 세계임을 알린다. 그런 관계를 데리다는 차연이라고 불렀다.'[88] 해체주의적 사고는 대립되는 것의 존재를 인정하고 상호 대대하면서 연결된 가운데 차이의 흔적을 인정하는 것이다. 대립적인 것의 분쟁의 요소를 통합적으로 해결하고자 하는 방향성이 해체주의의 사유의 큰 특징이자 미덕이다.

-화쟁 사상과 해체주의 차연과의 관련성

'일심지원의 가유와 공백의 공상과 삼공지해의 묘유와 공성의 차이와 동거라는 교직은 한편으로는 번뇌가 해탈의 자유로 올라가는 길이고, 다른 한편으로는 불성의 본질이 인간의 한마음으로 내려오는 길이다.'[89]라고 언급했듯이, 화쟁 사상은 결국, 이타행(利他行)을 실천하는 사상이다. 해탈하고자 하는 개인적인 욕망(자리, 自利)이 해결되면 다시 그 욕망을 제어하여 해탈하기 직전에 함께 대중들과 해탈을 하게 하여 타인을 이롭게 하고자 하는 이타행(利他行)을 해야 한다는 종교적, 이데올로기적 특성이 접합된다. 이렇게 다른 양가적 측면의 욕망과 바램이 동시에 공존하며 상호 교차한다는 것이 화쟁 사상의 본질이다. 개인적으로 해탈하고자 하는 욕망은 결국 다른 사람에게도 해탈의 도움을 주겠다고 하는 이타심이 함께 공존하고 있는 것이나 다름없기 때문이다. 그것은 오늘날로 보았을 때 양가적 요소들이 서로를 오가고 상호 보완하는 가치를 사유하는 해체주의 사유에서 차연이라는 개념과 유사한 면모를 보인다.

양가적인 특성을 지닌 요소들이 동시에 존재하거나 작용하는 이중성이 화쟁(和爭)의 본질이다. 공간적으로 이질적인 것들이 동거하면서 동시에 시간적 차이를 만드는 상황을 김형효는 다음과 같이 설명하고 있다. '대승의 의미는 철저히 의미의 자가성과 자기중심주의를 흩어버린 데리다적인 의미의 '산종(dissemination)' 과 비슷하다. 말하자면 '이중 회기나 이중 회합이라는 용어는 시간적, 공간

88) 상게서, p251
89) 상게서, p94

적으로 이중긍정의 입장을 말하고 있다. 상보적인 의미를 띠고 있을 뿐이기 때문이다. 한쪽이 없으면 시공적으로 다른 쪽이 존재할 수 없고, 그 역도 마찬가지다.[90]' 라고 주장한다.

'화쟁은 모든 쟁론을 완전히 해소시킨다는 뜻이 아니라, 이 세상이 차이의 쟁(爭)과 동거의 화(和)가 모두 원융무애하게 오가는 이중적 보충대리성과 교차배어법 같은 교직성의 새끼꼬기를 한다는 뜻이다.'[91] 차연은 차이와 연기라는 두 개념을 합성한 것이다. 데리다가 루소에게 빌린 보충대리성이나 원효가 말한 원융의 갈마들기와 비슷한 의미이다. 이처럼 양속에 음이, 음속에 양이 공존하여 극에 이르면 다른 측으로 운동하며 순환하는 태극의 원리와 같이 세상의 한쪽 측면에는 상대적인 것이 함께 공존하고 있다. 태양의 빛이 있으면 반드시 그림자가 따라다니고, 높은 나무를 심기 위해서는 깊이 땅을 파야 하는 것과 유사하다. 이처럼 항상 상대적인 양가의 가치가 동전의 양면과 같이 공존하는 것이 세상의 이치이다. 건축은 빛과 그림자가 함께 작용하는 공간과 형태를 만드는 작업이다. 이는 그림자의 존재와 시각적 영향을 고려하면서 건축을 해야 하는 이유이기도 하다. 세상에는 두 가지 요소가 함께 공존하고 있기에 두 가지 상반되는 요소들을 동시에 고려해서 양과 음의 요소들이 공존하는 건축을 추구해야 할 것이다.

구분과 차이를 지식의 소유적인 측면으로 권력을 강화하려고 했던 서구의 방식은 경제적, 과학적 발전을 가져왔지만, 이기적인 소유욕으로 인해 폐해가 양산되었던 아픈 역사를 우리는 경험했다. 그것으로부터 벗어나고자 하는 실천이성이 중심이 된 혁명 역시 그러한 양상의 또 다른 모습이라고 볼 수 있다. 공산주의의 실험 역시 인류에게 많은 폐해를 경험하게 하고 쇠퇴했다. '에크하르트나 서산대사나 하이데거는 모두 본능과 지능의 자아를 지운 무아의 본성을 그것의 존재로 기술했다. 우리가 그리스도교를 초월적이고 배타적인 유일신론이 아니라 에크하르트처럼 만유재신론적으로 해석한다면, 불교와 그리스도교는 우리에게

90) 상게서, p102
91) 상게서, p115

거의 같은 본성의 욕망이라는 영적 메시지를 전하고 있다고 여기지 않을 수 없다.' [92]라는 의견과 같이 세계 만물에 필연적으로 존재하는 양가적 가치에 대한 종교, 사상적 태도를 볼 수 있다.

김형효는 구성주의 철학과 해체철학의 개념을 설명하여 다음과 같이 정리하고 있다. 그는 무의식적 구조의 법칙에서 보면, 이성에 의해 철학적 진리를 구성하여 세상을 구원하고자 하는 구성주의 철학이 있으며, 다른 한편으로, 이성과 도덕적 선의지 작용이 오히려 세상을 편파적이고 단편적으로 만들기 때문에 이미 사물과 사물의 운행하는데 있어서의 그 진리가 자체 내에 작용하고 있으므로 자연의 운행의 순리대로 살아가야 한다고 보는 해체철학이 있다고 보았다.[93] 구성주의 철학은 이성을 바탕으로 이론을 정립하여 구제하고자 하므로 세상을 장악하고 소유하겠다는 주체의 의도가 들어가 있다고 볼 수 있고, 이와는 달리 해체철학은 일체의 구성적 철학을 해체하고자 한다는 점에서 구분한다. 노자는 인간이 소유하고자 하는 욕심을 버리고 존재론적 욕망의 마음을 전환해서 해체적 방향으로 나아가야 함을 계속해서 역설한다.

이처럼 구성주의 철학은 흑백의 논리로서 구분하고 개념화하여 이론을 구성한다. 그러나 해체철학은 이분법적인 흑백논리를 거부하고 흑과 백이 공존하며 운행하고 서로의 흔적을 남기는 운행의 도를 중시한다. 구성주의 철학은 마음의 욕망을 언어로 구성하면서 담화를 생성하고 개념을 생성한다. 거기에는 이분법적으로 구분하며 대상을 지배하고자 하는 욕망이 투사된다. 구성주의 철학을 보완하고자 했던 현상학적 개념에서는 마음이 다른 만남을 실행하는 마음이라고 생각했다. 하이데거는 상대적인 흑백의 상호 순환을 '놀이하면서 반사하는 거울' 이라고 주장하면서 이중성의 교차를 통해 진리를 현시하는 것을 강조했다. 차이가 있는 것을 구분하고 배제하여 순수하게 하면서 욕망이 투사되는 것과는 달리, 차이가 나는 존재를 인정하면서 동거하고 서로 큰 무리 없이 섞이는 경지의 질서를

92) 상게서, p218
93) 상게서, p12

29

만들어나가는 것이다.

바닷물이 증발하여 구름이 되고 빗물이 되어 순환하듯이, 물 자체의 본질은 같다. 이 가운데 그 형상을 달리하여 차이를 보이지만 결국 하나로 대기(大氣) 내에 동거하며 순환한다. 그래서 해체철학에서 진리는 구성하는 것이 아니라 이미 그 자체에 내재하는 것으로 본다. 불교에서도 불성은 이미 불자의 마음속에 지나가는 꽃 속에, 풀 한 포기에 존재하는 것으로 본다. 원효는 대립적인 요소들이 일심지원(一心之源)과 삼공지해의 새끼꼬기로 교직하는 것을 본래 하나인 것이 차이를 보이는 것으로 보았다. 번뇌가 올라가 해탈되고 불성이 내려와 인간의 마음에 안착되는 것이 하나의 진리로서 자연스러운 것으로 본 것이다.

앞서 언급한대로, 차이의 요소가 동거하면서 서로 상보하고 서로를 집착하지 않는 상태는 이중 회합이며 데리다의 '산종'(dissemination)의 개념과 유사하다. 보충대리하는 개념 역시 이처럼 차이의 들어오고 나감과 구분이 모호해지면서 동거하는 개념이다. 데리다의 차연은 차이와 연기(지연)라는 두 개념을 합성한 것과 같이, 원효의 개념 역시 소승의 목표인 자신의 열반과 중생을 구제하고자 하는 대승의 개념이 서로 공존하는 것으로 본다. 이처럼 스스로를 해탈하여 이롭게 하고자 하는 자리(自利)와 널리 중생을 구제하고자 하는 이타(利他)가 서로 교직하면서 왕복하는 것이 바로 불성이 '현행(現行)' 하는 것으로 보는 것이다. 그것은 이원적인 대립이 아니라 상입상즉의 관계이다. 동전의 앞 뒤가 동시에 한몸이 되는 것과 같이, 양가적 특성이 동시에 내재하면서 특성에 맞추어 이행하는 것이 바로 그것이다. 그것은 마치 데리다의 직물짜기의 상호왕복을 통한 동거의 양상의 개념과 유사하다. 그것은 대립적인 요소들이 회전문을 빙글빙글 돌며 드나들고 흔적을 만드는 데리다의 보충대리의 개념을 생각나게 한다. 그것은 뫼비우스의 흔적의 연속이다. 그래서 불교에서는 이러한 양가적 특성이 있는 것에 집착하지 않고 불성에 잠기는 공적영지의 마음을 추구한다.

유, 불, 도 사상이 통합되어 발전한 성리학을 가르치는 서원의 경우에도 이율배반적인 개념과 공간이 한 영역에 동시에 존재한다. 병산서원의 경우와 같이 서원에는 동재, 서재 및 강학 공간과 함께 만대루와 같이 빼어난 경치와 자연을 감상하며 휴식할 수 있는 공간이 동시에 존재하기 때문이다. 장수(藏修)는 마음을 집중해서 학문에 힘쓴다는 뜻이고 유식(遊息)은 즐기며 편안하게 쉰다는 말이다. 김동욱은 서원은 선현을 기리면서 학문에 몰두하며 장수하는 공간이며 팽팽해진 긴장은 적당한 휴식과 심신의 편안함을 통해 이완을 얻음으로써 다시 긴장으로 돌아갈 수 있는 양면적인 것임을 강조한다.[94] 불교의 연기 사상과 이율배반적인 양상의 요소들이 동거하면서 운행하는 세상의 이치를 학문적으로, 공간적으로 구현한 것으로 볼 수 있을 것이다.

불교에서 중시하는 연기(緣起) 사상은 인연생기(因緣生起)의 준말로, 세상 만물이 상호 의존관계를 벗어날 수 없기 때문에 생성과 소멸은 항상 관계성을 지니고 있다는 것을 강조한다. 모든 현상은 독립적인 것은 없으며, 모든 조건 및 원인의 작용이 없으면 결과도 없다는 필연적인 상호관계를 의미한다. 그것은 쉽게 말해 "이것이 있으면 그것이 있고, 이것이 생기면 그것이 생긴다. 이것이 없으면 저것이 없고, 이것이 멸하면 저것도 멸한다"라는 의미이다. 즉, 세계에서는 고정적 실체라고 말할 수 있는 것은 하나도 없다는 생기소멸(生起消滅)의 법칙에 중점을 둔다. 이처럼 공(空) 사상을 이론적으로 뒷받침하는 것이 연기사상이다. 불교의 연기 개념으로부터 공사상 그리고 마음이 모든 것을 만든다는 유식 사상 그리고 모든 중생 속에는 깨달음의 가능성, 즉 여래의 인자가 있다고 하는 여래장(如來藏) 사상이 나오게 되었다.

94) 김동욱, 조선시대 건축의 이해, 서울대학교출판문화원, 1999, p169

0223 간격 이론과 욕망의 드러남의 구축론

해탈의 전제조건인 깨달음에 들어가기 위해서는 무욕의 허심(虛心)에 기초한 본성의 욕망으로 나아가야 한다. 그러기 위해서 수행자는 인간의 이성에 근거한 자아 중심의 구성주의를 해체하고 무아(無我)의 경지로 내려가야 한다. 즉, 8식인 아뢰야식의 무의식의 본성으로 내려가서 습기를 제거해야 한다. 무아의 경지를 성취하기 위해서는 그 자아가 어쩔 수 없이 의지하는 이기심을 극복하기 위해 역설적으로 아뢰야식의 단계로 내려가서 오랜 기간 동안 저장되어 있는 습기를 제거해야 한다. 무위(無爲)의 깨어있음에 내려가게 되면 우리는 무위의 견성(見性)의 경지에 도달할 수 있다. 욕망의 차이의 구분에서 벗어나서 의타기적인 차연을 바라보면 무위(無爲)의 경지에 다다를 수 있다. 그것이 바로 마음의 치료 심리학(일체유심조)이며 해탈의 경지에 도달할 수 있도록 집착을 버리게 도와주는 매커니즘이다.

이와 관련하여 우리는 양과 음의 양극단을 중도적으로 포용하며 왕복하는 매커니즘과 건축과의 관계를 생각해볼 수 있다. 간격 사이에서의 행위와 주변 콘텍스트의 상호 교차 등은 러시아 영화감독 베르토프의 영화쇼트의 편집 교차방법론과 츄미의 이벤트 공간을 만드는 맨하탄 트랜스크립트의 방법론을 생각나게 한다. 그러나 훈습(薰習)의 개념을 통해 나쁜 욕망이 드러나기보다는 윤리적으로 바람직한 방식으로 훈습되고 발현이 되어 바람직하지 못한 욕망이 제어될 수 있도록 노력하고 수행해야 한다.

8식 아뢰야식의 무의식의 경지에 내려가서 수행하기 위해, 우리 선조는 의타기적 관계를 초월적으로 바라볼 수 있도록 자연과 직접적으로 접하는 건축을 추구했다. 이를 위해 내외부의 관통과 레벨의 드라마틱한 조절을 통해 자연의 이미지를 적극적으로 끌어들이는 차경을 이용했다. 공간적으로는 비결정의 회색 공간을 통해 자연이 직접적으로 체험되고 감각될 수 있도록 했으며 외부에서는 군집의 군체(群體)가 자연의 산등성이와 어울리고 내부에서는 외부의 자연의 이미지가 손에 잡힐 듯이 파고 들어와 하나의 세계를 마주하게 되는 방법론을 사용해왔다. 공간을 거닐고 경험하는 주체는 자연과 동화되고 자연의 이미지와 시각적, 감각적으로 하나가 되는 무위의 경지에 이르게 된다. 그것이 바로 마음의 치료 심리학(일체유심조)이자 집착을 버리고 해탈에 이르는 건축적 매커니즘이 될 수 있을 것이다. 그러나 구축의 한계일 수도 있으나 한국의 건축은 단아함을 버리지 않고 복합성의 번잡스러운 수준으로 퇴보하지 않는다. 단아하면서 동시에 무위의 심리적 경지로 나아갈 수 있는 질서를 동시에 추구했다는 점이 특징이다.

현대 건축에서는 버나드 츄미의 맨하탄 트랜스스크립트 실험이 무의식의 드러남을 실험한 중요한 사례이다. 그의 저서『이벤트 시티(Event Cities)』에서 등장하는 '맨하탄 트랜스스크립트'는 신체의 이동 사이에서 의식과 무의식이 만날 수 있는 장을 형성하며 이를 위해 다양한 다이어그램적인 방법론을 사용한다. 이 작업에서 관찰자는 신체의 이동을 통해 무의식의 공간을 경험하면서 동시에 신체적으로 지각하는 과정을 거친다. 이 과정에서 관찰자는 기억의 종합을 통해 의식과 무의식이 종합되면서 새로운 의미를 생성하고 새로운 공간 및 이벤트의 경험구조를 경험한다. 문자적 한계를 넘어서서 본질을 표현하고자 했던 불교의 가르침과 유사하게, 츄미는 프로그램과 이벤트 사이의 왕복을 통해 일반적인 건축언어로서는 표현하기 힘든 무의식의 요소, 배제되고 억압되었던 것들을 원활하게 드러낼 수 있도록 했고 불안정했던 부분들을 안정화시킬 수 있는 방안에 대해서 실험했던 것이다. 그러한 실험은 전통적인 도면도 아니고, 다이어그램도 아니고 투시도도 아니다. 그렇지만 그것은 오히려 그 모든 것을 다 포함하면서 새로운 공감각과 공간감을 갖는 실험적 건축공간의 내용을 선보였다. 다만, 그의 방법론은 무의식을 좀 더 원활하게 접목시키고 드러내기 위해 형태의 유희와 공간적 유희를 극대화하는 방법론을 사용한다. 이것은 일정 부분 억압된 것, 배제된 것을 온전하게 드러내면서 기존의 것들과 화해하게 만드는 도덕성과 윤리성과 관계되어 있다. 그러나 우리의 건축은 이러한 특성이 분명 존재하면서도 동시에 단아하면서 자연과 연계되고, 질서가 잡혀있으면서 상입상즉의 특성이 존재한다. 일종의 맨하탄 트랜스크립트의 특성이 있으면서 동시에 자연과 일체화되고 단아함과 질서를 놓치지 않는 것이 한국적 건축공간론의 경험구조이다. 그것은 적절하게 장식(藏識)에 저장되어 있는 나쁜 종자를 자연이라는 본연의 모습으로 훈습의 습기를 제거하고 무위라는 바른 방향으로 나아가게끔 하여 자연과 일체화를 추구한 방법이다. 95)

0224 아뢰야식과 마음의 도덕성의 건축적 특성

데리다의 '미래완료적 글쓰기'는 서로 대립되는 것을 배제하는 것이 아니라 차이와 지연의 특성이 공존하며 상입상즉하는 '차연'의 현상이 원활하게 이루어지는 것을 중심으로 소통하고자 하는 사유이다. 그는 단순히 대립적인 것이 합쳐지며 발전의 방향성과 목적성을 가지는 방식은 근본적으로 문제가 있다고 주장한다. 원효는 세상을 구성하는 대립 쌍의 다양한 요소들이 사실은 공존하면서 서로를 왕복하고 상호 경계의 문을 드나들고 있다고 보았는데, 그것을 데리다는 '문지방' 혹은 '경첩'이라는 유사한 키워드로 설명하고 있다. 그러는 가운데 흔적이 나타나고 상호 보충대리를 이루고 있다는 것이다. 불교에서 열반은 삶과 죽음이 공존하는 양가적 가치이다. 삶 속에서 죽음이 함께 공존하며 교차배어법이나 협주곡과 같이 실현되는 것이 열반(涅槃)이다.

세상 만물의 이치는 동거하는 인연 관계를 맺는다. '동거하는 인연 관계는 차이를 빚은 두 항이 자폐적으로 자기동일성을 유지하는 것이 아니라, 서로 상대방의 것을 주기도 하고 받기도 하는 그런 유욕(有慾)의 거래를 뜻한다. 그래서 노자는 이런 차연의 왕래를 유욕(有欲)의 요(徼)라고 언명했다.' 96)라는 언급처럼, 세계만물의 운행가운데 각 요소들이 상호공존하면서 만들어내는 인연을 중시한다. 또 이러한 표현도 있다. '노자의 사상에서 중요한 핵심은 화광동진(和光同塵, 빛과 친교하고 먼지와도 동거함)이다. 노자는 빛과 먼지가 선악처럼 대결하지 않으면서 빛과도

95) 억압된 무의식의 온전한 발현을 중시하는 서양과는 달리, 불교에서는 무의식의 안좋은 습기를 제거하며 자연과 일체화되는 것을 추구한다는 점에서 근본적인 차이가 있다.

96) 김형효, 상게서, p387

어울리고 먼지와도 동거하는 화합의 도를 가르쳤다. 노자가 말한 성인은 세상을 뜯어고치는 자가 아니라 세상의 영여한 필연의 법도를 정견(正見)하는 자다. 그것을 도덕경 27장에서 성인은 늘 사람을 구제하기 좋아해서 사람을 버리지 않고 만물을 구제하기 좋아해서 만물을 버리는 법이 없다고 표현했다.' 97) 이처럼 화광동진의 동거는 자연의 피할 수 없는 이치이다. 도교사상은 인위적인 것을 피하고 자연 그대로의 순리를 따르는 것을 사상의 주요한 핵심으로 생각하고, 그것을 위해 세상의 도를 설정하여 설명한다. 한국건축에서는 재료와 관련하여 인공성을 최소화하여 재료 본성을 지키고자 했으며 자연 재료를 직접 채취하여 자연적 특성이 드러나는 재료 본연의 자연스러움을 구축하고자 했다. 도교와 불교는 나쁜 욕망까지도 온전하게 드러나는 것을 긍정했던 서구의 방식과는 다르게 종교이기 때문에 긍정적이고 바람직한 윤리적 방식으로 수행을 통해 개선시켜 나가고자 하는 방식을 선택했다. 두 종교의 주요한 방법으로 자연과의 범아일여가 될 수 있는 방식으로 훈습의 종자를 제거하는 수행의 방식과 공간구조 및 경관을 추구했다는 점이 두드러진 차이이다. 자연상태에서는 욕망에서 훈습되는 것 조차 의미가 상쇄되며 치유되고 욕망이 자연의 흐름으로 흡수되기 때문이다.

한옥에서는 대청마루와 쪽마루 그리고 마당을 통해 만들어내는 내부와 외부의 비결정적인 공간구조가 그러한 예라고 볼 수 있을 것이다. 외부에 대응하는 실내공간을 만들기보다는 외부와 내부가 유기적으로 연결되고 상호 넘나드는 순환성과 연계성을 만들고 있으며 명확한 공간의 한정을 거부하는 한옥의 특성이 바로 이러한 특성으로 볼 수 있다. 그것은 '비동시성의 동시성' 이라고 할 수도 있다. 서로 차이가 나지만 동시에 외부와 내부가 공존하기 때문에 동시적인 공간이다. 차연의 연기법적인 존재 방식으로 얽히고 설켜있는 상호 왕래하는 의타기적 직물 짜기의 방식이며 한옥의 비결정적 공간은 이러한 특성을 잘 보여주는 사례이다. 동북아 건축에서는 구조 부재를 이용하여 골격을 세운 뒤, 그 위에 장식을 하고 치장(단청) 등의 색채를 칠함으로써, 뼈대와 피부의 원리 혹은 구조 자체의

97) 김형효, 상게서, p387

장식을 일체화(공포)하는 경향을 보인다. 이것은 구조를 세우고 그 구조재와는 다른 재료로 치장하거나 조각 등을 붙이는 서양의 방식과는 근본적으로 차이가 있다. 이처럼 8식 아뢰야식의 개념과 습기를 극복할 수 있는 도덕성을 확보한 상태에서 동시에 단아하고 8식의 개념이 되는 건축을 어떻게 실현시킬 수 있을 것인가, 또 단아하면서 8식의 개념과 자연 일체의 개념이 함께 성취될 수 있는 건축은 어떻게 되어야 할 것인가를 고민해보아야 한다. 그것은 자연과 일체화가 될 수 있는 공간구조, 경관, 설비, 그리고 디테일이어야 하며, 동시에 그러한 수행에 도움을 줄 수 있는 건축이어야 한다.

불교사상과 노장사상의 연계점

0225 경계와 자연합일, 지세(기)의 순응

동북아 철학의 전통에서 자연의 변화는 다른 말로 하면 기의 변화라고 할 수 있다. 동북아인들은 '인간 역시 자연의 한 부분으로 존재하기 때문에 자연의 변화에 따라 순응하며 살아야 한다' 라는 입장이었고 그에 따라 자연의 변화에 맞추어 자연을 느끼고 자연과 순응하며 사는 것이 바람직한 것으로 설정했다. 불교의 범아일여의 특성과 무자성의 개념은 도교의 천인합일의 특성 그리고 역설적인 무위의 사상과 연계된다. 동북아 건축의 경향 역시 자연의 변화와 함께 기의 흐름의 변화를 잘 느낄 수 있는 건축을 선호했다. 그렇다면 기의 흐름과 변화에 순응하는 동시대 건축은 어떻게 성취할 수 있을까?

먼저 습도, 열의 외적 변수에 대응하여 이 변수들을 인간이 생활하기에 쾌적한 상태로 조절하는 건축, 다시 말해 숨을 쉬는 건축을 추구하는 것이라고 할 수 있을 것이다. 그러나 그러한 쾌적한 조건을 만드는데 있어서 기계적 방식을 이용하는 것이 아니라, 자연의 기후의 흐름에 순응하는 방법을 사용했다. 이른바 계획설계 단계에서 패시브 건축기술의 적용의 자세를 중시한 것이다. 우리 선조들은 대체로 흙벽과 나무 구조를 통해 습기가 많은 시기에는 습기를 빨아들이고 건조한 시기에는 습기를 내뿜는 흙벽을 사용하여 자연과 소통했다. 또 낮의 열기를 머금었다가 밤에 열기를 서서히 내뿜는 지붕의 기와와 하부의 흙 지붕 등이 '숨을 쉬는 것' 으로 생각할 수 있을 것이다. 또한 흙 마당이 여름에 달구어지고 북쪽 대청마루 들창을 열어놓으면 대류현상이 발생하여 집안에 자연스럽게 시원한 바람이 들어오게 하는 방식, 마당의 빛이 반사되어 간접 채광이 되고 얇은 창호지의 창문과 문을 통해 들어오는 은은한 빛과 외기의 느낌을 고스란히 전달받기 위한 방식이 자연의 기에 순응하는 경우라고 할 수 있다. 이러한 건축의 장점들을 취합하기 위해 동시대 건축계획의 측면은 어떻게 되어야 할 것인가를 잘 숙고해 볼 필요가 있다.

그런데 현대 건축은 여러 가지 재료와 공법의 발달로 인해 열효율이 매우 높은 수준으로 발달했으며 소음 및 외기의 차단에도 그 기능이 대폭 향상되었다. 이와 함께 현대 주택은 단열의 성능과 기밀성의 향상으로 인해 마치 무균질 공간 속에 고요하게 생활할 수 있는 환경이 제공된다. 에너지가 절약되고 조용하게 살 수 있는 환경은 에너지와 건강에 중요하다. 그러나 선조들의 관점에서 보았을 때 오늘날의 집은 너무나 숨을 쉬지 않는 건축, 자연의 흐름(기의 흐름)을 느끼기 어려운 집일 수 있다. 필요에 의해 에너지는 절약하고 동시에 해충을 적절히 차단하면서도 자연의 기운을 원활하게 느끼면서 살 수 있는 생활의 방식과 건축구축 방법론은 무엇이 될 것인가를 생각해 볼 필요가 있다.

본질로서 건축물의 내외부에 자연적 재료를 그대로 사용한다는 점에 있어서 한국의 건축은 동북아 건축보다 좀 더 자연적인 재료 본연의 투박한 질감을 온전하게 느낄 수 있도록 계획되어 있다. 그랭이질로 맞추어져 있는 자연스러운 초석과 기둥, 인공적인 색채를 자제하는 부재들의 자연미, 그리고 휘어진 부재라도 자연스럽게 어울리도록 사용하는 일종의 해학미가 그것이다. 얼핏 보면 거칠게 느껴질 수 있는 이러한 색감과 질감은 투박하지만 소박한 맛의 정감을 드러낸다. 또한 인공적인 차가움보다는 자연적인 느낌을 강조한다. 특히, 서까래 및 대들보는 대부분 최대한 가공을 삼가고 있는 그대로의 자연스러운 형태를 살려 구축하는 것이 한국 전통 건축의 특징이다.

안도 다다오의 스미요시 주택은 자연합일의 삶의 측면을 현대건축에 적용하는데 있어서 여러 가지로 생각해 볼 여지가 있는 사례이다. 폭 2칸(3.6m)×길이 8칸(14.4m)의 전통적인 세장형의 마을 획지 구조에 맞추어 미니멀하게 구축된 이 주택은 각 방에서, 부엌으로, 거실로, 화장실로 이동할 때 반드시 외기를 통과하여 지나가야 한다. 외기에 면한 중정과 구름다리가 각 방과 연결되어 있기 때문이다. 안도 다다오는 이 주택이 사시사철 자연의 흐름을 직접적으로 느낄 수 있도록 의도적으로 계획했다. 삼등분의 평면에서 양측에 공간을 중정을 가로지르는 브리지로 연결했다. 중정은 외기에 면하여 비오는 날에는 화장실에 가기 위해 우산을 쓰고 지나가야만 한다. 안락함과 편리함을 추구하는 현대 건축에서 안도의 작품은 일대 센세이션을 일으켰다. 그러나 이러한 방식은 현대 동시대 건축에서 외기에 면하면서 자연을 느끼며 살아가는 방식에 대해서 재고하게 만든다. 건축가가 타인의 주거를 계획하는데 폭력적으로 일상의 생활을 계획한다는 점에 대해서 논란이 있기는 했지만, 적어도 동북아의 선조들이 경험해왔던 자연의 흐름을 계속해서 느끼면서 생활해왔던 주거와 자연과 일체화가 되고자 하는 열망을 현대건축에서 적용하고자 했던 시도라는 점 만큼은 긍정적으로 볼 수도 있을 것이다. 자연의 흐름을 원활하게 느끼면서 동시에 편리함도 누릴 수 있는 양가적 특성이 건축에서는 공존할 수는 없는 것일까?

선조의 지혜를 받아들여 자연의 기의 흐름으로 간주하는 지형의 변화상황에 순응하여 배치한 후, 자연의 기를 원활하게 취하면서 에너지를 절약하고 기의 변화를 온몸으로 감응하며 사는 건축을 추구하는 것이 일차적인 방식일 것이다. 다음으로 자연의 기의 흐름을 원활하게 하기 위해 대류현상이 원활하게 흐를 수 있는 방법론과 함께 외기와 면하면서 상즉상입이 이루어지는 불확정적인 무자성의 공간들이 구획되어야 할 것이다. 이 가운데 다양한 행위와 프로그램은 교차할 수 있도록 계획하고 순환할 수 있도록 한다. 여기에서 중요한 것은 그러한 공간들이 자연과 항상 연계되는 것이 우선적으로 고려되어야 한다는 점이다. 모든 것은 자연의 흐름과 사람의 감응으로 하나가 되는 삶을 추구한다는 것을 잊지 않아야 한다는 점, 그래서 지세의 순응과 기의 순환과 경계의 넘나듬이 결국 목적 자체는 자연과 하나가 되기 위한 것으로, 어찌보면 마음 수행의 목적을 원활하게 하는 건축을 구축하는 것이라고 할 수 있을 것이다.

0226 화엄 사상과 화쟁사상 및 노장사상의 합일점

화엄사상은 전체와 부분이 조화를 이루면서 장엄한 장면을 만들어내는 세계의 거대한 운행을 상징하며 전체로서의 조화를 중시하는 사상이다. 또한 일심(一心) 사상은 개인의 해탈과 전체(대승)의 해탈을 동시에 추구하고자 한다는 측면에서 전체와 부분 및 전체와 개체를 오가면서 조화를 추구하는 부분을 사유한다. 이러한 점에서 일심 사상은 화엄 사상을 탁월하게 해석하고 있다. 이 사상은 또한 일정 정도 동양의 내재적 질서와 노장사상의 도(道)의 운행과 유사하다. 그런 측면에서 건축에서는 전체와 부분의 자기유사성과 통일성을 탐구하는 프랙탈의 개념과 유사한 지점을 공유한다. 전체와 부분의 자기유사성의 형태와 구조들, 그리고 그것이 구성되면서 급변의 요소와 무작위적인 방향성을 통해 형태가 바뀌지만 좀 더 거시적인 시각에서 보면 자기유사성의 형태와 구조 그 자체가 반복된다는 것이 유사하다는 점을 들 수 있다. 중요한 것은 각 부분의 기능이 정확하게 그 자체의 요구 조건을 만족시키면서 동시에 전체적인 운행에 있어서도 거스르지 않게 한다는 점이다. 양과 음과 같이 상대적인 것이나 전체와 부분의 상대적인 것들의 왕복을 통해 중용의 덕을 만들어나간다는 점은 일심 사상의 진여문 및 해탈문의 왕복과 건축이 합일되는 지점이다. 내재적 질서에 의해 도의 전체적인 관통이 이루어진다는 개념은 노장사상의 기본적인 방향성이다. 이런 측면에서 화엄 사상, 일심 사상, 그리고 노장사상의 사유의 유사한 특성이 공유된다.

건축의 프로그램과 관련하여 생각해보기로 하자. 프로그램은 양과 음의 기능이 서로를 대대(待對)하면서 기다리고 상대방을 필요로 한다. 현대 건축에서 드러내기를 꺼려하는 기능들(기계실, 화장실, 기타 등등)은 어떠한 경우에, 의도적으로

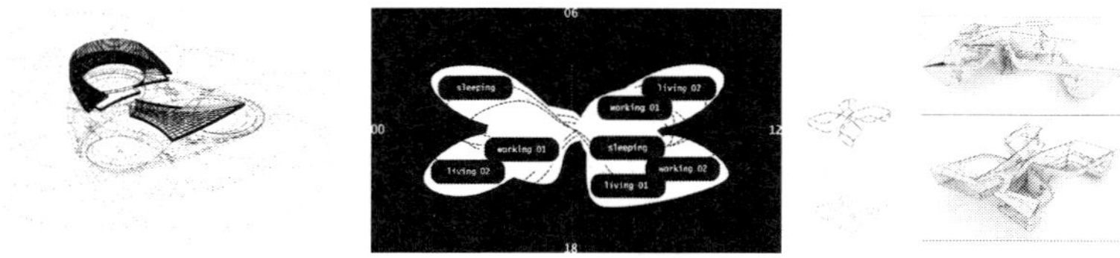

30

회피하고 배제하는 경향이 있다. 루이스 칸은 봉사받는 공간(served space)과 봉사하는 공간(servant space)의 개념을 설정했다. 그는 '방'의 존재적 기능이 온전하게 수행될 수 있도록 봉사하는 공간(기계, 설비 등의 공간)이 봉사받는 공간과 일체화되어 '존재'로서의 방의 개념이 강화될 수 있도록 도와주는 개념을 발전시켰다. 이 개념은 도시 역시 방들이 모여 사회화가 이루어져 있는 상태로 바라보았던 칸의 시각과 마찬가지로 건축물 역시 '존재'로서의 방이 될 수 있는 건축적 방안이 어떻게 계획되고 기술적으로 실현되어야 할지에 대한 통찰을 제공해주고 있다.

프로그램의 양(陽)의 요소와 음(陰)의 요소가 서로를 오가면서 왕복하고 순환하며 상호 보완의 움직임을 만들어낼 수 있는 방법론은 어떻게 성취할 수 있을 것인가. UN Studio의 벤츠 박물관, 혹은 뫼비우스 하우스와 같이 순환이라는 흐름과 형태가 즉물적으로 드러나는 뫼비우스의 띠와 같은 순환구조를 보이지 않고, 방형의 구성으로도 그러한 순환구조와 다양한 불확정적인 기능의 구조를 우리는 어떻게 성취할 수 있을 것인가? 선조들이 만든 공간과 동북아의 전통에서 공간구축 구조 자체는 근본적으로 단순하다. 다양한 것은 각 채들이 조합, 연계되고 지형에 순응하면서 이를 응용하는 건축에서 나올 수 있으며, 지면의 섬세한 변이와 함께 다양한 영역들의 상호침투와 주변 경치를 끌어들이는 회색 공간을 만드는 것이 그 해답이 될 수 있을 것이다. 아마도 우리의 선조들은 오늘날의 비정형 구조를 실현시키는 것이 당시에 기술적으로 가능했다고 하더라도 장방형의

31

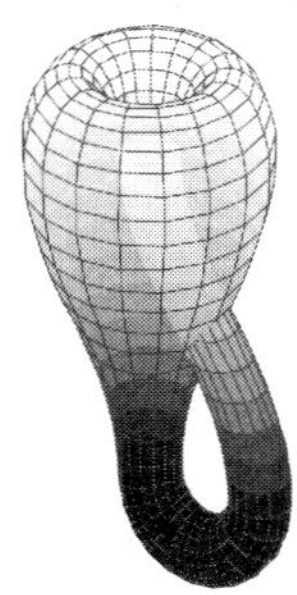

30 UN Studio, 벤츠 뮤지움과 뫼비우스 하우스의 순환의 개념
31 클라인병과 순환

담백한 평면을 선호하였을 것이다. 우리 조상은 담백한 평면 가운데 반 외부공간과 대청, 마루, 처마 밑 공간 등의 회색 공간 및 마당 등의 불확정적 공간을 연계하면서 동시에 세심한 레벨의 변화를 적용하고 내부의 영역을 낮은 담장으로 나누는 내외부의 연계를 중시했을 것이다. 동시에 외부의 경치를 적극적으로 차경하는 방식으로 자연과 일체가 되고 관계를 중시하는 '존재로서의 건축' 을 만들었을 것이다. 범아일여(천인합일)의 내재적 특성을 만족시키는 건축을 더 우선하여 추구했기 때문이다.

도시에서 일부분으로 기능하는 건축의 경관 부문에 있어서도 유사한 측면이 있다. 도시의 한 부분의 기능으로 역할을 하면서도 동시에 콘텍스트에 조화를 이루는 것은 그 자체의 내재성의 법칙에 의해 주변에 존재하는 도시구조와 자연스럽게 조화를 이루어야 할 것이다. 그렇지 않고 주위에 비해서 너무 튀거나 너무 콘텍스트의 위세에 가려서 동일화되는 것은 또 다시 동일화의 복사(동일성의 폐해)만이 수행되었을 뿐이다. 부분이면서 동시에 전체의 거시적 모습과 유사하지만, 그 전체와 적절한 긴장 관계를 가지면서 차이를 보이는 것이 바로 우리가 촉구해야 할 방향성이 될 것이다.

0227 불교 중심의 도교 해석 특성과 건축적 가능성

유식 불교에서는 각자의 마음은 자신의 시각을 통해 세계를 이해하고 살아나가는 자신만의 세계를 가지고 있다는 개념이 강하게 자리 잡고 있다. 유식 불교의 개념에서는 각 개인의 마음속에 자신이 이해하고 자신이 만들어놓은 세계가 존재한다. 마찬가지로 동북아 건축에서는 이러한 부분에 상호 영향을 주고받아 자신만의 세계를 만들어내는 '영조(營造)' 라는 개념이 주요하게 자리 잡고 있다.

1권에서 다룬 바와 같이, 영조(營造)의 의미는 인간을 둘러싼 모든 건조환경과 물품들에 있어서 자신이 만들거나, 또는 경영하여 가꾼다는 개념이 들어간다. 따라서 영조는 그 세계를 구축하는 개인의 추억과 경험이 녹아 들어가서 각각의 세계를 바라보는 특성이 드러나게 되어 있다. 그것은 건축물, 정원, 울타리, 토양, 물을 쓰는 방법 등에 따라 모든 것에서 조금씩 개성이 드러나게 마련이다. 그래서 그것은 일종의 토탈 디자인과 같으며 세계와의 관계 설정을 의미한다. 영조를 수행하는 주체는 자신의 그릇, 가구, 주변의 모든 디자인에 영향을 미치게 될 것이다. 그렇게 자신의 시각으로 애정을 가지고 제작하거나 조화로운 상태를 경영(지속)하여 점진적으로 바꾸어가는 삶 자체가 영조의 삶인 것이다. 일체유심조를 중시하는 유식불교에서 각자 자신의 세계가 존재한다고 언급하는 바와 같이 자신의 세계를 점진적으로 만들어나간다는 의미에서 서구의 건축의 개념보다 영조는 일상생활을 영위하며 만족을 가져올 수 있는 방법론이라는 점에서 오늘날 숙고해 볼 가치가 있다. '생활세계의 식민지화'는 대상화된 이성의 세계에서 나타나는 주요한 폐해이다. 자신이 애정을 가지고 대하는 주변 세계가 이성에 의해 대상화되거나 상업화된 사물들로 채워지면서 기존의 감각을 잃어버리고 자본의 논리에 잠식되어 생활세계에서의 감각들을 잃어버리고 무미건조한 세계를 살아간다는 의미이다. 쉽게 이야기하면 자연에서 사는 가운데 불편하지만, 숲의 냄새, 나무를 때서 밥을 짓는 냄새, 원초적 감각들 등, 살아있는 감각들의 삶으로부터 유리된다는 의미이다. 그것은 마치 규격화된 케이지에서 회전통을 열심히 돌리고 있는 햄스터의 삶을 연상시킨다. 영조하는 삶이 아니라 주어진 세계에 순응하기만을 강요당한다면 우리는 생활세계의 식민화라는 현실을 어쩔 수 없이 수용당하면서 폐해를 경험해야 하기 때문이다. 오늘날 현대인들은 자본사회의 생산과 소비의 순환 주기에 편입되어 일상생활에 있어서 삶의 모든 것을 주어진 기표 내에서 살아가고 있는 실정이다. 그래서 현대인은 독립적인 주체라기보다는 소비를 위한 기계 혹은 소비를 위해 대상화된 존재로서 살아가는 경우가 대부분이다. 주어진 아파트, 주어진 가구, 주어진 소품(공산품)들은 자신이 선택하여 사는 것 같지만 쉽게 애착이 가거나 의미를 부여하기 힘들다. 자신이 선택하여 구매했다고는 하지만, 자신이 디자인하고 만들었다기보다는 그 모든 것들이 단순히 소비를 위한 물품이자 기호일 뿐이기 때문이다. 영조의 과정은 의미없이 흘러갈 수 있는 시공간을 소중하게 여기며 자신의 경험과 정성을 새기는 과정이다. 그 과정은 삶의 기쁨과 애정을 함께 부여하게 한다. 이처럼 도시의 일상생활의 식민화 현상으로 인해 공허한 방식이 아니라 자신의 공간과 처소를 직접 영조하는 방식의 삶은 동시대 건축과 도시건축에서 불가능할 것인가? 자연과의 관계에서 의미와 존재 이유를 만들어나갈 수 있는 영조의 개념은 오늘날 어떻게 만들어나갈 수 있을지를 고민해야 할 것이다.

자연을 자연답게 유지하도록 경영하면서 인간이 함께 공생할 수 있는 근본적인 방식이 원림의 조성이다. 원래 존재하던 자연을 최대한 훼손하지 않고 필요한 부분만 적절하게 제거하여 자신의 집을 짓는다. 이후 나머지 공간을 최대한 자연적인 방식으로 조화를 이루어나가면서 보기 좋게 만들어나가는 것이 동북아 원림의 특성이다. 서양인은 건축물을 대상화하여 건축물이 중심이 되는 인공 환경을 만든다. 건축을 위한 일종의 인위적인 무대를 만드는 것이다. 이른바 외부에서 내부를 창조하는 시각과 태도이다. 그러나 동북아인은 자연 안으로 들어가서 자연과 동화되고자 한다. 그래서 원림은 외부에서의 시각으로 보는 것이 아니라 내부로 들어가 함께 느껴야 한다. 그런 경우에만 그 공간과 자연의 흐름을 함께 공유할 수 있다. 시차의 관법(觀法)은 이렇게 형성된다. 동양화의 관법은 동북아 건축의 근본적인 태도로서 중요하다. 자연을 모방하여 대상화시키지 않고 자연과 동화되어 자연으로서의 일부가 되어 함께 호흡하며 대화하는 것, 그것이 이성과 직관을 포함한 마음에 흡족할 정도로 안정화되고 물아일체가 되는 경지의 건축을 추구한다. 그리고 주변을 둘러싼 다양한 요소들의 디자인인 영조를 통해 주변 자연과 대화를 나눌 수 있는 것이다. 그것은 일종의 '비자연' 이라고 해야 할 것이다. 들뢰즈의 이론대로 의미와 무의미의 개념에서 더 나아가 비의미의 잠재성을 탐구한 것처럼, 오늘날의 개념으로 보았을 때 우리에게는 비자연(반자연)의 개념이 원림인 것이다.[98] 우리는 서양의 사고와 폐해를 넘어설 수 있는 가능성이 있는 이러한

98) '의미 있음' 의 유의미와 '의미 없음' 의 무의미와는 달리, '비의미' 는 그 사이의 잠재적 공간에서 차이들이 만들어내는 잠재성의 현실화를 이루기 전이지만 활발하게 그 차이의 강렬도에 따라 분기되어 생성되기 직전의 활발한 상태의 의미가 만들어지기 직전의 상태를 뜻한다.

'비자연' 으로서의 영조를 추구해야 한다. 결국 관법은 세상을 바라보는 방식이자 철학이고 건축에서는 잠재성의 차이를 현실화시키는 설계 방법론이기도 하다.

이제 2권을 정리할 시점이다.

인도에서 생성된 불교는 인도의 논리성을 바탕으로 하여 세련된 인식론을 통해 동북아 철학의 부족한 부분을 채워주었다. 불교가 동북아에 전파되었을 당시, 도교적 세계관의 내재성의 사유의 공통분모로 파고들어 논리성으로 무장하고 인식론을 바탕으로 기존 사유체계와 경쟁했다. 불교는 점차 현지화되고 토착적 종교 문화요소와 상호 영향을 주고받으면서 동북아 특유의 직관적 인식론이 중심이 되면서 도교의 특성이 융합된 선불교로 진화하게 되었다.

불교 사찰의 가람 구조와 건축은 당시 격식있는 첨단 건축문화 체계가 도입된 것이었다. 그러나 선진 건축문화가 도입된 이후, 계속해서 우리의 풍토의 조건과 한국적 본성이 화학작용을 일으키고 토착화되며 발전했다. 이후, 조선 시대에 동북아 사유를 종합한 한국건축의 체계를 완성하게 되었는데, 이 과정에서 불교 건축문화가 지대한 역할을 했다는 점에서 중요하다. 초기 교종 중심의 불교는 점차 토착화되면서 선종 중심의 흐름을 보였다. 불교 건축은 사상의 변화와 함께 공명하면서 교종의 전형적인 형식적 건축 구성으로부터 선종의 최소한의 형식과 유연한 변용의 특성을 보이는 비형식의 건축 특성으로 선회하게 되었다. 이와 관련하여 건축적 특성은 경험을 통해 지각하고 외부 자연(세계)과의 3차원적 구성을 중시하는 흐름으로 나타났다. 자연과 자신(진여)을 일체화하기 위해 외부세계(외부공간)와 건축물과 사이의 세밀한 조정을 통해 마음속의 축과 공간을 구축하고 종합하여 인식하는 것이다. 이른바 모든 것이 오직 마음이 만들어냄을 중시하는 유식불교 사상의 특성상, 주변 자연과의 통합적이고 복합적인 구성방식과 조화를 중시하는 흐름으로 발전하게 된 것이다.

대승 불교사상은 공사상과 유식사상이 중심이 되고 있으며 공사상은 도교의 무위 사상과 공유되는 측면이 강하여 건축에 있어서는 회색 공간의 담론과 소멸성의 개념과 접목하여 논의가 가능하다. 양과 음의 관계와 같이 소멸과 함께 공존하는 것은 생성이며, 그것은 중앙을 중심으로 잡고 '순환의 특성'을 보이게 마련이다. 다른 한편으로 불교사상은 데리다의 해체주의 사상의 '차연' 개념과 공통분모가 있다. 건축에 있어서는 해체주의의 차연의 개념의 건축실험과 회색 공간 등과 공통분모가 있으며 차연은 해체주의와의 건축개념과 비교했을 때 새로운 잠재성의 현실화를 이끌어낼 수 있다. 8식인 아뢰야식의 개념과 무의식의 욕망의 발현(해체주의)과 차이점은 불교라는 종교적 특성상 무의식에 훈습되는 종자에서 좋은 결과가 나올 수 있도록 선한 것을 많이 쌓아야 한다는 도덕적 개념이 보다 많이 자리잡고 있다는 점이다. 해체주의적 성향과 노장사상에서 공유되는 부분은 일체유심조의 특성과 유사한 방식인 '영조(營造)'의 개념이 들어갔다는 점이다. 그것은 구성주의와의 차이이다. 여기에서 중요한 것은 자연에 들어가서 자연과 내가 조화를 이루어가면서 자연스럽게 하나가 되는 경지를 추구하는 건축적 방법론을 사용하고 있다는 점이다. 동북아에서 불교 건축의 발전 방향은 형식에서 비형식으로의 발전이었고, 특히 한국에 있어서 불교 건축은 복합성과 유연성, 그리고 유형의 창조적 파괴와 세밀한 장면의 조정으로 발전된 것이었음을 확인할 수 있다. 언급된 특성들은 모두 불교사상들이 한국건축에 주요하게 영향을 끼친 부분들이라고 할 수 있다.

1권에서 살펴보았듯이, 기의 흐름인 자연과 자신을 일체화되기 위한 인도 사유와 불교사상의 생성은 논리적인 방식과 내재성이 중심이 되는 직관의 동북아 사상이 결합된 방식이 현시된 것이었다. 이후 불교는 동북아로 넘어가 도교적 특성이 가미되고 융합되며 선불교로 현지화, 토착화되었다. 2권에서는 중관 불교와 유식 불교의 인식론을 통해 마음의 치료학, 번뇌의 치료를 위한 세련된 인식론이 발전되는 과정을 살펴보았다. 특히 선불교는 중국 특유의 상상력이 강한 언어학적 측면과 직관의 문화가 실천과 수행의 유교적 형식과 결합하여 발전되어 전파되었는데 각 지역에서 특유의 현지화 된 종교로 발전한 것이었다. 이와 궤를 같이하여 선불교의 경향이 오늘날에도 강하게 남아있는 한국의 경우, 자연과 일체화되면서 무위의 깨어있는 마음으로 내려가 해탈의 경지를 함께 만들 수 있는 마음의 건축을 추구했고 이로 인해 한국의 불교건축은 고요하고 정적인 분위기가 강한 특성이 있다. 그것은 자연으로 들어가는 건축이며, 자연과 동화되는 건축, 그 건축에서 생활을 영위하는 사람이 자연과 일체화되고 자연을 끌어들여 자신의 무위의 마음을 세계에 투영하며 자신의 세계를 만들어나가는 건축이다.

이를 위해 불교 건축은 건축물의 자체 내부공간보다는 외부(자연)와의 관계를 중시하며 만들어나가는 배치와 세밀한 조절을 통해 3차원의 시각적 공간구성의 관계 중심으로 발전했다. 그것은 건축물 자체가 세계 내의 하나의 요소로서 역할을 한다. 그 세계와 관계 맺는 과정에서 각 장면은 자연과 연계되며 3차원적 방식으로 자연의 구성물과 건축물의 소조성이 만들어내는 가장 아름다운 장면들이 세밀하게 조정되며 구축되었다. 한옥은 그러한 측면에서 불교건축이 실험했던 부분들이 응축되어 시지각과 공간경험의 몸각 측면에서 우수한 특성을 보이고 있으며 지형에 맞추어 적절하게 순응하거나 변이되는 복합체로 진화했다. 한국건축의 우수함은 이처럼 불교사상의 마음의 치료학을 건축적으로 승화시키면서 유형에 굴복하지 않고 끊임없이 창조적 변이를 이루어나갔던 창조성과 유연성에 있다. 오늘날 모든 것이 자본의 교환가치로 치환되어 계산되는 환경에도 기존의 우수한 가치와 동시대적으로 실현할 수 있는 방식을 계속해서 건축적으로 실험할 때 세계적 보편성을 기본으로 하여 지역의 특수성이 적용된 훌륭한 건축의 사례를 만들어낼 수 있을 것이다.

시사점과
PART III
건축적용 가능성

생각해보아야 할 점

0228 기능의 변화를 유연하게 포용하는 무자성의 건축은 어떻게 성취할 수 있을 것인가.

우리를 둘러싼 모든 건축물(집)들은 따지고 보면 영속적으로 유효한 기능의 건축물이라기보다는 특정 시기에 특정 필요에 따라 공간 내에 그 기능을 수행하는 일시적인 관계의 공간적 집합으로 볼 수 있다. 다만, 거주공간이 아니라 공장이나 특정 기능의 건축물의 경우, 효율적으로 특정 기능을 수행하기에 적합하도록 계획되고 그 기능이 전문적으로 쓰일 수 있도록 특화시킨 '집' 이라고 말할 수 있을 것이다. 만약 어떤 공장이 특정 기능을 수행하다가 기능의 효용성이 소멸되어 공장 내 기계들을 들어내고 새로운 주거 기능의 건축물로 변경하게 된다면, 그 건축물은 공장이 아니라 공동주택으로 변경될 수도 있을 것이다. 실제로 유럽의 대형 교회들이 주거 혹은 다른 용도의 상업시설로 변경된 사례들이 많다.

창고형 대형 쇼핑몰의 경우를 생각해보자. 렘 콜하스는 거대한 미로와 같이 대규모 실내 공간에 빠져서 수평으로 무한 확장되어 특정 지역의 장소성과 한정된 공간의 인지 감각을 상실하는 건축적 현상에 주목했으며 이러한 공간을 '정크 스페이스(junk space)' 라고 칭했다. 오늘날 전세계적으로 정크 스페이스가 폭발적으로 늘어나는 이유는 무엇일까. 그 배경에는 글로벌 무역이 활성화되고 대형 글로벌 기업 및 유통망이 합병 및 재편되고 대규모 물류와 소비가 일상화되면서 창고형 매장과 상업적 디스플레이의 수요가 폭발적으로 늘어나게 되었기 때문이다. 또 렘 콜하스는 'Bigness' 라는 거대함의 개념을 통해 거대한 규모의 몇몇 상징적인 건축물이 대도시의 이미지를 결정한다고 주장했다. 또 렘은 대규모 공간 속에

선과 악이 공존하는 다양한 상업적 쇼핑공간이 채워지는 현상에 대해서 긍정도 부정도 하지 않고 있는 그대로의 현상을 합리적인 시각으로 고찰하고자 했다. 그는 세계의 어느 대도시를 가더라도 상징이 되는 대형 건축물 안에 다양한 상업적 프로그램이 교차하며 다원성의 새로움을 창조하고 있는 상황을 인정하며 자신의 건축물에도 이러한 특성을 접목하여 다원적인 내외부 공간을 만들고 있다.

그렇다면 무자성(無自性)의 건축의 개념이 창고형 대형쇼핑몰 혹은 대규모 'Bigness' 개념의 건축물, 즉 '정크 스페이스'와 유사한 문제인가를 생각해 볼 수 있다. 여기에서 빠져 있는 중요한 점은 바로 자연과의 접면으로서의 '관계'이다. 외부에서 보았을 때 가장 단순하고 빠르고 효과적으로 구축되는 경제적인 대규모의 창고형 쇼핑공간은 인공적인 내부가 동일한 평면구조의 공간으로 끝없이 확장되며 펼쳐질 뿐이다. 무성격한 공간 안에는 그 공간을 채우는 상업적 콘텐츠들의 배치만이 존재할 뿐이다. 그 내부화된 공간에는 시간의 변화, 자연의 변화와 순환의 흐름은 느낄 수 없다. 카지노에서는 끝없이 도박에 빠져 소비하고 있는 자신의 모습을 인식하지 못하도록 거울, 시계, 창문 등의 세 가지 요소들을 의도적으로 제거시킨다. 끝없이 복제되어 수평으로 확장되는 실내 공간에서 우리는 일견 무자성의 특성과 같이 다양한 프로그램이 결합되어 나타났다가 사라지는 현상들을 목격하지만, 사실 그것은 상업적 목적에 한하는 작용일 뿐이다. 자본사회에서는 상업적인 움직임이 가장 강력한 것이어서 이것을 마냥 부정적으로 볼 수만은 없을 것이다. 그렇다고 하더라도 문제는 무자성의 개념이 성취된다고 해도 거대한 체적의 창고 건축물 안에서 자연과 시간의 흐름과 유리된 채 상업적 목적 이외에 큰 의미를 찾기 힘들다는 것이다. 무자성의 특성은 결국 진여와 자연과의 조화와 자연합일이 전제가 되어야 하기 때문이다. 오늘날 자본화로 진행되는 도도한 흐름과 특성을 무시할 수는 없으나 인공적인 내부 환경에 빠져서 자신을 잊고 살아가는 모습은 달리 이야기하면 자연의 변화와 흐름을 잊고 살아가는 '생활세계의 식민화'에 빠져있는 우리 자신의 다른 모습이기도 하기 때문이다.

그렇다면 무자성의 특성을 보이는 건축의 대안은 무엇일까? 그것은 대형 창고와 같은 쇼핑몰이나 창고형 마트와 같은 거대한 창고건물이 아니라 자연과 연계되는 여지가 있는 일정 규모의 매스와 프로그램이 느슨한 연계조직으로 얽히면서 자연스럽게 다양한 행위와 이벤트와 목적이 충족되는 구조일 것이다. 무자성의 건축은 그 건축을 둘러싼 자연과 합일하는데 도움을 준다는 가정하에 다양한 프로그램이 유연하게 포용되고, 이벤트가 생성되는데 용이하고 큰 무리없이 유연하게 그 공간이 사용될 수 있어야 한다. 동시에 그 공간은 필요에 의해 쉽게 해체될 수 있고 해체된 재료는 재사용되거나 자연으로 손쉽게 소멸될 수 있는 건축이 되어야 할 것이다. 이러한 니즈의 의해 공간을 사용하는 것이 자연스럽고 그 행위를 포용하고 사용되고 소멸될 수 있는 공간이 되어야 할 것이다. 그래서 그 모든 것이 인연에 의해 생성되고 진행되고 소멸되며 순환할 수 있는 유연한 구조이면서 자연과의 합일에 영향을 줄 수 있는 것이 되어야 할 것이다. 그것은 대규모의 공간보다는 오히려 중규모 상업시설에서 쉽게 성취할 수 있는 가치일 수 있다. 그것은 지나치게 대형화되는 건축에서는 발견하기 힘든 가치일 수 있다. 지나치게 작지도 그렇다고 이케아와 같이 지나치게 크지 않은 매스들의 집합이면서 동시에 자연과의 합일이 이루어질 수 있도록 자연과의 연계가 원활히 이루어지는 공간구조가 필요하게 될 것이다. 또한 이에 대한 확고한 철학을 정립하고 작업에 임하는 것도 필요하다. 그것이 오늘날 자본사회에서 살아남으면서도 동시에 자본의 폐해로부터 적절하게 환경과, 자연과, 건축적 가치를 지켜낼 수 있는 방안이 될 수 있을 것이다.

0229 동시대 자본 중심의 건축적 현실에서 '소멸성'의 건축을 실현시킬 수 있는 방안은 무엇인가?

자본사회에서는 일반적으로 건축적 행위는 다른 상업적 공간보다 돋보이고자 하고 그 지역에서 오랫동안 상징적으로 남아있기를 소망하며 실행된다. 또한 건축가 역시 오랫동안 시간을 견뎌내어 살아남는 주목받는 건축을 남기기를 욕망하기 마련이다. 자본주의의 역사가 시작되었던 서양의 일반적인 건축 경향은 강건하게 대지에서 솟아올라 그 대지를 장악하여 주위에서 돋보이면서 오랫동안 남아있기를 갈망해왔다. 콘크리트, SRC 구조 등과 같이 무거운 구조와 분해되기 힘든 인공 건축재료 등은 환경부하를 만들어낸다. 이러한 경향은 '소멸성' 이라는 키워드와는 전혀 정반대의 입장에 있는 것으로 느껴지기에 충분하다. 이렇게 자본사회에서는 강렬한 분위기로 주위를 장악하며 오랫동안 살아남을 수 있는 건축을 추구하는데 반해, 동북아 건축의 특성 중 하나인 '소멸성의 건축' 은 어떻게 실현시킬 수 있을 것인가. 쿠마 켄고의 소멸성이 중요한 것은 지역의 배경속으로 사라질 수 있는 소멸성을 추구하고 동시에 해체되어 쉽게 자연으로 소멸될 수 있는 구조와 디테일에 있어서 약한 건축을 추구했다는 점에 있다. 건축물 생애주기 비용(LCC; Life Cycle Cost)개념이 이러한 부분에 적용되어 '장수명 건축' 에서 주요한 개념으로 연구되기도 한다. 이러한 가치는 일시적으로 사용하고 쉽게 해체되어 자연으로 돌아가거나 쉽게 다른 기능이나 구조의 건축물로 재사용되거나 새롭게 새로운 건축의 자재로 재사용할 수 있는 건축을 추구한다. 그러나 이것은 자본의 가치와 관성과는 다른 방향의 가치인 경우가 많다. 자본주의는 자본의 집적의 순환을 빠르게 해야만 살아남을 수 있는 구조이다. 집적을 원활하게 할 수 있는 지역을 선점하여 구조화, 고도화하면서 동시에 자본의 효율화 집적화를 빠르게 할 수 있는 배타적인 공간구조와 수직의 고부가가치 건축을 추구하는 것이다. 따라서 '소멸성' 의 가치는 자본의 속성과는 대립적인 위치에 있는 것으로 보인다.

서양의 구성주의 철학에서는 형이상학적인 방식으로 이상적인 진리를 설정하여 진리를 구축하고 사유하는 주체가 세상을 구원하고자 하는 욕망을 투사시키는 경향을 보인다. 진리를 찾고 진리를 달성하기 위해 그에 맞는 해결방식을 구축하는 것은 무언가를 끊임없이 구성하는 방식(구성주의)이다. 그러나 해체주의 철학은 이미 그 존재와 세상의 운행 그 자체 내에 진리가 내포되어 있기 때문에 '해체' 의 필요성을 강조한다. 노장사상이 그러한 해체주의 철학의 대표적인 사상이다.

기술의 발전은 학문적인 내용을 구성하여 더욱 복합적인 방식으로 구축하며 창조적 진화를 계속한다. 세상의 모든 학문은 기존의 것들을 편집증적으로 끌어모아 복합화시키면서 발전한다. 특히 건축은 구축을 통해 실체로 드러나는 분야이기 때문에 '소멸의 건축'이라는 것이 낯설 수 있는 주제이다. 그러나 서양에서는 구성주의적인 건축이 우선했기 때문에 역설적으로 모더니즘 건축은 실패했다고 쿠마 켄고는 생각한다. 소멸의 건축은 구축을 위해 계획할 때부터 자연의 일부로 돌아가서 자연의 생성, 성장, 소멸하는 자연의 순환 매커니즘에 충실하게 소멸이 용이하고 편리한 건축을 추구하는 것이다. 또한 소멸은 주변 콘텍스트에 잘 녹아들어가는 것이다. 자연의 재료로 자연에 어울리면서 자연의 배경에 조화를 이루면서 자연과 동화되는 것이 바로 소멸의 건축이다. 계획설계 단계에서 자연의 재료를 차용하여 한 두 세대가 사용하면 또 다시 고쳐쓰거나 새로운 세대의 바램과 시대상을 반영하여 쉽게 허물고 새로 지어도 큰 무리가 없는 재료와 구법이 필요하다. 또 폐기물이 적게 나오거나 재사용하거나 해체하여 다른 곳에 조립하여 다시 짓는 행위, 혹은 자연으로 해체와 소멸이 용이한 건축이 바로 소멸의 건축이 필요로 하는 것이다. 동북아 건축의 경우, 대부분 이러한 성향이 매우 강하게 드러난다.

그러나 소멸을 중시하게 되면 영구성을 중심으로 하여 구축을 중심으로 성립되어 온 건축산업 전반에 악영향이 발생할 수 있다. 동시대 건축은 인공적인 화학재료를 사용하여 건축자재를 생산하는 경우가 많다. 또 콘크리트 등의 대표적인 건축 재료들은 해체되었을 때 자연으로 바로 되돌아갈 수 없는 물질이다. 이러한 재료들은 자연으로 돌아가기에는 환경에 많은 부하를 주게 마련이다. 이를 피하기 위해 공업화된 산업재료를 될 수 있으면 다시 고려하여 친환경 재료를 사용하게 되면 그만큼 건축비용이 상승하게 될 것이다. 콘크리트 사용에 대한 개념을 받아들이고 바꾸기 위해서는 이에 대한 사회적 합의와 적절한 교육이 선행되어야 할 것이다. 그리고 다른 한편으로는 계획설계 단계로부터 자연적인 재료, 소멸이 용이한 재료로 구성되는 구축방법(약한 건축)을 사용하면서 전체적인 컨텍스트에 조화를 이루어 자연스럽게 소멸될 수 있는 건축적 방안을 발전시켜야 할 것이다. 이 때 중요한 것은 단순히 주변 콘텍스트의 기존 유형으로 침잠하는 것이 아니라 기존 유형에서 시작하되 기존의 유형과 적극적으로 긴장감을 유지하며 동시대적 가치를 접목하여 새로움을 제시할 수 있는 건축을 만들어야 한다는 점이다. 이처럼 소멸의 건축을 실행하기 위해서는 일정 정도 기존의 산업과 자본이 중심이 되는 관점을 벗어난 접근방식이 필요하다는 것을 상기할 필요가 있다.

그렇다면 이렇게 자연의 순환과 긍정적인 의미의 소멸성에 대한 특성은 어떻게 접목시킬 수 있을 것인가? 이 두 가치들은 어떻게 사이좋게 공존할 수 있을 것인가? 우선 소멸성의 컨텍스트를 만들어낼 수 있는 성숙한 시민의식과 미적 의식의 수준을 높여야 할 것이다. 아무리 좋은 제안을 한다고 하더라도 성숙한 미적 의식이 갖춰진 국민들이 존재하지 않는 한 이기적인 자의식의 건축적 특성이 사회에 드러날 수밖에 없기 때문이다. 또 한 가지는 사회적 합의가 필요하다. 고밀도 개발의 압축도시의 개념과 저밀도의 전원도시의 개념이 항상 충돌하지만, 소멸성의 건축, 즉 쉽게 지어지고 쉽게 해체되어 재료들이 재사용되고 혹은 자연으로 쉽게, 상대적으로 쉽게 돌아갈 수 있는 건축은 현재까지의 기술로는 중층 혹은 저밀도의 전원도시에서 가능할 것이기 때문이다. 만약 압축도시의 특성이 유지되고자 한다면 압축도시를 구축하는데 필요한 건축기술, 재료, 유지보수의 개념이 소멸성의 개념에 맞추어 대부분이 재사용되고 쉽게 해체되어 소멸될 수 있는 구조와 재료와 디테일이 개발되어야 할 것이다. 에너지를 최소화하는 건축계획 방법론과 기술 역시 확보되어야 할 것이다. 그러나 그러한 바램은 현재로서는 쉽지 않은 과제이다. 탄소 중립사회의 추구와 움직임과 같이 소멸성의 개념은 건축물의 에너지의 탄소저감 방식만큼이나 일상생활 자체의 변화를 요구한다. 그것은 생산 및 유지 소멸의 과정에서 탄소배출을 적게 하고 환경의 부하가 적은 재료와 구축 방식으로 공간을 생산하며 주변의 녹색의 환경을 누리면서 살아가는 삶을 추구하는 것이다. 그것은 현재로서는 중층 혹은 저밀의 전원도시 개념에 적합하며 도시 분야에서는 다핵 네트워크(Polycentric Network Cities) 도시구조의 적절한 해결방식을 모색하는 것이 현실적이다. 자본주의의 요구사항을 상당 부분 만족시키면서 동시에 인간다운 삶과 함께 더불어 사는 삶은 이렇게 생각의 출발점부터 차이를 만들고 있다. 공사상, 마음의 건축과 순환성 혹은 소멸성의 개념과 관련하여 어떠한 관계를 설정하여 동시대성을 만족시켜야 할까. 양가적인 가치를 만족시킬 수 있는 도시와 건축은 이러한 출발점에서 시작될 수 있는 가능성이 클 것이다.

0230 다양한 프로그램과 기능 그리고 외부의 기를 받아들이는 건축적 구성, 가변성, 연기성(緣起性)을 실현할 수 있는 '회색 공간' 의 구축방법론은 무엇일 것인가?

회색이 상징하는 것은 흰색과 검은색의 명확한 입장과 위치를 가지고 있지 않다는 것을 의미한다. 회색 공간은 명확한 기능의 공간이라기보다는 기능이 혼합되거나 명확하지 않은 기능의 공간이 겹쳐지거나 다른 기능이 될 수 있는 잠재성이 있는 공간 혹은 규정할 수 없는 공간일 때 회색 공간이라고 칭할 수 있을 것이다. 양과 음이 있지만, 동북아 사유에서는 양과 음의 존재를 인정하고 서로를 기다리는 것으로 생각한다. 양과 음의 요소들이 명확하지 않은 것, 선과 악이 명확하지 않고 선과 악이 공존하면서 서로의 흔적이 있음을 인정하는 것이 동북아 사유의 주요한 특징 중 하나이다. 양과 음은 서로의 흔적을 남기면서 운행하는데, 이때 중심을 통해 순환을 한다는 것이 중요하다. 모더니즘 시대의 명확한 기능의 조닝과는 달리 동시대 건축에서는 기능이 명확하지 않거나 기능의 이름을 아예 의도적으로 지정하지 않는 실들의 공간이 늘어나도록 계획하는 경우가 많았다. 특히 기능과 기능이 전통적인 관점에서 서로 어울리지 않는 것들을 의도적으로 인접 배치하여 우연의 시너지 효과를 이루도록 하던가, 상극처럼 보이는 기능이 시너지를 이루도록 하는 '병치(jusxtaposition)' 의 기법을 쓰기도 한다.

그러나 한국건축에서 특히 이러한 병치의 특성과 다른 측면은 자연과 연계된 회색 공간의 특성을 구현한다는데 있다. 핵심은 외부의 기를 받아들이고 외부와 내부의 경계가 모호해지면서 회색 공간이 만들어진다는 점에 있다. 자연의 합일이 중심이 되어 온전한 회색 공간이 구성된다는 것이다. 그것은 양과 음이 있고 양과 음이 서로를 기다리고 흔적을 남기는 공간이라고 볼 수 있다. 천인합일을 중시하는 동북아 사유의 특성과 같이, 외부의 자연을 끌어들이고 외부의 기를 끌어들여 외부인지 내부인지 애매하기도 하고 경계가 모호한 공간을 추구하는 것이다. 사찰과 한옥의 회색 공간은 넓은 처마들이 겹치면서 하부의 반 외부 공간이 생성되고 대청과 쪽마루, 누마루 등으로 비를 맞지 않으면서 마당을 중심으로 각 공간에서 순환가능하도록 구축되는 가운데 생성된다. 그 공간의 사용자는 외부의 기를 직접적으로 또 간접적으로 경험하면서 멀리 보이는 풍경의 자연을 끌어들여 자연과 하나 되는 감각을 느끼게 된다. 마음속에서 자연과 일체가 되는 경지에 이르기 위해 마음 수행하는데 도움을 주는 건축계획의 방식은 동북아 건축의 주요한 특징 중 하나이다.

구조 안에 마치 융의 아니마와 아니무스의 상반되는 특성이 공존하는 프로그램과 공간구성을 어떻게 구현할 수 있을 것인가?[99] 내 외부가 모호한 회색 공간의 계획은 가변성이 그 핵심이다. 동시대 건축에서 한국건축의 회색 공간의 개념을 적용하여 발전시키는데 있어서 한국 건축의 유전자는 외부의 기와 풍경을 경험하면서 자연과 합일할 수 있는 건축적 방안과 기능을 동시에 모호하게 만드는 복합적 구성이 핵심이다. 그러나 또 한 가지 중요한 부분은 그렇다고 하더라도 그 공간과 건축이 만들어내는 경관은 단정한 느낌이 들면서 난잡하지 않다는 것이다. 유기적인 자연에서 자연을 거스르지 않고 최소한도로 자연을 훼손하고 주변 환경을 영조(營造)하면서 만드는 자연적인 원림의 유기적 형태와는 다르게 건축물 자체는 단정한 그리드 체계로 지어졌다는 점이 특이하며 구조 역시 그러한 건축적 특성을 반영한다. 물론, 그러한 이유는 우리가 일반적으로 접하는 고건축이 유교가 중심이 되었던 조선 시대의 건축이기 때문에 그렇기도 할 것이다.

99) 아니마 아니무스: 정신분석학자 칼 구스타프 융에 의해 처음 고안된 용어로서, 아니마는 남성의 무의식의 한 부분을 구성하고 있는 여성적 심상으로 억압되어 정신의 깊은 곳에 발달되지 않고 잠재해 있다. 반대로 아니무스의 개념은 여성의 무의식의 한 부분을 구성하고 있는 남성적 심상으로 수동적이고 의존적인 여성상을 이상화하는 사회에서 아니무스는 여성 안에 억압된 채 잠재해있다. 아니마와 아니무스는 양과 음의 성향과 유사하게 양가적 가치가 공존해있는 관계를 상징한다.

한국건축에서 회색 공간은 외부와 내부의 성격이 모호할 정도로 외기에 면하면서 동시에 내부의 느낌이 들 수 있는 공간으로 정의할 수 있을 것이다. 그것은 프로그램의 불확정성, 자연의 흐름과 기의 감각을 온몸으로 느낄 수 있는 공간이다. 또한 이러한 건축은 차경의 장치들을 적절히 적용하여 회색 공간에서 외부의 자연을 시각적으로 최대한 끌어들일 수 있는 방법론이 정교화된 것이다. 내부로 끌어들였다는 표현보다는 내재성의 사유의 특성에 맞게 내부로부터 외부의 자연과 연계가 쉽게 만들었다고 표현하는 편이 더 적합할 것이다. 이를 통해 범아일여, 천인합일의 경지와 함께 기의 흐름과 자연과 계절의 변화를 감지하고 즐기고 수행할 수 있는 방식이 발전했던 것이다.

다양한 기능이 큰 무리없이 필요에 따라 기능할 수 있는 무자성의 공간을 계획하기 위해서는 역설적으로 더 정교하게 필요한 기능을 충족시키는 것이 가능할 정도로 건축가의 건축계획의 능력과 경험이 뛰어난 경우에 비로소 가능하게 된다는 측면이 있다. 이러한 기능, 혹은 저러한 기능으로 사용할 수는 있지만, 이것도 저것도 불충분하게 기능하는 공간계획은 오히려 폭력적일 수 있다. 이 기능에도 완벽하게 작용하고 저 기능에도 완벽하게 작용하면서 유연하게 확장되거나 사용될 수 있는 무자성의 공간을 성취하기 위해서는 건축가의 더 깊은 고민과 실력을 필요로 하게 되는 것이다. 한국건축은 각 채는 큰 특성이 없으나 그 채가 모이며 만들어내는 기능과 확장성은 역설적으로 이러한 세밀한 조정으로부터 나온 것이다. 오늘날의 건축에서도 자연과 연계된 무자성의 건축을 온전히 실현시키기 위해서는 그만큼 건축가의 더 많은 능력을 필요로 한다는 것을 의미한다.

0231 지연과 차이가 발생하지 않는 직관적 불립문자의 특성을 중시하는 동북아 건축을 동시대에 어떻게 성취할 수 있을까?

시각적 대상보다는 눈에 보이지 않는 직관을 중시하는 동북아 건축의 태도와 오늘날 동시대의 건축적 방향성은 어떻게 성취되어야 할 것인가? 문자를 넘어서서

32

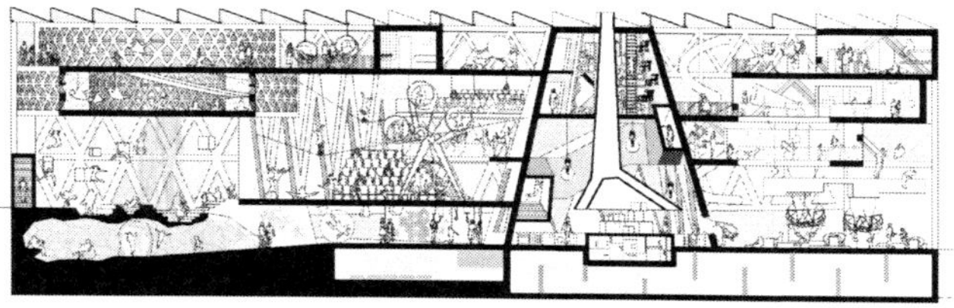

33

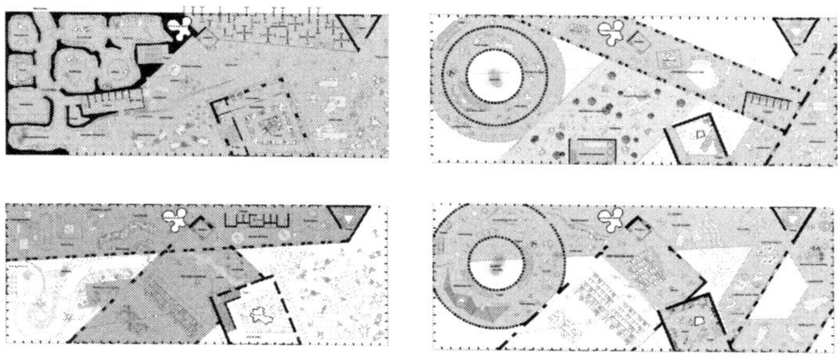

핵심에 도달하거나 문자로는 표현하기 힘든 본질에 어떻게 도달할 것인가?

MVRDV의 위니 마스는 2010년경을 전후하여 관습적인 도면의 요구 조건을 초월하는 건축 표현 방법론을 한때 실험한 적이 있다. 그는 치수와 평면, 입면, 단면 등 세계적으로 통용되는 공통적인 요소들을 거부하고 이미지만으로 모든 정보가 집적되는 새로운 이미지 정보 중심의 도면을 실험한 것이다. 그의 작업인 'House of Culture and Movement' 는 이러한 작업의 산물이라고 볼 수 있다. 활발한 문화적 활동을 담는 집을 설계한 위니 마스는 이 작업에서 치수와 설명을 생략한 그림과 같은 도면을 선보인다. 도면을 보면 스케일도 알게 되고 각 공간에서 발생하는 활동 및 움직임이 어떻게 될지를 쉽게 상상할 수 있다.

그것은 단순한 도면이 아니라 공간에서 발생하는 움직임과 프로그램 그 자체

32 House of Culture and Movement 단면
33 House of Culture and Movement 평면

가 직관적으로 느껴질 수 있도록 표현되어 있다. 이 시기의 위니 마스는 기존 도면의 표현방법론과 약속을 벗어나는 치수와 설명이 없이도 도면이 될 수 있는 방안에 대해서 고민했다. 우리가 일반적으로 표현하는 도면작성의 방법론보다는 움직임, 그 안의 문화적 프로그램이 발현되는 양상에 대해서 더욱 집중함으로써 궁극적으로 이 건축이 만들어내는 활력적인 모습을 표현한 것이다. 일반적인 도면의 표현이 문자라고 한다면, 움직임과 프로그램의 발현 양상이라는 본질(움직임)을 드러내는데 더욱 관심을 집중하여 표현한 것이다.

이것이 바로 불립문자적인 접근방법을 잘 설명할 수 있는 사례라고 할 수 있을 것이다. 우리는 달을 바라보라고 손가락으로 가리키면, 보라는 달은 보지 못하고 손가락에 집중하여 바라보기 때문에 결국 달을 보지 못하는데, 이것이 바로 인간이 쉽게 저지르는 어리석음이라고 할 수 있다. 달이라는 본질에 다가가는 것이 근본적인 목적인데, 본질에 다가가지는 않고 손가락이라는 수단에만 집착하게 되면 본말이 전도되는 것이다. 관습적인 도면의 형식으로 인해 '움직임' 을 중점적으로 표현하고 구축하고자 하는 '의도' 로서의 표현이 방해받는다면 본질에 다가갈 수 없는 것이다. 이 작품에서 건축의 아이디어를 표현하는 도구는 도면이라는 문자적 부분이지만 근본적으로 표현하고자 하는 것은 활발한 '움직임(movement)' 과 '문화적 프로그램의 활성화' 인 것이다. 단면과 평면을 보게 되면 전통적인 도면의 방식에서 더 나아가 프로그램의 활동 그 자체와 움직임 그 자체가 가장 눈에 들어오게 표현되어 있다. 특히 단면의 장면들은 움직임 그 자체이다. 치수를 알고자 하면 외부 멀리언의 한 부분 간격만 알게 되면 자연스럽게 전체 크기와 부분 부분들의 치수들이 나올 수 있도록 계획되어 있다.

해체주의 시기에 데리다는 주체와 객체를 나누어 생각하면서 나타나는 이분법적 폐해와 불안정한 부분을 극복하기 위해 기존의 사유 방식을 근본적으로 해체하고 주체와 객체의 사이에서 발생하는 무의식의 요소, 즉 주체에 의해 억압되고 배제된 요소들을 온전하게 드러날 수 있는 방법론에 집중하여 사유했다.

34

건축적으로 생각해본다면 모더니즘 건축의 깔끔하고 효율적인 공간과 표현에서 배제되거나 억압되거나 표현되지 못했던 무의식의 요소들을 온전하게 드러나게 하여 불안정했던 부분들을 온전하게 만들어 안정화시킨다는 측면이 있는 것이다. 앞서 언급한 대로 츄미의 맨하탄 트랜스스크립트를 보면 그것은 다이어그램인지, 투시도인지, 또 도면인지 분간하기 힘든 이미지들을 만들어놓았다. 보는 사람은 그 장면 장면들을 따라가면서 다양한 공간 이미지와 기능과 프로그램을 경험하게 된다. 곁들여 보여지는 사진과 삽화들에서는 일반적인 건축에서 표현되기 힘든 무의식의 요소와 이벤트, 선악이 공존하는 장면들이 교차한다. 츄미는 공간을 이동하면서 억압되고 배제되고, 말하기 힘든 무의식의 요소들이 온전하게 발현되는 새로운 건축적 기법에 대해서 실험한 것이다. 본질에 다가가기 위한 노력은 이렇게 기존의 문자적 해결방식이 아닌 본질이나 무의식의 부분까지 도달할 수 있는 새로운 표현방식을 필요로 한다.

다만, 해체주의의 방식은 주체와 객체의 이분법의 폐해를 극복하기 위해 주체와 객체의 '사이'에 집중했지만 그렇다고 그 구조 자체를 초월하고 넘어선 것은 아니다. 여전히 그 텍스트 자체에 묶여 있다고도 볼 수 있다. 또 외부 자연과의 연계에 대해서는 관심 자체가 아예 없었다고 할 수 있다. 동북아적인 가치의 내재성의 사유와 세계와 일체화가 되면서 해탈하고자 하는 본질적인 부분을 생각했을 때, 결국 우리는 건축의 본질에 집중하면서 동시에 자연과의 연계와 하나가 되고자 하는 부분에 집중할 필요가 있다.

이를 위해 우리는 가볍고 쉬운 구조로 지어지면서 다양한 프로그램과 이벤트가 무리없이 포용되며 기능을 했다가 사라질 수 있는 구조 즉, 유연한 가변성이 있으면서 동시에 일정 기간이 지나면 해체될 수 있는 공간구조를 생각해볼 필요가 있다. 환경부하가 없이 자연으로 쉽게 돌아갈 수 있는 건축, 자연속으로 소멸되듯이 주변과 어울리는 건축, 그 가운데 자연의 기의 흐름에 원활하게 반응하고 받아들이면서 주변 자연을 끌어들이며 관계를 맺는 건축이 필요하다. 그것이 동북아 사상과 공명하는 건축에 가까울 것이다. 건축의 본질적인 측면인 가족과 이웃과 행복한 공간, 자연을 느끼며 살아가는데 적합한 공간, 환경에 무리를 주지 않는 공간에 적합한 본질을 만들어나가는데 집중해야 한다. 그것을 표현하는데 있어서 건축가의 욕망이나 건축주의 욕망이 삽입되어 기존의 관습을 따르며 돋보이고자 하는 욕망을 투사할 때 건축의 본질에서 벗어나게 되고 폐해의 굴레에 빠지게 될 것이다. 달을 바라보지 않고 손가락을 바라보는 폐해의 굴레에 빠지게 되는 것이다. 불립문자의 교훈은 건축에 이러한 깨달음을 요청하고 실천할 것을 강조하고 있다.

0232 오늘날 경험의 고조, 절정 및 순환의 구조와 동시대 건축에서 어떻게 응용될 수 있을 것인가?

우리나라에서 불교건축 역사의 중요성은 당대에 격식과 하이테크 건축의 토착화에 있어서 가장 중요한 역할을 했다는 점에 있다. 불교는 삼국시대에 도입되었는데, 단순히 종교만 들어오는 것이 아니라 불교 문화 전반과 건축문화가 동시에 들어오는 것이어서 당시의 불교건축은 당시를 기준으로 격식있는 고품격의 하이테크 건축이 도입된 것이었다. 동시에 대규모 단지 건축물의 구축 시스템이 함께 도입된 것이었다. 그것은 인도로부터 전래된 불교 가람의 단지 건축시스템이 동북아적으로 번안된 것이었다. 도입 초기에는 대규모 불교사찰은 도시 내 그리드 체계하에서 복잡 다양한 프로그램이 성취되고 건축되면서 당시 선진 건축문화가 거의 직접적으로 도입된 것이었다. 왕궁 근처의 도시 내에 위치하며 귀족을 중심으로 국가가 적극적으로 장려하며 발전한 불교 건축은 산지 지형이 많은 한국의 상황상 외적 조건에 순응하면서 발전되었다. 한국의 불교 건축은 산지에 배치되며 점차 경험의 고조, 절정 및 순환의 구조가 실험되었고 그 과정에서 한국적 불교 건축과 종교건축의 과정적 시나리오의 문법구조가 완성되었다. 그리드 체계의 가람구조와 함께 선진건축, 격식있는 건축, 하이테크 건축과 단지건축의 시스템이 점차 수도로부터 각 지역으로 확장되면서 한국적 불교 건축이라는 문법적인 시나리오로 번안되어 구조화된 것이다. 공간적 문법은 종교적 열정의 건축적 여정을 상징하면서, 열정의 전반적인 상승과 고조, 절정의 도달과 다시 그 희열과 깨달음을 중심으로 세상으로 나아가는 되돌음의 순환구조를 보이고 있다.

건축가 백문기는 '길의 건축' 이 자신의 중요한 작업의 화두 중 하나였다. 산동네의 아기자기한 길, 다양한 행위가 일어나는 길, 이웃의 각 채의 사이의 길에서 벌어지는 다양한 이벤트와 상호소통이 있는 길, 다양한 시각적 경험과 공간적 경험, 진입과 이동과정 경험이 다채로운 길 등의 요소들은 한국건축에 있어서 매우 중요한 요소라고 생각한 것이다. 다만, 그의 건축에서 길의 과정적 특성은 공간적 경험이 대부분 건축물의 내부에서 이루어지고 있는 것이 특징이다. 그것은 어쩔 수 없이 요청받은 건축물이 대형화되면서 길과 외부의 세계(자연)와의 연계된 길의 측면을 실현시키기보다는 공간의 과정적 경험에 더욱 그 중요성을 둔 까닭이다. 도심의 건축에서도 '길' 의 개념을 구현하되 자연의 기와 차경과 연계될 수 있는 건축적 방안을 고민해볼 필요가 있다. 김현철이 설계에 참여한 '광주 시청사' 는 그가 작업했던 '건축공간박물관' 의 건축공간과 경험의 과정적 시나리오성의 실험이 현실에 구체화되는 사례로서, 과정의 문법적 시나리오성을 공간적으로 경험할 수 있는 좋은 사례이다. 그것은 길뿐만 아니라 길에서 만나게 되는 발단, 전개, 가속, 절정, 전환, 되돌음(다시 시작)의 순환적 구조의 과정이 건축적으로 구조화된 문법을 보여주는데, 그것은 불교 건축에서 과정적 시나리오를 밟아나가며 체험을 유도하는 것과 유사한 면모를 보이고 있다. 그러나 중요한 차이점은 그러한 길의 특성들이 공간의 내부에서 이루어지면서 외부의 자연과의 직접적 연계 부분에서의 사고는 상대적으로 부족해질 수밖에 없다는 점이다. 오늘날 건축가들은 대규모화 되는 건축물의 내부공간 중 한정적인 공용공간에서 건축가의 의지와 기교를 표현할 수밖에 없는 상황에서 외부 공간의 내부화는 시대적인 하나의 현상이자 거부할 수 없는 건축적 현실이 되었다. 그러한 현실이라고 할지라도 자연의 합일이라는 범아일여의 가치를 현대적으로 번안할 수 있는 방법론을 계속해서 발전시켜 나가야 할 것이다.

0233 외부 공간과 연계된 소조성의 건축과 미세한 조정을 산업화되고 계약중심의 동시대 건축에서 어떻게 적용될 수 있을 것인가?

한국 불교의 비극은 잦은 외침과 국난으로 인해 중요한 건축물들이 훼손 내지 전소(全燒)되는 참사를 계속해서 겪어왔다는 점이다. 그러나 그것이 단순히 비극인 것만은 아닌 것이, 한 번에 지어지고 그것이 계속해서 지속되고 보전되는 나라에서는 건축적 실험이 상대적으로 부족할 가능성이 크다. 기존 콘텍스트가 계속해서 유지되며 주변에 영향을 끼치기 때문이다. 그러나 계속해서 사건에 의해서 같은 대지에 건축물을 새로 지어야 하는 경우에는 기존의 건축물의 배치와 형태 그리고 기능에 있어서 불편하거나 부족했던 부분을 보완하여 새롭게 지을 수 있는 새로운 '기회'가 될 수도 있다. 또 국난으로 황폐화된 상황에서 상대적으로 짧은 시간에 한정된 기간과 예산으로 건축물을 구축하다보니 새로 지은 건축물에서 기존의 많은 기능을 복합적으로 사용해야 할 경우가 많았을 것이다. 그래서 한국 불교 건축은 필연적으로 '대방'과 같은 복합화의 길을 걸었는지도 모르겠다. 이처럼 한국인은 비극적 외적 변수에 대응하면서 건축물을 새롭게 구축하면서 재건(再建)을 세밀하게 조정하며 발전시키는 축복의 기회로 삼았던 것이다. 이러한 상황에서 선조들은 각 건축물이 세워지고 보여지는 시각적 축의 다양함과 장면의 전환과 미장센 및 자연과의 조화를 실험할 수 있었다. 이러한 측면에 있어서 불교 건축은 시각적 경험의 과정에서 전체적으로 미세한 조정의 기법을 발전시킬 수 있었다. 이러한 미세한 조정이 필요한 이유에는 한국적 지형이 가장 큰 영향을 준 외적 변수였다. 산지 지형의 계단식 대지의 성, 절토 조성과 일률적이지 않은 축의 대지조성으로 인해 각 건축물의 기하학적 그리드 체계의 배치가 불가능하게 된다. 이러한 상황에서 다양한 축이 적용되며 배치되어 있는 산지 사찰에서는 다른 솔루션이 필요하게 된다. 사찰의 각 지점의 장면들에서 보여지는 경관의 조화와 건축물의 소조성은 산지 지형의 상승과 진입하는 과정에서 필연적으로 시각적 보정이 일어날 수밖에 없다. 또 산지 지형을 완만하게 등고선을 따라 오르게 되면 정면으로 직접 진입하는 것보다는 자연스럽게 측면으로 돌아 들어가면서 모서리의 아름다운 구조의 지붕선을 만나게 되는 경우가 많다. 지붕선과 처마의 섬세한 곡선의 겹침이 만들어내는 소조성의 아름다운 장면들은 한국 지형의 어려움을 창조적 미적 감각으로 승화시키는 것으로. 한국인의 장면 조정에 대한 조형적 힘이 내재하고 있는 것을 확인할 수 있는 부분이다.

그러나 여기에서 주의할 점이 있다. '불교 건축의 창건자들이 왜 이렇게 가람을 구성했는가 하는 당대적 질문에 대해, 지금 이렇게 보이고 이렇게 해석할 수 있다는 현재적 대답만을 구하는 한계가 있다. 과거의 계획 의도나 개념을 밝히기보다는 현대 건축의 이론을 증명하기 위한 도구적 연구에 빠질 위험을 어떻게 극복할 것인가가 공간론적 접근이 해결해야 할 과제로 보인다.' [100]라는 의견과 같이 장면과 경험적 관점을 오늘날에 비판적 의식 없이 무작위로 가져다 쓰려고 하는 방식은 문제가 될 수 있다. 다만, 분명한 것은 옛 사례를 공부하면서 자연과 하나가 되고자 했던 내재적 사유 및 인식의 태도와 건축을 경영하고자 하는 태도 등은 오늘날에도 여전히 유효한 과제라는 점이다. 또 한국의 풍토에 적합하게 경사지 주거를 발달시켜온 특성과 근본구조를 오늘날에도 적용해보는 것 역시 유의미한 방식이 될 것이다.

그러나 오늘날 자본주의 사회에서는 계약을 중심으로 하여 계약된 내용만을

100) 한국건축역사학회, 한국 건축사연구1_분야와 시대, 발언, 2003, p72

건축하는 상황에 놓여 있다. 이러한 외적 조건에서는 미세한 조정을 통해 보완된 장면의 미학을 만들어내는 건축적 상황을 조성하는 것은 거의 불가능에 가깝다. 외부 공간과 연계된 소조성의 건축적 장면을 조정하며 새롭게 만드는 것은 더욱 힘들어지게 된다. 선조의 건축적 성취에 다가가기 위해서는 결국 몸의 이동에 따라 나타나는 경우의 수와 시각적 변화과정을 사전에 충분히 시뮬레이션할 수밖에 없다. 그것은 필연적으로 건축가의 노력과 경험치가 쌓여 미세한 조정을 통해 시각적으로 완벽하게 경험되는 장면들과 원활한 시퀀스 동선을 만드는 등, 노련한 능력을 필요로 하게 된다. 결국 한 번에 실수 없이 지어져야 하는 현대건축의 계약 상황상, 건축가는 그만큼 더욱 예측에 대한 시뮬레이션, 그리고 경우의 수를 사전에 실험하며 조형할 수 있는 축적된 경험을 요구받게 된다. 또 이러한 측면의 중요성을 인식하고 건축 교육 역시 이에 대한 커리큘럼을 보완할 필요가 있다. 한국건축의 배경이 되는 산지 지형 및 하늘이라는 자연과 인공 건축물과의 미세한 축의 조정과 처마의 곡선과 상징적인 탑이 겹치며 만들어내는 장면들은 오늘날 건축적으로 중요한 장면의 전환이나 건축 여정의 상업적, 공간적 목적성을 성취하기 위해 꼭 필요하다. 오늘날 이러한 가치는 이동하는 신체의 경험을 환기시키고 감동을 증폭시키는 시나리오성의 성취에 있어서 매우 중요한 역할을 하고 있다. 이것이 오늘날 한국 불교건축의 중요한 유산이며 조선 시대 불교 건축의 격식과 신체적 경험과 자연과의 합일의 정신이 온전하게 집약되고 압축되어 반가건축으로 종합을 이루게 되는데 큰 영향을 끼치게 된다. 따라서 조선 시대 반가건축 및 민가 건축의 구축방식과 공간적, 경관적 특성은 우리 건축의 유, 불, 도 특성이 녹아 들어가 있는 방식으로 반가의 현대적인 번안이 필요하다.

상대적으로 짧은 기간에 빠르게 구축되는 건축과 자본주의적인 외적 변수들이 지배하는 사회에서 건축은 어떤 방식을 선택할 수 있을 것인가. 우선, 건축가는 선조의 지혜를 충분히 습득하여 클라이언트와의 지속적인 소통으로 최적화된 콘텍스트와 삼차원의 조화와 안정된 조형을 만들 수 있는 능력을 갖추어야 할 것이다. 한국의 지형은 산지 구릉이 많아 지형의 하부로부터 진입하면서 단순 그리드 체계의 구도에서 벗어나 자연지형에 맞춘 건축물과 만나게 되는 경우가 많다. 따라서 자연과 건축물과의 조화 및 주변 콘텍스트와의 조화를 이루는 방식에 있어서 다양한 경험과 시각적 조정 및 최적의 환경을 만들어낼 수 있는 능력과 수련이 필요하다. 여기에는 필수적으로 3차원적인 세밀한 조정과 장면의 시뮬레이션 능력이 그만큼 더 중요하고 필요로 하게 된다.

두 번째는 건축을 계획함에 있어서 사용자가 준공 이후에도 계속해서 자신의 방식으로 기본 구조에 새로운 부분을 덧붙여 나가거나 주변 환경을 가꾸어나가면서 그 건축을 더욱 풍요롭게 영조(營造)할 수 있는 여지를 두는 건축을 애초부터 계획하는 방법을 생각해볼 수 있을 것이다. 오늘날 기존의 자연이나 기존의 구조 안에서 계속해서 자신의 의도로 꾸며나갈 수 있는 공간의 여지를 두는 건축 즉, 구조속에 여유공간(구조속의 구조)을 계획하여 주목받는 건축가는 헤르만 헤르츠버거이다. 그는 건축에 있어서 근본적인 구조를 확장시켜 전체가 되는 기초적인 소구조를 설정하고 이를 확장시킨다. 그 가운데 그 구조의 일부를 거주자들이 참여하여 스스로 만들어나갈 수 있는 부분을 부여한다. 그는 이렇게 참여의 과정을 통해서 공동으로 결정하는 것이 바람직하고 이런 방식으로 거주의 군집을 이루는 과정이야말로 소외 극복의 과정을 만들 수 있는 것으로 생각했다. 이를 위해 헤르츠버거는 '공동결정(co-determination)' 이라는 개념을 설정했다. 그는 거주자의 발화(parole)로 여겨질 수 있는 공동결정을 주제로 그의 건축적 개념을 발전시켰다. 공동결정이라는 것은 엘리트의 입장에서 훌륭한 건축을 제공하는 것이 아니라 거주자가 참여하는 건축을 추구하는 것이다. 기의의 사회적 결정은 각 사회가 임의적으로 스스로 만들어나가면서 의미가 발생하는 것이기 때문에 스스로 만들어나갈 수 있는 공간의 중요성을 역설한 것이다.[101)]

그것은 스스로 결정하여 환경에 애착을 가지게 하는 것이며 헤르츠버거는 건

101) 임기택, 구조주의와 건축이론, 시공문화사, 2014, p114

축가는 전체적인 관점에서 근본적인 구조를 부여하는 역할이 주가 되어야 한다고 생각했고 거주자들이 공간들을 자신의 해석에 맞추어 변화시키고 균형을 맞추어 나갈 수 있는 여지를 부여하는 것이 중요하다고 믿었다. 따라서 그의 건축에는 사용자가 변화시켜 나갈 수 있는 여지가 부여된 공간이 항상 존재한다.[102] 구조주의 건축가인 헤르츠버거의 작업에서 보여지는 공동결정의 개념을 우리는 영조의 개념과 연계하여 자연과 합일할 수 있는 여지를 보이는 건축의 방식과 함께 현대화할 수 있는 방안을 함께 생각해보아야 할 것이다. 그것은 단순히 디자인의 개념이 아니라 거주하는 사람의 만족과 함께 인간과 자연이 합일되는 태도를 실천하는 것이 매우 중요한 과제임을 다시 한번 강조하고 있다. 그러나 이와 같이 단순히 건축을 주어진 사물과 같이 소비하는데 그친다면 이 세상, 특히 자신이 거주하는 물리적인 공간에 애착을 가진다거나 자연과 일체화가 되는 느낌을 받기 힘들 것이다. 영조하는 가운데 자신이 참여하여 자연의 일부로서 활동하고 자연과 일체가 되는 삶을 꾸며가는 것이 바로 전체와 하나가 되는 방법이 될 것이다.

0234 화엄사상과 같이 자연과 인간이 하나가 되는 방안을 동시대 도시 건축에서는 어떻게 응용이 가능할 것인가.

자신의 소우주를 경영하면서 세계의 운행과 동일한 마음가짐으로 자신의 소우주인 주거와 정원을 경영한 실제 이야기가 있다. 후시하라 켄시 감독의 다큐멘터리 영화 '인생 후르츠(人生フルッ)'를 살펴보자. 90세의 건축가 '츠바타 슈이치'와 87세의 아내 '츠바타 히데코'는 자연과 어우러지는 건축을 지향하며 50년 동안 정원을 가꾸며 살아온 집에서 과일 50종과 채소 70종을 키웠으며 뉴타운 단지 뒤의 민둥산을 도토리나무로 무성하게 가꿨다. 그는 우리로 치면 주택공사 혹은 LH와 유사한 일본 주택영단에서 도시계획가와 건축가의 역할을 하며 뉴타운을 직접 계획하고 설계를 직접 실행했다. 그는 5천명이 죽은 자연재해를 겪고 난 이후, 그 지역에 새롭게 고지대의 뉴타운 주거단지를 주도적으로 계획했다. 그는 당시 이상적인 계획도시와 전원도시를 계획하고 실현시키고자 했지만, 자본의 경제성과 사

102) 임기택, 상게서, p119

업성의 문제로 인해 좌절되었다. 그 후, 그는 자신이 일상에서 직접 실천할 수 있는 '영조' 의 생활 방식을 성취하기 위해 990제곱미터의 대지를 구입하게 된다. 그는 도로에서 최대한 자신의 건물을 셋백하여 뒤로 배치하고, 그 앞에는 정원과 텃밭을 가꾸면서 '자연과 함께 하는 삶' 을 실천했다.

건축가 르 코르뷔지에가 정의한대로 '집은 삶의 보석상자여야 한다.' 라는 언급과 같이 그들의 삶은 '꾸준히 무언가를 최선을 다해서 하며 살아간다' 는 자세로 자연과 함께 하는 주거의 삶을 실천한다. 그는 '역시 집이 좋아' 라는 안도감이 들 정도로 일상 속에 안정된 감정이 굳건하게 뿌리내리는 것이 가장 중요하다고 생각한다. 그들은 돈보다는 사람이 중요하며 다음 세대에게 풍요로운 이익을 줄 수 있는 방안을 꿈꾸었다. 그것을 자연과 함께 하는 삶, 주변의 커뮤니티와 소통하는 삶을 추구한 것이다. "차근차근, 천천히 인생이 맛있게 영글었다"는 영화의 카피와 같이 그의 삶은 슬로우 라이프를 추구했다.

'바람이 불면 낙엽이 떨어진다.
낙엽이 떨어지면 땅이 비옥해진다.
땅이 비옥해지면 열매가 여문다.
차근차근 천천히.'

라는 그의 시와 같이 슈이치는 별세했지만, 영화에서는 그가 재능기부를 한 자연친화적인 병원의 계획과 그 계획이 실제 실현되는 장면이 이어진다. 그들은 정원을 가꾸는 것을 서로를 배려하는 것으로 생각했고, 정원을 보며 행복해하는 상대를 보면서 행복을 느끼는 선순환적인 방식이 중요하므로 이를 실천하는 삶을 살았다. 도시와 건축 역시 이와 같이 자연과 함께 서로가 행복하기 때문에 행복해지는 선순환의 전원도시의 미래상을 다시 생각해보아야 할 것이다. 도시와 건축 역시 이러해야 하지 않을까?

현대건축에 있어서 자연과 함께 하는 녹색 주거단지의 개념을 세우고 실제 실현시킨 영국의 도시계획가는 에베네저 하워드(Ebenezer Howard)로, 녹색의 전원도시를 계획했다. 그는 1903년 런던에서 북쪽으로 약 56km 떨어진 곳에 위치하는 레치워스(Letchworth)라는 곳에세계 최초의 전원도시(garden city)를 계획하고 실현시켰다. 그는 사회주의 좌파이론가인 헨리 조지의 영향을 받아 '공공 토지 임대 제도'를 중심으로 하는 전원도시의 개념과 그린벨트의 개념이 들어있는 『내일의 전원도시』를 집필하여 출판했다. 그러나 여기에서 그린벨트는 오늘날 우리나라의 무분별한 성장(sprawl) 억제책이 아니라 녹지, 농촌의 개념이 공존하는 주거도시를 의미하는 것이다. 하워드의 전원도시의 이념은 크게 세 가지로 볼 수 있는데, '협동적 사회주의 + 소규모 촌락공동체 + 도시와 농촌의 결합' 등이 그것이다.

첫째, 협동적 사회주의

협동적 사회주의란 '대자본이 집중' 되는 개념과는 대립적인 개념으로, 그는 대지주 부르주아의 대농장과 농노의 비참한 삶을 벗어나는 소지주 농민 계층의 협동적인 공동체를 이루어야 한다는 입장이다. 그는 이것을 중심으로 하여 대도시에서 개인과 집단이 조화를 이루며 소규모의 촌락으로 이루어진 농촌경제를 꿈꾸며 협동적 사회주의를 추구했고 이에 따른 물리적 도시를 계획했다.

둘째, 소규모 촌락공동체

하워드는 대규모 자본이 아니라 소규모 촌락이 중심이 되어야 하며, 소수 부르주아의 독점적 권력과 통제의 사회가 아니라 소규모 공동체의 자유와 커뮤니티에 기초하여 계획하는 것이 중요하다고 생각했다. 그는 대규모 도시에서 벌어지는 소수의 독점적 자본행태에서는 희망이 존재하지 않는 것으로 보았다. 이에 따라 그는 소규모 공동체가 각자의 농장영역을 경영하고 협동하는 농촌 경제공동체를 꿈꾸었다.

셋째, 도시와 농촌의 결합

하워드는 전원도시계획에서 도시적인 편리함과 효율성을 꾀하면서 동시에 농촌에서 자연의 특성을 누릴 수 있는 물리적 구조를 고안했다. 그는 교외지역이 자연환경과 상대적으로 저렴한 지가의 토지로 인해 수준이 높은 주거생활을 누릴 수 있다고 보았다. 그는 도시와 농촌의 장단점에서 단점을 적절하게 보완하고 장점을 극대화하여 자연속에 사는 동시에 도시에서 누릴 수 있는 요소들을 접목한 도시구조를 제안했고 그 결과로 레치워스의 전원도시가 실현된 것이었다.

오늘날에도 '협동적 생산소비관계' 에 기초한 레치워스의 전원도시는 '신탁자산' 이라는 조직에 의해 주민들의 공동재산인 토지를 중심으로 하여 운영되는데, 상업시설은 주민들이 공동소유하여 월세 수익을 관리하고 지역경제에 다시 투자하여 선순환을 이루고 있다. 이러한 운영방식은 이른바 지역공동체에 근거한 사회적 경제의 시초가 되는 것이다. 자연과 함께 살아간다는 사회적 시스템과 물리적 시스템의 결합이 사회주의적 특성으로 결합되는 공동체의 주거를 만들어 낸 것은 오늘날 교외의 자연주의 도시건축이나 주거단지에 있어서 하나의 참고방안이 될 수 있을 것이다.

오늘날 콤팩트 시티를 더욱 발전시키는 메가시티의 방안과 다핵 네트워크 도시를 구성하는 전원도시의 논리가 대립하며 담론을 형성하고 있다. 도시를 고도로 집적화시키고 효율화시킴으로써 토지이용을 극대화하는 방안을 추구하는 콤팩트 시티 이론과 중, 저밀도의 전원도시의 개념이 넓게 분포하며 자연과 함께 하는 인간다운 삶을 추구하는 방식이 충돌하고 있는 것이다. 지나친 자본화의 폐해도 문제이지만, 글로벌 경쟁력의 상황에서 마냥 경쟁력이 떨어지는 공간구조를 고집할 수도 없는 문제이다. 각 구조의 선택은 그 나라, 지역의 여건에 맞게 밀도와 도시 및 건축 철학들이 충분히 의견수렴이 이루어지면서 조화를 이루어가는 것이 시행착오를 줄이며 현실화할 수 있는 최선의 방법이 될 것이다.

0235 명상과 참선 등, 마음의 축과 건축을 추구하는 방식은 동시대 건축에서 어떻게 성취할 수 있을 것인가?

자신의 관점에서 하나의 세계를 만들어나가는 유식불교의 특성은 건축에서 어떻게 표현되어 왔는가. 필연적으로 공적영지(空寂靈智)라는 진여의 공간을 중시하는 불교의 특성상, 공적영지의 세계는 적막하게 고요한 공간에 뿜어져 나오는 영적 진리의 빛이 충만한 공간을 상징한다. 이기적 자아의 먹구름을 초월하여 진리의 공적영지에 도달하는 것은 그 자체로 진리의 공간의 단계인 돈오(頓悟)로 넘어서는 것을 의미한다. 이를 위해 일상의 번뇌를 끊고 자신의 내면을 관조하며 이기적 자아를 끊어내고 해탈의 고요하고 빛이 충만한 영역으로 나아가기 위해서는 조용히 자신의 내면을 들여다보는 관조의 공간적 분위기가 중요하게 될 것이다. 또 한가지는 그 공적영지의 진여(眞如)를 만나게 되면 그것 자체가 다시 전체 세계와 동일한 범아일여(梵我一如)의 세계와 연결되기 때문에 수행의 일상 자체가 세계의 축소판이라는 세계관이 만들어지게 된다. 따라서 한국 불교 혹은 건축에서 원림 조성은 원림 자체로 인간이 걸어들어가 그것 자체가 하나의 잘 경영되는 소우주를 만들고 자신의 마음의 상태를 해탈의 상태로 만들어 세계의 운행과 동일한 마음가짐으로 만드는 것을 목적으로 하여 영조되었다.

동북아 사유의 특징 중 하나는 논리보다는 마음의 상상과 직관을 좀 더 중시한다는 점이다. 특히 동북아의 선불교는 논리적인 특성으로 이해시키기보다는 직관적으로 세계에 대한 상상력을 발휘하여 한순간에 깨달음에 이르는 방식을 정교화했다. 스승의 깨달음을 위한 교육 방식은 이심전심(以心傳心)을 통해 단박에 직관적인 깨달음에 이르도록 도와준다. 할(喝)과 화두를 통해 본질의 깨달음에 다가가는 수행 방법론은 마음의 수양을 통해 세상의 운행의 법칙을 깨닫고(격물치지) 완성된 인격체로 성장하여 도덕적 이상국가를 만들고자 했던 성리학적 세계관에도 영향을 주게 되었다.

인간의 번뇌와 집착을 끊어 해탈에 이르게 하고 그것을 통해 세계(자연)와 일체가 되고자 했던 것이 불교의 중심적인 목표라고 할 수 있다. 유식불교는 논리성을 중시하는 중관 불교와 모든 것이 마음이 만들어낸다는 가르침(一切唯心造)의 유식사상과 함께 마음의 치료와 해탈을 중시한다. 이후 유식불교는 중국으로 넘어가 마음을 중심으로 실천적 수행을 통해 단숨에 깨닫고 이를 바탕으로 지속적으로 깨달음을 수행하는 선불교의 돈오점수의 개념을 발전시켰다. 선불교에서는 마음의 해탈을 통해 최종적으로 자연의 최고선의 상태로 자신을 일체화시키는 것(해탈)을 추구했다. 따라서 건축 부문에서는 해탈을 위한 자연과의 교감을 중시하며 자연을 끌어들이고 자연과 일체가 되는 것을 중시하는 경향으로 나타났다. 자연의 운행방식은 하나의 법 그 자체이고, 자연의 각 요소들은 그 법에 의해 장엄한 집합을 이루며 움직이고, 거시적인 시점에서는 마치 꽃과 같은 형상을 이루며 운행된다. 화엄 사상이 그것이다. 규모가 있는 사찰의 경우, 각 기능의 채들이 군집을 이루며 세계를 형상화한다. 각 영역은 소우주인 각 영역의 마당을 중심으로 하나의 세계를 이루고 그것이 합쳐지며 더 큰 전체를 이룬다. 우리나라의 경우, 군집은 외부의 시선으로 보는 것이 아니라 내부에서 외부의 자연을 바라보는 수행 주체를 중심으로 구축된다. 한국 건축의 군집의 공간구조는 안에서 밖을 보는 관점에서 결정된 것으로 경험 주체의 위상의 변화를 반영한다. 오늘날 건축에서 이러한 측면을 어떻게 받아들이고 응용하여 어떤 방식으로 구축할 수 있을 것인가.

불교의 건축은 상대적으로 내면을 집중하여 탐구하는 특성으로 적막하고 고요한 공간감과 자연의 기의 흐름의 연계가 중요하다. 군집의 사찰은 외부에서 대상화되어 보여지는 것보다는 내부에서 수행자들의 마음이 중심이 되어 자연과 연계됨을 중시하며 구축되었다. 군집의 규모가 커지게 되면 필연적으로 복합적인 특성이 나타나는데, 한국의 사찰에는 반드시 각 영역의 중심이 존재하며 상호 연계되어 있고, 그 가운데 마음의 축이 작용하여 전체적인 구성의 질서를 잡게 된다. 이 구조는 전체적인 질서 속에서 부분적으로는 변화가 수용되고 있으며 급변하는 부분 역시 수용 가능해야 한다. 그러나 전체적인 시점에서 보았을 때 그 변화 역시 주위의 자연과 순응하고 자연의 형태와 공명한다. 이와 같은 한국 건축의 과거 사례를 바탕으로 동시대 건축 역시 자연과의 일체와 마음의 관조가 일체화가 될 수 있는 건축적 구축방안과 표현이 필요할 것이다.

0236 데리다의 해체주의와 연기의 차이점과 건축공간 및 표현의 차이점과 단점을 극복할 수 있는 방안은 무엇인가?

데리다의 사유는 주체와 객체의 사이 공간 즉, 틈의 경계를 중시한 사유이다. 주체가 객체를 대상화하는 서양의 이성 중심주의에 의한 폐해를 극복하기 위해 데리다는 주체와 객체의 사이를 끊임없이 오가면서 흔적을 만드는 가운데 폐해를 줄이고자 하는 '해체주의 사유'를 발전시켰다. 주체와 객체는 둘 사이에서 서로의 존재를 인정하고 서로를 필요로 하는 가운데 왕복하면서 차연(차이와 지연)을 극복할 수 있는 방안을 모색한다. 동북아에서 양과 음이 서로를 대대하는 방식을 생각나게 하는 지점이다. 불교에서 연기는 세상 모든 존재와 운행되는 모든 것들은 서로의 인연으로 만들어진다는 개념이다. 연기(緣起)라는 한자의 뜻 그대로 인연에 의해 모든 것이 일어난다(발생한다)는 뜻이다. 그것은 인(因)이라는 직접원인과 연(緣)이라는 간접원인에 따라 만물의 관계가 일어난다는 의미이다.

주체가 객체를 대상화하여 일방적으로 판단하는 것은 여러 가지 소통의 문제와 폭력적 행태를 야기해왔다. 이성에 의해 폭력적인 인식의 판단이 행해지고 그와 연결되는 일방적인 행동이 발생할 수 있다. 온전하게 판단하기 위해서 혹은 소통하기 위해 사용하는 언어, 말, 글은 완벽할 수 없기에 어쩔 수 없이 소통이 지연되거나 차이가 발생할 수밖에 없다. 데리다는 이것을 '다르다(different)'와 '지연되다(delay)'의 의미를 종합하여 '차연(differance)'이라는 단어를 만들어 사용했다. 이처럼 주체가 객체를 판단하기 위해서는 일방적인 판단을 하기보다는 양측의 대화와 소통을 통해 끊임없이 서로를 오가야 한다. 그렇게 되면 서로의 존재를 인정하고 서로의 흔적을 이해하게 되면서 화해하고 일정 부분 동화될 수 있다. 데리다가 집중하는 것은 근대 이후 이성을 신봉하여 객관적이고 과학적이라는 명분 하에 주체가 객체를 대상화하면서 발생하는 '글쓰기' 의 소통의 문제이다. 그러나 불교의 연기 사상은 주체와 객체와의 관계에서 만들어지는 집착으로 인해 번뇌가 발생하여 마음이 괴로운 것을 극복하고 해탈하는데 집중한다. 불교사상은 번뇌가 이러한 인연으로 만들어지는 허상에 불과하다는 것을 깨닫고 집착에서 벗어나 해탈에 이르게 하는 것에 주요한 목적이 있다. 소통의 문제해결과 집착의 문제의 해결이라는 관심의 미묘한 차이가 있는 것이다. '소통' 과 '집착' 이라는 것이 결국 주체와 객체와의 관계에서 발생하기 때문에 기존의 방식을 '해체' 하고(끊어내고) 새롭게 생각하자는데 있어서는 유사하지만 순수 철학과 종교라는 특성에 따라 소통극복의 형이상학적 차원의 문제와 종교의 실질적인 실존의 마음의 치유라는 측면에서 다른 점이 존재한다.

따라서 데리다의 해체주의는 '인식' 과 '소통' 이라는 측면에서 기존의 방식은 문제가 있으니 기존의 소통 방식을 해체하고 새롭게 인식하고 소통하는 방법론을 정립하고 실험해야 한다는 입장이다. 건축은 구축에 있어서 언어의 구축 시스템과 매우 유사하게 적용되어 실행되는 분야이다. 따라서 하나의 선을 긋는 행위, 모형을 만들기 위해 칼로 모형지를 자르는 행위 자체가 시작되는 순간부터 자신의 의도가 지연되고 차이를 만들기 때문에 온전하게 그 순간에 의도를 구현하는데 근본적으로 한계를 보일 수밖에 없다. 해체주의 건축의 조류는 이러한 현상을 극복하기 위해 데리다의 '미래 완료적 글쓰기' 에 주목한다. 쓰는 그 순간 이미 소통의 부족함이 발생하므로 부족한 부분까지 생각해서 한꺼번에 드러날(소통할) 수 있는 글쓰기 방법론을 생각해보는 것인데, 미래 완료적으로 아직 소통해서 지연되는 것을 가정해서 미리 그것까지 생각해서 소통하는 방법론을 고민해본다는 것이다. 마치 공장에서 컨베이어 벨트에 실려오는 작업용 사물이 오고 있는 것을 상상해보자. 무언가 말하거나 쓰는 그 순간, 컨베이어 벨트로 표현하자면 이미 그 의미는 이미 그 적절한 저점을 지나쳐서 지나간 순간이 되면서 무언가 올바르게 표현하거나 차이가 발생하기 마련이다. 그것까지 생각해서 콘베이어 벨트 앞에서 시작하여 말하는 순간 정확하게 의미의 지연없이 의미의 적합한 소통을 추구하는 것이 바로 해체주의적 '미래완료적 글쓰기' 이다.

모더니즘 건축과 같이 이성적인 건축의 조닝과 구축방법론으로는 표현과 경관과 공간적 경험에 있어서 명백하게 건축의 한계를 드러낼 수밖에 없다. 데리다의 사유는 다양한 건축 구축방법론으로 미처 드러내지 못하는 무의식의 구조와 표현을 드러내며 억압되고 배제된 것을 온전하게 드러내어 불안정한 것들을 소환시켜 안정화시키는 것에 관심을 집중하는데 영향을 끼쳤다. 그러한 방법론은 결국 억압되고 배제시키고 소외시켰던 음지의 것들을 양지로 끌어들여 건강한 소통과 공동체를 만들어 안정화될 수 있다고 생각하는 것이다.

해체주의 철학과는 결이 다르게도, 불교의 해체주의는 마음의 치료를 위해 집착을 끊어 해체하고자 하는 것에 중점을 두고 있다. 그렇다면 이러한 측면을 건축 부문에서는 어떻게 고려해볼 수 있을 것인가. 우선, 기능과 프로그램의 명확한 구분을 의도적으로 벗어나게 계획하는 것을 생각해볼 수 있을 것이다. 전통건축에서 한옥의 마당은 흙 마당으로서 뚜렷한 기능이 부여되어 있지 않다. 그것은 조경을 위한 정원도 아니고 잔디나 자갈이 깔려 있지도 않다. 미학적 대상의 공간도 아니다. 한옥의 마당에서는 다양한 행위와 작업이 이루어진다. 열효율 측면에서는 대류현상을 통해 기의 순환이 원활하게 되도록 하는 측면도 있다. 그러면서 외기에 면하여 대청 및 누마루, 쪽마루 등의 반 외부 공간과 면하여 회색 공간으로서의 애매모호한 공간이다. 그러나 경우에 따라서 다양한 쓰임새로 쓸 수 있도록 하며 유연한 쓰임새가 기능에 맞추어 적합하게 사용이 가능하도록 그 공간을 사용하는 구성원들이 서로의 존재를 인식하고 공동체 구성원의 일체화를 이루는 공간의 쓰임새를 보이게 된다. 회색 공간 혹은 성격이 규정되지 않는 공간을 만들고자 했던 공간은 그리드 패턴을 이용하여 단정한 이미지를 주고자 했다. 동시에 처마선의 절제된 화려함이 공존하다. 복합적이지만 단정한 경관을 만들어내는 것이 우리 선조들의 사유와 공간을 표현하는 방식이다. 여기에는 특정 기능만 쓸 수 있는 것이 아니라, 여러 기능을 유연하게 만족시키기 위해서는 더욱 세심한 고려가 필요하다는 역설이 존재한다.

프로그램과 실행에 있어서 양속에 음이, 음속에 양이 잉태되어 있는 가운데 그것을 끊임없이 오가면서 일정한 경지에 이르는 것에 대한 건축적인 해결방안이 필요하다. 앞서 언급한 바와 같이 이질적인 혹은 대립적인 부분이 공존하는 것과 서로의 흔적을 오가는 것이 동북아 사유와 우리 건축의 중요한 특징이다. 현대건축에서 기능과 프로그램의 집착을 벗어나 조닝에 있어서 명확한 기능을 복합적으로 또 가변적으로 다양하게 사용하면서 동시에 단정한 느낌의 공간을 만들고 지붕의 겹침과 지붕의 유려한 곡선의 시각적 변화를 동시에 추구하는 이율배반적인 회색 공간 혹은 그러한 회색의 쓰임새를 만드는 것이 중요하다. 이 과정에서 자연과 함께 하고 일체화되는 태도와 그에 따른 접합의 방법론을 중시해야 한다. 그것은 집착을 벗어나 다양한 양상을 수용하는 건축의 자세, 마음 치유의 자세일 것이다. 무언가의 기능으로 하나의 공간이 지정되고 그렇게 쓰여야 한다는 것 자체가 하나의 집착일 수 있다. 무심한 듯 서있고 때에 따라 사람에 따라 유연하게 다양한 기능으로 쓰이고 때가 이르면 분해되고 자연으로 돌아가는 건축, 그것이 무자성의 건축이 될 것이다. 무언가 욕망의 구축물로서 드러나기보다는 건축주와 건축가가 욕망에서 한발 물러서서 이러한 가치들을 온전하게 추구할 수 있는 방법은 없는 것일까. 그러면서 자본의 논리에 적합하도록 계획하는 방법을 생각해보아야 할 것이다.

0237 8식 아뢰야식의 욕망이 현실속에서 드러나면서 동시에 단아하고 건강하게 구축될 수 있는 건축 방법론은 무엇인가?

라캉에 따르면 욕망은 대타자의 욕망이다. 내가 욕망하는 것이 아니라 다른 사람이 욕망하는 것을 내가 욕망한다는 것이다. 그에 따르면 언어의 세계(상징계)에 들어오게 되면 언어의 그물망에 가로막혀 실재계(무의식)에 말하지 못하는 무언가 무의식의 욕망이 잔존하게 된다. 욕망의 도덕론을 생각했을 때, 결국 연기의 공허함을 깨닫고 본질의 진여를 바라볼 수 있는 과정과 함께 하며 마음수행의 파트너가 될 수 있는 건축, 자연과 일체가 되면서 아트만의 본질을 깨달을 수 있는 것을 통해 욕망을 극복하고 초월할 수 있는 방법론이 필요할 것이다.

잘못된 무의식의 습관이 저장된 습기를 극복하고 초월할 수 있는 건축적 방법론은 무엇이 될 수 있을 것인가를 생각해볼 필요가 있다. 개인의 자유와 표현의 자유에 대한 방식을 넘어서서 도덕적 측면과 정치적 특성을 자연의 흐름과 연계하여 하나가 되는 방식으로 함께 볼 수 있어야 할 것이다. 도덕성을 확보했다는 것과 인격이 드러나는 것 자체가 습기를 제거하고 계속해서 도덕적, 이상적 인격을 완성시켜 나가는 과정이자 의지의 산물임을 인식해야 한다. 그렇다면 건축적으로는 어떻게 해결하고 발전시켜 나가야 할 것인가.

욕당 자체도 하나의 자연의 일부로서 받아들이고 그것을 극복하고 초극하려고 하는 방안이 필요하다. 이를 위해서 건축은 그것을 돕는 수행 파트너로서의 역할을 하는 것으로 생각해볼 필요가 있다. 그러나 자본사회에서 그리고 유교사회가 아닌 현재에 그런 가치와 이데올로기가 굳이 필요한 것인가에 대해 의문이 들 수도 있다. 그것을 어떻게 바라보고 동시대에 접목시킬 수 있을 것인가. 건축은 삶의 도구로서 중요하지만 사회적 이슈를 선도해나가는 부분은 부족한 경우도 있었음을 생각했을 때 한계를 느낄 수 있다. 그러나 적어도 분명한 것은 건축은 우리의 정신세계와 가치관에 영향을 받아 굳어지는 물질이자 공간이다. 자본사회에서는 유교국가의 이데올로기가 해체되고 자본집적에 유리한 요소들과 욕망이 긍정되기에 자본사회의 상징적인 특성과 상업공간의 대규모화 등 욕망이 직접적으로 발현되면서 자본집적에 있어서 유리한 경관과 공간구조로 재편되어 그것에 유리한 지리적 집적이 이루어진다. 자본의 논리에 순응하면서 동시에 정신적 가치를 접목시킬 수 있는 방안이 함께 고려될 필요가 있다.

욕망이 현실에서 적절하게 드러나되 동북아 불교사상에서는 그것이 오랜 종자의 습기의 산물이라고 생각한다. 습기의 존재를 인정하고 그것의 욕망의 고통을 만들어내는 것을 극복하거나 초월하고자 하는 마음수행을 중시한다. 이를 통해 습기를 제거하고 고통을 만들어내는 외적 조건에 무감각해질 정도로 초월적인 특성을 보이면 불교에서는 그 자체를 해탈이라고 보았다. 건축적으로 이러한 특성은 욕망에서 벗어나 자연에 최대한 가까이 가는 삶의 특성이 발현될 수 있는 해탈의 장소이자 건축이라고 할 수 있을 것이다. 도시 내에서는 성공과 고통과 번뇌를 일으키는 경쟁에서 벗어나 자신의 공간에 만족하고 공동체의 소통과 관계에서 안정과 행복을 느끼게 되고 그것으로 만족하는 삶을 살 수 있는 공간이라면 그 자체로 해탈과 같은 '빛' 의 삶을 사는 것이라고 할 수 있다. 최소한의 거주의 조건을 확보하고 자신의 처지에서 안분지족 만족하며 사는 삶을 확보할 수 있는 건축은 결국 정신의 문제이자 행복의 만족의 조건이라고 할 수 있다.

앞서 언급했던 영화 '인생 후르츠' 에서 주인공이 자연과 함께 하며 서로가 서로를 행복하게 해주며 선순환의 관계를 만들었던 것과 같이 욕망을 벗어나는 방법은 결국 자연으로 돌아가 자연의 흐름과 법칙에 나 자신의 욕망을 맡기고 내려놓으며 자연의 흐름과 하나가 되는 삶을 찾는 것이다. 바쁜 현대인에게 그것은 저 멀리 있는 실현 불가능한 것이라고 생각될 수도 있겠지만, 자기가 할 수 있는 한도 내에서 자족하며 영조의 자세와 태도를 가지는 것이 해답이 될 수 있지 않을까. 조그마한 실천의 자세로 나를 둘러싼 주변의 환경으로부터 조금씩 변화시켜

나가고 애정을 가지고 자연과 함께 하고자 하는 노력을 기울이게 되면 거기로부터 희망이 생성되고 행복이 자리잡을 수 있지 않을까.

0238 자연의 흐름을 원활하게 느끼면서 동시에 편리함도 누릴 수 있는 양가적 특성이 건축에서 공존할 수 있는 방법은 무엇일까?

인간은 자연속에서 태어난 존재이며 자연을 온전히 느끼고 즐기며 사는 것은 자연의 일부인 인간으로서 자연스러운 것이며, 그래야만 하는 당위성이 있다. 범아일여, 자연합일, 이질적인 것들의 공존, 순환의 가치는 동북아 사유와 건축, 특히 한국건축에서 중요한 가치이며 그것들이 온전하게 구축되는 부분은 조선 시대 반가에서 유, 불, 도의 특성들이 녹아들어 굳어지게 되었고 한국건축의 원형이 되었다. 조선 시대 사대부의 가치는 자연의 흐름과 변화에 민감하게 감응하며 하늘의 뜻을 알고 일체화되면서 이상적인 도덕적 인격체로 성장하는 것이고, 더 나아가 그 이상적인 인격을 중심으로 하여 정치에 참여하여 이상적인 도덕 국가를 만드는 것이었다. 한국에서는 이기심과 탐욕의 자아를 벗어나 자연의 엄정한 법칙과 흐름에 순응하고 깨닫기 위해 수행하는 문화가 계속해서 발전해왔고 그것을 중요한 가치로 여겼다. 자연의 흐름과 근본 원리를 깨닫기 위해서는 고통스러운 수행과 깨달음의 과정이 필연적으로 수반되기 마련이다. 따라서 기본적으로는 수행의 과정에서 겪게 되는 고통과 편리함과 안락함이라는 두 가지 감정은 양립할 수 없는 가치일 것이다. 그럼에도 불구하고, 자본사회에서 사회적 업무시설에서의 긴장을 적절하게 풀어줄 수 있는 주거건축에서는 최대한 안락함을 추구할 수 있는 공간이어야 한다는 점에서 두 가지 니즈와 감정이 함께 공존할 수 있어야 할 것이다. 자연의 흐름을 원활하게 느낄 수 있으면서 동시에 이상적인 도덕적 인격체로 성장하는 문화와 건축을 추구하는 것이 동시대에도 가능한 것일까? 자본사회에서 추구하는 가치는 도덕적 인격체의 수양보다는 자본의 집적을 위한 산업적 니즈에 의한 소비와 이미지의 소비의 공간의 가치가 중시되기 때문에 기본적으로 도덕적 가치관이나 이데올로기적인 가치관은 상대적으로 배제되거나 축소되기 마련이다. 동시대적인 조건에서 사업을 위한 직장의 업무공간이나 생산공간은 조선 시대로 생각하면 수행의 공간이라고도 할 수 있다. 수행의 과정에서 일에만 빠져 있는 것이 아니라 자연의 변화와 흐름을 원활하게 느끼면서 수행할 수 있는 공간을 추구하면 바람직 할 것이다. 인공적인 환경과 인공적인 공조로 인한 안온한 공기속에서 업무에 집중하다보면 미세한 자연의 기의 흐름과 변화를 느끼지 못하고 시간이 흘러가게 된다. 이런 상황에서는 자연과 함께 하는 업무환경 혹은 수행환경과는 거리가 먼 삶을 살게 되고 행복과는 거리가 먼 삶을 살게 될 것이다. 업무를 하는 일터에서 또 가정에서 자기가 할 수 있는 한도 내에서 자연과 함께 하고자 하는 시도, 주변을 자연과 함께 하고자 하여 조금씩 변화시켜 나갈 수 있는 태도, 구성하려는 태도 그러면서 소소하지만 확실한 행복을 추구하는 태도, 그것이 바로 자연과 함께 하는 태도이다. 영조의 자세로 자신의 주거에서부터 무언가 변화시켜 나가고자 하는 태도로 새롭게 바라보는 것, 실천하는 것이 필요하며, 마음 자세와 생활 태도를 자연과 함께 하고자 하는 생활 자세와 건축을 포함한 주변을 변화시키고자 하는 의지로부터 시작될 것이다.

0239 대방과 같이 오늘날의 복합화된 평면, 한국적 평면을 오늘날 어떻게 승화시켜 발전시킬 수 있을까?

오늘날의 현대 건축은 대형화되면서 한 건물에 다양한 프로그램 혹은 기능이 접합되고 이접되거나 배치되면서 상업적 니즈에 적합하게 프로그램이 자율적으로 배치되고 있다. 상업적 니즈와 가치에 적합하지 않은 프로그램이나 기능 혹은 상업요소들은 빠르게 도태되고 그 자리를 바꾸게 된다. 상업에 의해 이미 다양한 기능과 프로그램이 풍부한 인간의 유동성에 의해 활기가 넘치는 공간으로 만들어지는 것이다. 그것은 사실, 현대뿐만이 아니라, 각 도시의 상업가로에서는 역사적으로 얼마든지 그 사례들을 찾아볼 수 있다. 다만, 한국의 건축에서의 복합성은 한정된 공간에 다양한 프로그램과 기능이 복합화되어 유연하게 쓰일 수 있는 특성이 있다는 점에서 특수성이 있다. 그것은 필요에 따라 시간에 따라 사용하는 사람에 따라 상대적으로 적은 공간을 좀 더 유연하고 다양하게 사용할 수 있으면서 동시에 자연에 확장되어 감응하며 사용할 수 있는 평면을 선보이고 있다.

현대 건축은 대규모화, 내부화, 이벤트의 불확정성의 건축적 어휘들이 다양하게 실험되어 왔다. 그것과 대방과의 차이점은 무엇일까? 이미 복합화되고 동시에 유연하게 쓰여지고 있는 대방의 유형과 같이 한국의 건축은 인간적인 스케일의 공간이 이어지면서 상대적으로 부족한 공간을 특유의 유연성과 복합성을 바탕으로 하여 효율적으로 사용하는 것이다. 그 가운데 소우주인 마당과 연계된 자연과의 소통이 중시되고, 툇마루와 누마루 등의 복합적인 구성방식으로 내외부가 관통하는 공간이 촘촘히 연계되어 있다. 이런 방식으로 인간적인 스케일의 복합적인 사용 특성과 함께 자연과 연계된 공간을 대방의 주요한 특성으로 볼 수 있을 것이다. 단순히 거대한 공간에 프로그램과 기능이 복합화되는 것으로는 한국적인 복합건축이라고 할 수 없으며 각 채들이 연결된 가운데 내외부의 자연과의 연계가 원활하면서 동시에 유연하게 다양한 기능으로 쓰일 수 있는 평면으로 복합화되는 방식을 오늘날 현대 건축에 응용시켜 계획해볼 수 있을 것이다. 복합화시키면서 동시에 '자연과 연계' 시키는 방식을 어떻게 해야할 것인가에 따라 천인합일, 범아일여의 아이덴티티가 생성될 수 있을 것이다.

0240 이기적 자의식에 의해 가려져서 볼 수 없는 진여와 같은 부분과 대응되는 건축적 특성은 무엇이며 어떻게 드러내고 조직하여 진여의 공간을 성취할 수 있을 것인가?

동북아 사유의 개념으로 보았을 때, 진여의 공간을 성취하는 것은 회색 공간의 중첩적 공간들이 결합되면서 전체로 펼쳐지고 확장되는 방법론과 주변 자연의 적절한 내부 침투와 조화, 관조가 가능한 공간을 계획했을 때 그 가능성이 확장될 수 있을 것이다. 결국, 건축의 본질은 사람을 행복하게 하는 것이고, 가족과의 친밀성과 주변 커뮤니티와의 원활한 소통을 가능하게 하는 '행복한 건축'을 만드는 것이라고 정의 내릴 수 있을 것이다. 그것은 어떻게 보면 건축의 영역이 아닐 수 있지만, 건축적 공간과 해결책 역시 무척 중요한 문제이다. 이를 위해 커뮤니티를 위한 무자성의 공간, 자본에 순응하면서 적절하게 대응하는 공간이 필요하다. 그 것과의 적절한 견제와 균형이 중요하다.

이기적인 자의식에 의해 가려져서 볼 수 없는 진여의 공적영지와 같은 부분이 건축으로 보았을 때 바로 이러한 측면이라고 할 수 있다. 자본사회에서 건축은 부인할 수 없이 부동산 가치의 측면이 있고, 엄연히 재산증식의 수단으로 작용하고 있는 것이 현실이다. 모든 것은 경제적 가치에 따라 가격이 매겨져 있고 황금만능주의가 만연하며 자본주의적인 가치에 따라 도시지리적 불평등 구조가 점차 심화되고 있다. 이러한 상황에서 행복을 추구할 수 있는 건축을 이야기하는 것은 매우 무기력한 단어처럼 여겨질 수 있다. 그러나 자본의 가치 추구라는 탐욕과 이기적 자아의 경쟁사회 구도에서는 이렇게 행복을 추구하는 방식이 가려지거나 잊혀질 수밖에 없을 것이다. 도심 내에서 건축은 스스로를 드러내거나 뽐내고자 하는 욕망에 사로잡혀 있고, 그것은 그 자체로 자본의 가치로 환산된다. 건축가 역시 도심 내에 주목받는 위치에 주목받는 디자인을 뽐내고자 경쟁적으로 몰두하게 된다. 이 모든 것이 이기적 자아 혹은 자본주의의 탐욕이라는 먹구름에 막혀 건축의 본질적인 존재 이유에 대해서 잊게 되는 것이다. 건축의 본질은 결국, 돈벌이의 수단이나 자본집적의 수단, 혹은 재산증식의 수단이 아니라 나와 함께 사는 사람들에게 '행복을 주는 건축'이어야 한다는 것이다. 그것이 비록 투박하거나 볼품없는 것일지라도 자신이 거주하기에, 가족이 행복한 거주를 하는데, 이웃과 행복한 소통의 공간이 되는데 있어서 크게 문제가 없이 기능하는 상황이라면 얼마든지 훌륭한 건축이 될 수 있다. 가장 훌륭한 건축은 소박하지만 나와 가족과 공동체에게 행복을 가져다 줄 수 있는 건축이 될 것이다. 집 자체의 본질, 즉, 거주하고 이웃과 행복하게 소통하는 집이 본질적으로 가장 훌륭한 집이라는 결론에 이르게 된다. 이 때, 우리가 실천해야 할 방식은 명확해진다. 자본의 가치와 행복의 가치의 우선순위에 있어서 어떤 것이 더 우선에 있는지에 대한 사회적인 인식이 제고되어야 한다. 단순히 자본의 우선순위만이 존중받는 사회는 그만큼 삭막하고 폐쇄적이고 비인간적인 공간이 될 것이기 때문이다. 한국 사회의 정신적 축의 중요한 한 부분인 불교사상의 본질적인 주요 개념과 연계하여 생각해보아야 하는 본질적인 가치는 여기에 있다. 이처럼 나와 이웃에게 '행복을 줄 수 있는' 건축과 도시를 어떻게 만들 수 있을 것인가 그리고 자연의 흐름과 하나가 될 수 있는 건축과 주변환경을 어떻게 성취할 수 있을 것인가 대한 본질에 집중할 때 우리는 그 해결책에 한 발자국 더 다가갈 수 있을 것이다.

참고문헌

국내 단행본

1. 건축, 도시 부문

- 강상중, 공간-아시아를 묻는다, 이강민 역, 한울, 2007
- 강영환, 아시아 건축기행-유토피아를 디자인하다, 한길사, 2019
- 강영환, 건축에 담긴 문화읽기(중국남방 건축기행), 울산대학교출판부, 2003
- 건축운동연구회, 건축운동 4 (한국근대건축개론), 대건사, 2004
- 건축세계 편집부, 중국고건축 세트[전10권], 건축세계, 2015
- 건축평단, 건축평단 2017.봄 - 통권9호, 반지역주의, 반세계주의, 건축평단, 2017
- 건축평단, 건축의 한국성, 정예씨, 2015
- 고유섭, 조선건축미술사 초고 (우현 고유섭 전집 6),열화당, 2010
- 고토 오사무, 일본 건축사, 김왕직, 조현정 역, 한국학술정보, 2011
- 국민대학교 건축대학, 통섭지도: 한국건축을 위한 아홉 개의 탐침, 공간사, 2007
- 권태문, 건축미학과의 만남, 대가, 2009
- 김개천, 명묵의 건축, 컬처그라퍼, 2011
- 김경표, 동양건축사, 보성각 2014
- 김도경, 지혜로 지은 집, 한국 건축, 현암사, 2011
- 김도수, 참 한옥 집 짓기-김 목수가 살림집 현장에서 쓴 이야기, 보리, 2015
- 김동욱, 한국건축 중국건축 일본건축-동아시아 속 우리 건축 이야기, 김영사, 2015
- 김동욱, 조선시대 건축의 이해, 서울대학교출판문화원, 2013
- 김동욱, 한국건축의 역사, 기문당, 2013
- 김봉렬, 김봉렬의 한국건축 이야기 1-시대를 담는 그릇, 돌베개 2006
- 김봉렬, 김봉렬의 한국건축 이야기 2 - 앎과 삶의 공간, 돌베개 2006
- 김봉렬, 김봉렬의 한국건축 이야기 3-이 땅에 새겨진 정신 돌베개, 2006
- 김성도, 근현대 문화재: 건축유산의 보존과 활용, 고려, 2012
- 김성도, 사진으로 풀어본 한일전통건축, 고려, 2012
- 김승제, 의상대사 구법 건축순례행기, 조계종출판사, 2018
- 김왕직, 조선후기 건축경제사, 한국학술정보, 2005
- 김왕직, 알기쉬운 한국건축 용어사전, 동녘, 2007
- 김인철, 공간열기, 동녘, 2011
- 김홍식, 민족건축론, 한길사, 1987
- 김홍식, 대동사회 건축론, 발언, 2016
- 노은주, 임형남, 집을 위한 인문학, 인물과 사상사, 2019
- 대한건축학회, 동양건축사도집(축학전서 11), 1995
- 대한건축학회, 동양건축사도집, 기문당, 1995
- 러우칭시, 중국의 고대건축, 한동수 역, 혜안 2004
- 리여성, 조선 건축 미술의 연구, 한국문화사, 1999
- 리화선, 조선건축사 3, 발언, 1993
- 리화선, 조선 건축사: 원시-근대편 (조선부문사 시리즈), 사회과학출판사, 2012
- 리화선, 조선건축사 2, 발언, 1993
- 무라타 겐이찌, 일본 전통 건축 기술의 이해, 임채현, 김철주 역, 한국학술정보 2009
- 민현식, 건축에게 시대를 묻다, 돌베개, 12006
- 박강철, 현대 건축의 전화, 조선대학교출판부, 1999
- 박윤준, 정승진, 아시아 건축의 이해, 서울하우스, 2010
- 박정해, 조선 유교건축의 풍수 미학: 서원과 향교 건축을 중심으로, 민속원, 2013
- 박정해, 풍수이야기, CIR, 2014
- 박시익, 한국의 풍수지리와 건축, 일빛, 1999
- 박언곤, 일본 건축사-건축읽기, 발언, 1994
- 박정해, 한국 유교건축에 담긴 풍수 이야기, CIR(씨아이알), 2014
- 박정해, 조선 유교건축의 풍수 미학-서원과 향교건축을 중심으로, 민속원, 2013
- 삼성문화재단, 땅의 깨달음 한국건축, Leeum, 2015, 프라니스코 사닌, 관계의 건축
- 새로운 한옥을 위한 건축인 모임, 한옥에 살어리랏

다, 돌베게, 2007
• 샤오모, 건축의 의경-동양과 서양의 건축은 어떻게 다른가, 박민호 역, 글항아리, 2019
• 서경원, 한국건축 속의 인문학, 도서출판 담디, 2016
• 세키노 타다시, 韓國의 建築과 藝術, 건축문화, 1990
• 손세관, 집의 시대: 시대를 빛낸 집합주택, 집(도서출판), 2019
• 스기야마 노부조, 일본조선비교건축사, 서동천 역, 세진사, 2017
• 신응수, 경복궁 근정전-무형문화재 대목장 신응수의 근정전 중수기, 현암사, 2005
• 신응수, 목수 - 나무를 다루다, 사람을 다루다, 열림원, 2005
• 신응수, 大木匠 신응수의 목조건축 기법_한국건축, 천년의 지혜를 전하다, 눌와, 2012
• 신영훈, 사원 건축, 대원사, 1989
• 안영배, 흐름과 더함의 공간, 다른세상, 2008
• 안창모 외, 한국의 근대건축, 북노마드, 2011
• 영건의궤 연구회, 영건의궤: 의궤에 기록된 조선시대 건축, 동녘, 2010
• 오인욱, 오인욱교수의 한국 근대건축 속의 공간디자인, 고성도서유통, 2012
• 왕수, 집을 짓다: 건축을 마주하는 태도, 아트북스,.2020
• 왕 치쥔, 중국 민가: 천년을 이어온 사람의 집, 박철만 역, 2016
• 옥한석, 풍수: 시간리듬의 과학: 고전적 풍수지리와 그의 현대적 재해석, 이지출판, 2017
• 운장섭, 인도의 건축, 기문당, 2002
• 윤장섭, 불교건축(佛敎建築), 중국의 건축, 1999
• 유돈정, 중국고대건축사, 세진사, 2004
• 윤일주, 한국근대건축사연구, 기문당, 1988
• 윤장섭, 한국건축사, 동명사, 2008
• 윤장섭, 한국건축사론, 기문당, 1990
• 윤장섭, 한국의 건축, 서울대학교출판부, 2008
• 윤장섭, 중국 건축기행, 기문당, 2005
• 윤장섭, 인도의 건축, 서울대학교출판부, 2002
• 윤장섭, 일본의 건축, 서울대학교출판부, 2000
• 윤장섭, 중국의 건축, 서울대학교출판부, 1999
• 윤장섭, 한국의 건축, 서울대학교출판부, 2008
• 이강민, 도리구조와 서까래구조-동아시아 문명과 목조건축의 구조원리, 시공문화사, 2013
• 이강민, 한옥문화의 세계화을 위한 인문학적 가치 발굴 연구 3, auri(건축도시공간연구소), 2014
• 이강민, 현대 한옥기술의 변화와 전망, auri(건축도시공간연구소), 2014
• 이강민, 한옥활성화를 위한 신한옥 모델개발 연구 2, auri(건축도시공간연구소), 2013
• 이광노, 한국근대건축: 한국 근대건축 연구, 곰시, 2014
• 이상정, 한국 풍토건축의 멋, 경상대학교출판부, 2012
• 이상해, 궁궐 유교건축(한국 미의 재발견 12권), 솔, 2004
• 이상헌, 한국 건축의 정체성-서양 건축과의 차이를 통해 보다, 미메시스, 2017
• 이중우, 건축사상과 공간, 기문당, 2002
• 이희숙, 이슬람 건축의 동양과 서양, 이담북스, 2016
• 임기택, 후기구조주의와 건축이론, 시공문화사, 2016
• 임석재, 우리 옛 건축과 서양 건축의 만남, 대원사, 1999
• 임석재, 한국 전통건축과 동양사상, 북하우스, 2005
• 임석재, 절 건축에서 불교를 보다: 범주사, 일상성으로 체상용 삼대를 설하다, 나녹, 2019
• 임석재, 한국 현대건축의 지평 1, 인물과사상사, 2013
• 임석재, (예로 지은) 경복궁, 인물과사상사, 2015,
• 임석재, 지혜롭고 행복한 집 한옥, 인물과 사상사, 2013
• 자오광차오, 마젠충, 세상에서 가장 친절한 중국건축 이야기, 이명화 역, 다빈치 2014
• 장경호, 한국의 전통건축, 문예출판사, 1992
• 장기인, 목조-한국건축대계 5, 보성각, 1998
• 장기인, 석조-한국건축대계 7, 보성각, 1997
• 장헌덕, 중국과 한국의 불교건축, 빛과글, 2005
• 전봉희 , 이규철, 서영희, 한국 근대도면의 원점, 서울대학교출판문화원, 2012

- 전봉희, 3칸×3칸-한국건축의 유형학적 접근, 서울대학교출판부, 2006
- 전봉희, 나무, 돌, 그리고 한국건축문명, 21세기 북스, 2021
- 정연상, 한국 전통 목조건축의 결구법 맞춤과 이음, 고려(도서출판), 2010
- 정영철, 한국건축의 흐름, CIR(씨아이알), 2016
- 주남철, 한국건축의장-한국문화예술대계 1, 일지사, 1979
- 주진형, 최형순, 한국 건축 공간 디자인, 구미서관, 2015
- 중국 근대건축 1, 한동수 역, 발언, 1994
- 중국 근대건축 2, 한동수 역, 발언, 1994
- 최부득, 건축가가 찾아간 중국정원: 강남 원림건축 26곳, 미술문화, 2008
- 최우용, 일본 건축의 발견-일본 건축은 어떻게 세계건축계의 주류가 되었는가, 궁리 2019
- 최종현, 옛 사람의 발길을 따라가는 우리 건축 답사 1, 현실과문화, 2010
- 최종현, 옛 사람의 발길을 따라가는 우리 건축 답사 2, 현실과문화, 2010
- 최창조, 땅의 논리, 인간의 논리, 민음사, 2000
- 퍼트리샤 아이헨바움 카레츠키, 불교 예술과 건축, 박선영 역, 시그마북스, 2016
- 프리미어 편집부, 한국의 전통사찰, 우리 전통건축의 모습-프리미어, 2018
- 쿠마 켄고, 쿠마 켄고, 건축을 말하다. 작고, 낮고, 느리게, 이정환 역, 나무생각, 2020
- 쿠마 켄고, 임태희 역, 약한 건축, 안그라픽스, 2010
- 쿠마 켄고, 임태희 역, 작은 건축, 안그라픽스, 2014
- 쿠마 켄고, 임태희 역, 자연스러운 건축, 안그라픽스, 2010
- 쿠마 켄고, 점, 선, 면, 송태욱 역, 안그라픽스, 2021
- 한국건축역사학회 , 한국건축답사수첩, 동녘, 2008
- 한국건축역사학회, 한국 건축사연구 1_분야와 시대, 발언, 2003
- 한국건축역사학회, 한국 건축사연구 2 이론과 쟁점, 발언, 2003
- 한국건축역사학회 집필진, 한옥 설계의 원리와 실무, 국토교통부, 2014
- 한동수, 중국고건축 · 원림감상입문, 세진사, 1997
- 함성호, 철학으로 읽는 옛집: 조선의 성리학자들은 왜 건축에 중독되었는가, 열림원, 2011
- 황두진, 당신의 서울은 어디입니까?- 서울을 다시 짓는 건축가, 황두진의 나의 도시 이야기, 해, 2005
- 황두진, 가장 도시적인 삶 - 무지개떡 건축 탐사 프로젝트, 반비, 2017
- 황두진, 한옥이 돌아왔다 : 건축가 황두진의 한옥 짓기, 공간사, 2006
- 허균, 한국 전통 건축 장식의 비밀, 대원사, 2013
- 후지시마 가이지로, 한의 건축문화 나의 연구 60년, 곰시, 2011
- 히사오 코야마, 건축의장 12강, 김광현 역, 도서출판 국제, 2008
- Amos Ih Tiao Chang, 건축공간과 노자사상, 윤장섭 역, 기문당, 1984

2. 철학 부문

- 강성률, 청소년을 위한 동양철학사-한권으로 끝내는 동양철학 이야기, 평단, 2009
- 강상중, 오리엔탈리즘을 넘어서, 이경덕, 임성모 역, 이산, 1997
- 강신주, 강신주의 노자 혹은 장자-노자의 길과 장자의 길 사이에서, 오월의봄, 2014
- 강신주, 철학 VS 철학 - 동서양 철학의 모든 것, 오월의봄, 2016
- 강신주, 장자 & 노자: 道에 딴지걸기, 김영사, 2013
- 길희성, 인도 철학사, 소나무, 2019
- 권일찬, 주역학 개론, 한국학술정보, 2012
- 금장태, 聖學十圖와 퇴계철학의 구조, 서울대학교출판부, 2001
- 김용헌, 조선성리학, 지식권력의 탄생, 프로네시스, 2010
- 김형효, 철학나그네, 소나무, 2010
- 김형효, 마음나그네, 소나무, 2010
- 김형효, 사유나그네, 소나무, 2010
- 나카지마 다카히로, 저, 조영렬 역, 장자, 닭이 되어 때를 알려라, 글항아리, 2010
- 노스코트 파킨슨, 동양과 서양, 안정효 역, 김영사, 2011

• 라다크리슈난, 인도철학사 1, 이거룡 역, 한길사, 1996
• 뤼스 이리가라이, 동양과 서양 사이-개인으로부터 공동체로, 동문선, 2000
• 리쩌허우, 중국고대사상사론, 정병석 역, 한길사, 2005
• 리쩌허우, 중국근대사상사론, 임춘성 역, 한길사, 2005
• 리쩌허우, 중국현대사상사론, 김형종 역, 한길사 2005
• 리처드 곰브리치, 곰브리치의 불교 강의, 송남주 역, 불광출판사, 2018
• 리처드 니스벳, 생각의 지도-동양과 서양, 세상을 바라보는 서로 다른 시선, 최인철 역, 김영사, 2004
• 마르셀 그라네, 중국사유, 유병태 역, 한길사 2015
• 모리 미키사부로, 저, 노장과 불교, 법장관, 1986
• 박성배, 한국사상과 불교 : 원효와 퇴계, 그리고 돈점논쟁, 혜안, 2009
• 박동환, 서양의 논리 동양의 마음, 사월의책, 2017
• 박우찬, 박종용, 동양의 눈 서양의 눈, 재원, 2016
• 북경대학교철학과연구실, 중국 철학사 1, 박원재 역, 간디서원, 2005
• 서행정, 인도철학 이야기, 한국외국어대학교출판부 지식출판원(HUINE), 2013
• 세계사상연구회, 간단 명쾌한 동양사상, 이소담역, 시그마북스, 2010
• 스피노자, 에티카, 강영계 역, 2008
• 신정근, 철학사의 전환, 글항아리, 2012
• 에드워드 W. 사이드, 오리엔탈리즘, 박홍규 역, 교보문고, 2015
• 오태석, 시공간의 인문학, 역락, 2021
• 유종근, 한국풍수의 원리, 동학사, 1997
• 윤홍식, 마음챙김의 지혜100, 봉황동래, 2006
• 윤홍식, 수심결강의, 봉황동래, 2007
• 이기동, 주역, 동아출판사, 1994
• 이동건, 조선시대의 성학십도 聖學十圖 유포 · 확산에 대한 연구, 인문사, 2014
• 이병욱, 인도철학사, 운주사, 2004
• 이승환, 김용석, 서양과 동양이 127일간 e-mail을 주고받다, 휴머니스트, 2001
• 이안 부루마, 아비샤이 마갈릿, 옥시덴탈리즘 - 반서양주의의 기원을 찾아서,송충기 역, 민음, 2007
• 이정우, 세계철학사 1-지중해세계의 철학, 길, 2018,
• 이정우, 세계철학사 2-아시아세계의 철학, 길, 2018
• 이지수, 인도 불교철학의 원전적 연구, 여래, 2014
• 이승종, 동아시아 사유로부터 : 시공을 관통하는 철학자들의 대화, 동녘, 2018
• 이시이 코세이, 동아시아 불교사, 최연식 역, CIR, 2020
• 이율곡, 율곡전서 제 10권 답성호원答成浩源
• 이율곡, 율곡전서 율곡전서 제 9권 답박화숙答朴和叔
• 이진경, 불교를 철학하다 : 21세기 불교를 위한 하나의 초상, 휴, 2016
• 오태석, 노장선역, 동아시아 근원사유, 역락, 2017
• 장영훈, 생활풍수강론, 기문당, 2000
• 장왕식, 동양과 서양, 종교철학에서 만나다, 동연(와이미디어), 2016
• 정대현, 한국 현대 철학 : 그 주제적 지형도, 이화여자대학교출판문화원, 2016
• 정재서, 한국 도교의 기원과 역사, 이화여자대학교출판문화원, 2006
• 질 들뢰즈, 차이와 반복, 김상환 역, 민음사, 2004
• 최영진, 한국철학사, 새문사, 2009
• 최진석, 생각하는 힘, 노자 인문학, 위즈덤하우스, 2015
• 최창조, 한국의 풍수사상, 민음사, 1984
• 평유란, 중국철학사_상, 하, 박성규 역, 까치, 1999
• 평유란, 간명한 중국철학사, 정인재 역, 마루비, 2018
• 폴 A. 코헨, 학문의 제국주의-오리엔탈리즘과 중국사, 이남희 역, 순천향대학교출판부, 2013
• 틸만 호이트, 주희의 사유세계, 김변환 역, 교육과학사, 2010
• 한스 요아힘 슈퇴리히, 세계 철학사, 박민수 역, 자음과모음(이룸), 2008
• 한자경, 불교철학의 전개, 인도에서 한국까지, 예문서원, 2003
• 한자경, 마음은 이미 마음을 알고 있다: 공적영지, 김영사, 2018
• 한자경, 한국철학의 맥, 이화여대출판부, 2008

- 한자경, 대승기신론 강해, 불광출판사, 2013
- 한자경, 선종영가집 강해, 불광출판사, 2016
- 한자경, 성유식론 강해, 서광사, 2019
- 한중수, 사주학 대강의, 동반인, 2004

3. 예술 부문
- 강희정, 구하원, 조인수, 클릭, 아시아미술사-선사토기에서 현대미술까지, 예경, 2015
- 구노 미키 중국의 불교미술, 최성은 역, 시공사, 2001
- 레지스 드브레, 정진국 역, 이미지의 삶과 죽음, 글항아리, 2011
- 마츠바라 사브로 동양미술사, 예경, 1998
- 무동금강, 밀교 만다라의 서: 비밀 법장의 세계, 김양수 역, 맑은샘, 2020
- 바이하원, 불교미술 입문을 위한 중국사원 문화기행, 배진달 역, 예경, 2001
- 아놀드 하우저, 문학과 예술의 사회사, 백낙청 역, 창작과 비평사, 1974
- 자현 스님, 사찰의 상징세계. 上, 돌베개, 2012
- 자현 스님, 사찰의 상징세계. 下, 돌베개, 2012
- 홍윤식, 만다라, 대원사, 1992

외국단행본
- Arata Isozaki, Japan-ness, The MIT Press, 2006
- Agger, Ben, Cultural Studies as Critical Theory, London: Falmer Press, 1992
- Botond Bognar, Material Immaterial, Princeton Architectural Press, 2009
- The Japan Architects JA 109, Shinkenchiku-sa, 2018
- Balmond, Cecil, Element, 2007
- Norberg-Schulz, Christian, "Kahn, Heidegger and the Language of Architectre,"Oppositions, no 18(Fall, 1979)
- Norberg-Schulz, Christian, Intentions in Architecture, Cambridge, Mass, The M.I.T Press, 1992

국내 학위논문
- 이영수, 건축구성형식의 변화와 특성에 관한 연구, 홍익대 박론, 1992
- 박항섭, 한국 현대건축의 양태와 표현특성에 관한 연구, 홍익대 박론, 1997
- 이재원, 쿠마 켄고의 건축구축방법론에서 소멸성에 관한 연구, 부경대학교 건축학과, 2019

학회 논문
- 김규순, 고대 풍수지리학에 대한 도가사상 고찰, 한국민족문화 (60), 2016.8, 181-201
- 김재식, 안영배, 전남 승주군 조계산의 선암사의 택지에 관한 연구, 대한건축학회 논문집 11(6), 1995.6, 81-88
- 김봉렬, 한국과 일본의 가람배치계획 비교연구, 대한건축학회 논문집, 1988, 8
- 김봉렬, 박종진, 고려 가람의 구성형식에 관한 기초적 연구, 대한건축학회 논문집 5(6), 1989.12, 27-35
- 임충신, 최일, 김봉열, 교의적 해석을 통해 본 조선사찰의 전각 구성, 대한건축학회 논문집 4(4), 1988.8, 25-36
- 김봉렬, 이광노, 극락정토 신앙과 정토계 사찰의 가람구조, 대한건축학회 논문집 4(4), 1988.8, 63-71
- 김봉렬, 근세기 불교사찰의 건축계획과 구성요소 연구, 건축역사연구, 제4권 2호 통권8호 1995. 12
- 김봉열, 조선왕실 원당사찰건축의 구성형식, 대한건축학회 논문집 12(7), 1996.7, 97-105
- 김봉렬, 한국과 일본의 가람배치계획 비교연구, 건축사
- 김봉렬, 화엄사 사찰중심의 중심 개념, 대한건축학회 학술발표대회 논문집-계획계 8(2), 1988.10, 219-222
- 김봉렬, 이광노, 극락정토 신앙과 정토계 사찰의 가람구조, 대한건축학회 논문집 4(4), 1988.8, 63-71
- 김봉렬, 전통주택 선교장의 건축이론과 계획개념 연구, 건축역사연구 제7권 1호 14호 1998.3
- 김봉렬,, 현대 도시사찰의 건축계획과 구성요소에 관한 연구, 대한건축학회 논문집 11(4), 1995.4, 109-118
- 김성우, 건축에서의 근대적 오류와 전통적 대안,

한국인문사회과학회, 현상과인식 21(1), 1997.4, 29-51
• 김성우, 김홍주, 18세기 사찰 주불전의 건축적 특성, 대한건축학회 논문집-계획계 17(6), 2001.6, 83-90
• 김성우, 建築場 구성 체계와 해인사 건축장 고찰, 대한건축학회 논문집-계획계 23(1), 2007.1, 73-80
• 김성우, 동아시아 불사의 최초 형식, 대한건축학회 논문집 3(3), 1987.6, 105-113
• 김성우, 물리학적 장 개념을 도입한 건축장 이론의 구축과 적용가능성, 대한건축학회 논문집-계획계 21(5), 2005.5, 107-114
• 김성우, 분황사지와 7세기 불교건축의 전개, 대한건축학회 논문집 12(1), 1996.1, 125-135
• 김성우, 정인종, 선암사 육방건축의 형식과 성격, 대한건축학회 논문집 13(10), 1997.10, 149-160
• 김성우, 아시아 시대, 아시아 건축의 의미, 건축 57(11), 2013.11, 6-7
• 김성우, 한국 풍수에 대한 인식의 변화, 민족사상 8(3), 2014.10, 139-169
• 도용호, 이재헌, 유학사상의 사유체계에 의한 향교.서원건축의 공간구성에 관한 연구, 대한건축학회 논문집 11(8), 1995.8, 95-106
• 도용호, 유학적 생활규범에 의한 조선시대 주거건축의 공간구성에 관한 연구, 대한건축학회 논문집 14(1), 1998.1, 169-178
• 도용호, 이재헌, 유학적 질서규범에 의한 향교건축의 배치에 관한 연구, 대한건축학회 논문집 11(7), 1995.7, 77-89
• 도용호, 이세호, 이재헌, 향교.서원건축의 입지환경에 관한 연구, 대한건축학회 학술발표대회 논문집-계획계 6(2), 1986.10, 91-94
• 박성대, 지종학, 회재 이언적 유적지의 풍수적 특성, 한국민족문화 , (77), 2020.11, 405-436
• 석준호, 김성우, 고려시대 불교건축의 경향과 성격, 대한건축학회 논문집-계획계 32(7), 2016.7, 75-84
• 성인수, 동양의 입체오행사상을 통하여 본 세계관과 건축공간 배치에 관한 가설, 건축 27(4), 1983.8, 44-53
• 안영배, 금산사 건축공간의 시각적 분석, 대한건축학회 논문집 9(5), 1993.5, 37-44
• 안영배, 시지각적 분석에 의한 금산사 가람배치에 관한 고찰, 대한건축학회 논문집 8(3), 1992.3, 71-78
• 안영배, 통도사 가람배치에 관한 연구 - 외도공간의 구성을 중심으로, 건축 25(1), 1981.2, 3-7
• 안영배, 화엄사 건축공간의 시각적 분석, 대한건축학회 논문집 2(3), 1986.6, 49-55
• 이명선, 김봉렬, 임충신, 강룽 선교장의 변화과정에 관한 연구, 대한건축학회 학술발표대회 논문집-계획계 17(2), 1997.10, 329-335
• 이왕기, 한국 유교건축의 경의 공간 에 관한 연구, 대한건축학회 논문집 2(5), 1986.10, 37-48
• 이용범, 천득염, 임영배, '경'으로 본 정자건축의 장소성에 관한 연구, 대한건축학회 논문집 10(6), 1994.6, 89-99
• 이정국, 박광규, 이해성, 조선시대 향교건축의 배치와 공간구성에 관한 연구, 대한건축학회 논문집 6(5), 1990.10, 29-36
• 이웅희, 이중우, 동양사상의 중심성을 통하여 본 전통주거의 마당공간에 관한 연구, 대한건축학회 논문집 11(5), 1995.5, 59-70
• 이인희, 이중우, 건축공간의 총상적 해석에 관한 연구, 대한건축학회 논문집-계획계 14(6), 1998.6, 3-12
• 이인희, 이중우, 체용사상의 건축적해석과 적용에 관한 연구, 대한건축학회 논문집 11(11), 1995.11, 69-77
• 이중우, 한국 전통건축의 생태미학과 그 현대적 변용, 한국학연구원 학술대회, 2010.10, 237-253
• 이중우, 현대 건축이론의 동향과 해석에 관한 연구, 대한건축학회 논문집 4(6), 1988.12, 33-40
• 이현병, 김성우, 형국이 서남향을 향하는 전통마을에서 주택의 방위적 특성, 韓國農村建築學會論文集 제11권 3호 통권34호 2009. 8
• 이현병, 김성우, 北向形局의 安東 臨河마을에서 주택의 方位的 특성, 대한건축학회 학술발표대회 논문집-계획계 28(1), 2008.10, 309-312
• 전봉희, 한옥의 유형과 신한옥의 지향점, 건축 57(4), 2013.4, 58-61
• 전봉희,한국건축에 적용된 축(軸) 개념의 다의성과

한계, 대한건축학회 학술발표대회 논문집 34(2), 2014.10, 229-230
- 전봉희, 한옥의 유형과 신한옥의 지향점, 건축 57(4), 2013.4, 58-61
- 전봉희, 전남지역의 모정건축에 관한 연구, 대한건축학회 논문집 10(5), 1994.5, 69-78
- 전해주, 김동진, 일본 현대건축의 생성적 공간구현 특성, 한국실내디자인학회논문집 제23권 4호 통권 105호, 2014
- 정승안, 범어사의 건축공간에 대한 주역사회학적 분석, 한국학논집 51, 2013.6, 357-384
- 조성호, 김성우, 한옥형 공공건축물의 계획유형과 디자인 특성, 한국주거학회논문집 25(4), 2014.8, 101-110
- 조은경, 박언곤, 고대 동아시아 불탑 구조체계를 통해 본 미륵사지석탑, 건축역사연구, 제20권 5호 통권78호 2011.10
- 홍병화, 김성우, 조선시대 寺刹門樓 건축형식의 변화과정에 대한 연구, 대한건축학회 논문집 - 계획계 25(11), 2009.11, 197-208
- 홍성수, 한국 전통건축과 동양사상, 건축 49(2), 2005.3, 98-99
- 황호진, 박언곤, 현대 도시 사찰의 공간구성에 관한 연구, 대한건축학회 학술발표대회 논문집-계획계 20(1), 2000.4, 163-166

잡지

- 김봉렬, 20세기 한국건축의 유산과 교훈, 건축사, 99년 1월호
- 김봉열, 대한건축사협회, 건축사, 180호 1984
- 김봉렬, 심광현, [대담] 한국문화의 정체성을 말하다, 문화과학 , 문화과학사 2005.06, 296-317

동북아 사유와 건축이론 시리즈 2
Thinking and Architectural Theory in Northeast Asia

동북아 불교철학과 마음의 공간 구축론

1판 1쇄 2023년 1월 5일

저자 임기택(ktarchitect@pknu.ac.kr)

발행인. 김기현
발행처. 시공문화사(Spacetime)
디자인. Design Battery

등록. 1993년 3월 12일
주소. 서울시 서대문구 독립문공원길 13 극동프라자 5층(03733)
전화. 02)3147-1212, 2323
전송. 02)3147-2626

www.spacetime.co.kr, spacetime@korea.com
ISBN 978-89-5592-463-3 93540

정가 10,000원